建筑照明设计

The Architecture of Light

建筑照明设计

THE ARCHITECTURE OF LIGHT

建筑照明设计概念与技术

给建筑师、室内设计师和照明设计师的关于照明设计流程与实践的教科书。

塞奇・罗塞尔 | Sage Russell　著

宋佳音　刘刚　王琪　房涛　叶茂乐　高元鹏　译

韩学义　审校

图书在版编目（CIP）数据

建筑照明设计 /（美）塞奇 · 罗塞尔（Sage Russell）著；宋佳音等译 . — 天津：天津大学出版社，2017.10（2023.1 重印）
书名原文：THE ARCHITECTURE OF LIGHT
ISBN 978-7-5618-5966-7

Ⅰ . ①建…　Ⅱ . ①塞…　②宋…　Ⅲ . ①建筑照明 – 照明设计　Ⅳ . ① TU113.6
中国版本图书馆 CIP 数据核字（2017）第 240761 号

出版发行	天津大学出版社
地　　址	天津市卫津路 92 号天津大学内（邮编：300072）
电　　话	发行部：022-27403647
网　　址	publish.tju.edu.cn
印　　刷	廊坊市瑞德印刷有限公司
经　　销	全国各地新华书店
开　　本	215mm×280mm
印　　张	16.25
字　　数	632 千
版　　次	2017 年 10 月第 1 版
印　　次	2023 年 1 月第 4 次
定　　价	108.00 元

特别感谢提供给我帮助的各位照明设计师和照明设计教师，使我形成了关于光以及光是如何影响设计感受的。

最需要感谢的是：

戴维 • 迪劳拉（David DiLaura），他激发了我对照明科学的无穷兴趣。

帕特里克 • 奎格利（Patrick Quigley），他启发我看到隐含在事物背后相互间关系的灵感。

格雷戈 • 戈尔曼（Greg Gorman），他传授我，光对美是负有责任的。

南锡 • 克兰顿（Nancy Clanton），她是我传播“光与环境”这一概念的推动力。

辛西娅 • 巴尔克（Cynthia Burke），她是我多年的设计同事，给予了我一切机会去崭露头角。

我还要特别感谢本书的编辑们。没有这些具有奉献精神的人们，毫无疑问这本书的内容和可读性都将大打折扣。同时他们对这里所提供信息的准确性不负担任何责任，内容上的所有错误或谬误都是作者的失误。

最后，

谨以此书献给我的学生和客户，是他们迁就了我关于设计、艺术、文化、食物、旅行以及其他一切事物所发表的长篇大论。

目录 Contents

第三部分 成果交付

第四部分 针对设计的最后思考

附录

引言

The Pitch

光的确是设计师的媒介，它是我们所拥有的最强大工具之一，可以改变感知与体验周围环境的方式。光是空间设计的一个可控工具，正如形式、尺度和材料一样。光成就了视觉，而且视觉正是人类感觉的主要方式。

本书提供了独特的训练方法：它使照明设计成为一个直观的视觉过程，提供了针对建筑和设计鉴赏的全新方法。这里你将找到可以吸收这些创造性构思与视觉工具的途径。一个具备这种认知的设计师将会善于通过好的设计实例来启发灵感并提高自身的能力。

这些知识将赋予建筑设计师、景观设计师、室内设计师、规划师和照明设计师足够的直觉与自信，让他们在面对照明设计时更加得心应手，也正是这些设计师将组织和情感体验带入我们每天参与互动的环境中。本书提出的一些概念和步骤旨在帮助所有设计师，使其将光打造为整体设计的一部分。

编写此书的目的是为了帮助那些准备充分使用光的设计师。而那些最有机会在设计中应用到光，并实现效果最大化的人往往缺乏必要的知识。因此，照明设计方案往往会半途而废，也常常与设计的最佳时机失之交臂。

不管当前设计师对照明设计的熟悉程度如何，本书都将为读者提供针对光在环境中发挥作用的更有意义的认知。在这本书中，你会发掘到用于产生并传播照明设计概念的创造性程序和可视化方法。这些直觉和工具会帮助设计师充满自信并快乐地进行照明设计工作。本书的目的并不是为了造就照明技术专家，而是为了让读者可以了解光的力量及其所产生的效果。

我希望那些有机会进行照明设计的设计师可以满怀信心地前行，将光作为设计的工具，并且使用光来增加设计的影响和意义。

塞奇·罗塞尔
拉霍亚，加利福尼亚州
2009 年

第一部分

光的基础知识

The Fundamentals of Light

第一章　设计的思维方法

The Design Mentality

在我们讨论如何在环境中设计灯光之前，必须将目光放在应该如何思考以及如何得到那些创造性的想法上。同时也必须巩固我们的创造过程。作为设计师，我们属于那些具有创造性的人群，那是我们的天性，这就是人们对我们的期望以及客户对我们的要求。我们所从事的是一个生产创意的行业。因为人类天生受到创造精神的庇护，令这个工作看上去十足简单。但是存在一个不幸的趋势，那就是创造精神只存在于一部分人群中。在某些观点中会评价一个人在童年时代：他 / 她或许是“没有艺术细胞”或者“没有创造力”的人。然而无论在任何情况下，这种说法都是错误的。创造力是人的天性。当自称为设计师的时候，我们就是在向全世界宣称我们已经决定去培养自己的创造力并将自己献身于创造思想之中。

有两个程序对于所有追求创意的人都是无价的：普通的“头脑风暴”和逆向设计。

头脑风暴

The Brainstorm

头脑风暴是培养“创新人才”最有效的方法之一。它是一个简单的程序，只需在思考设计话题或挑战困难的时候写下所有创意。头脑风暴有且仅有一个原则：没有错误答案。这个简单的原则很好地诠释了创造力和设计，因为在设计中就没有错误答案，简单的创意所提供的可能性会比其他更加适用。同时设计师也不能对一个看上去很好的创意观点过于执着。在设计过程中，会有一堆理由将那些创意推翻，而这时设计师必须拥有一个装满其他点子的脑袋，等待展示出来。

对于一个设计师，在面对具体的设计挑战时，头脑风暴可以挖掘出所有的创意。这些创意是综合了设计师的背景、教育、以往的经验、价值观、灵感以及设计信念的产物。并且它的独一无二驱使人们为了创意和解决方案寻求设计师的帮助。

头脑风暴的第一步是写下脑子里的所有创意，建立一张关于创意的列表或示意图。这样清空的脑子就有空间来萌发更多的创意并且让那些相同的创意在脑子里运动起来，相互碰撞。记下这些创意而且永远地牢记，这样它们就不会遗失在大脑深邃的角落中。

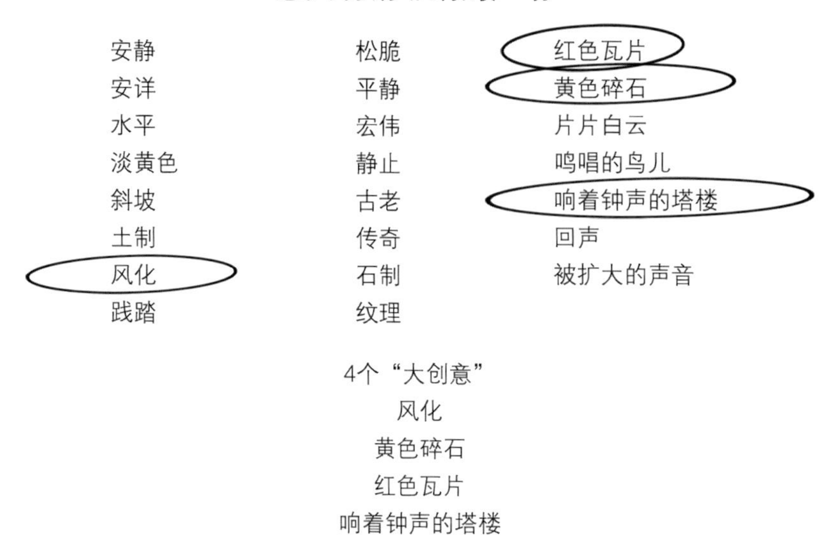

图 1.1　在想象一个具体的主题时浮现在脑海中的诸多主题和单词的一张简单书面列表。在这个例子中，已经圈出显著的“大创意”

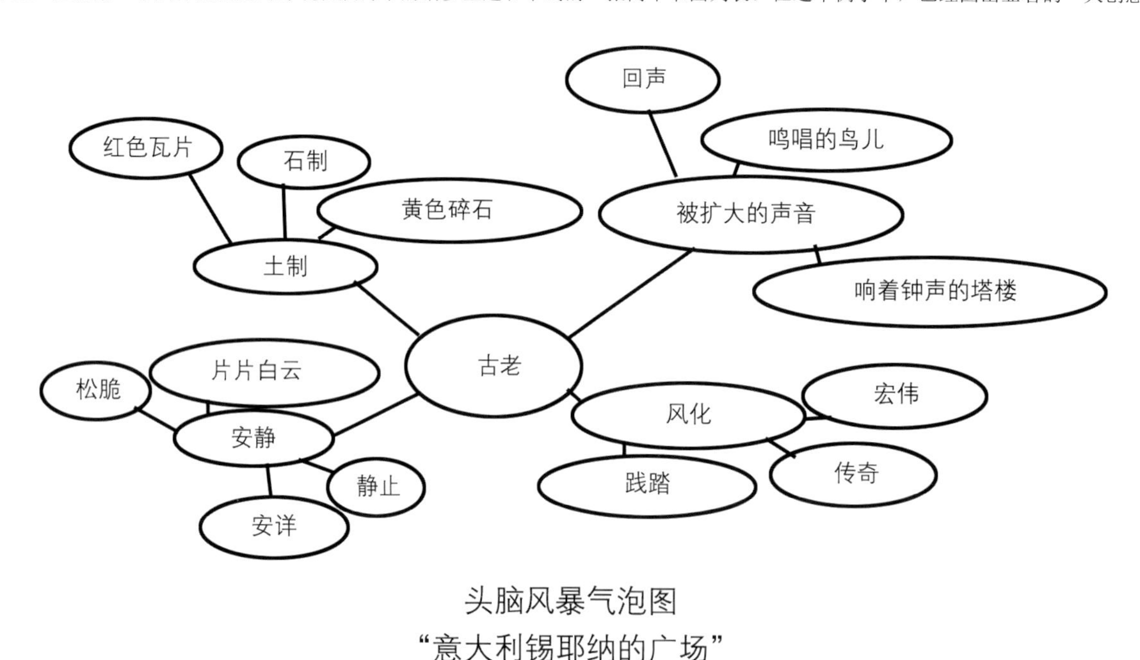

头脑风暴气泡图
“意大利锡耶纳的广场”

图 1.2　一张气泡图显示了随着创意的发展它们之间的关系

头脑风暴证明我们都拥有特别好创意的观点。专业设计师可以更加方便地致力于培养自己的创造力，将想法记录下来，相互交流观点并且一直跟踪这些想法。如果我们不能允许自己解放被束缚的思想，将这些创意写在纸上，那可能就会永远失去它们，而成为自我检查和批判的受害者。在设计界有种说法，从来没有批评家和怀疑者对我们说，你们的创意太怪诞、太贵、太耗时，或者不现实。如果我们所有创意的提炼都是由于外部因素来决定的，那事情就变得明朗，我们无须在内部评判这些创意。因此，我们将继续创意的思考，将能想到的创意、理念和解决办法尽可能快地记录下来，理解通过这个创造创意的过程，最好的创意观点都将跃然纸上。

这个过程中我们可以获得提出创意的信心而无须害怕遭到拒绝。当我们拥有了一张创意满满的列表以及一个可以随心所欲产生新理念的大脑的时候，我们同其他人一起提炼创意就会更加有效率。而当我们的创意被认为是不合适的时候，既不要沮丧也不必苦闷。我们将把批评看作是挑战而不是威胁。这份热情的回馈和“厚颜”是有经验的设计师最有价值的特征。

养成头脑风暴这个简单的习惯可以培养我们的创造性、提高效率和灵活性，这些特质也是设计师信心与技能的基础。

设计中的逆向操作
Reverse Engineering from Design

逆向操作过程正如它的字面意思是一样的，是一个解剖工具，使用它可以了解事物是如何工作的。举个例子，吉他工匠将一把音色美丽的吉他拆解，去准确辨别这把吉他如何发出如此木质、空洞的声音。通过解剖发现吉他的声音是在其内部结合了一种罕见的苏门答腊柚木的产物。这样吉他工匠未来就可以在任意需要这种相似音色的时候将这个简单的特征结合到制造其他吉他的过程中。现在，你可能会问，这样的逸事也同样适用于设计中吗？答案就是设计师相信，当进行环境领域的创造工作时，他对所设计的空间负有令其与人互动并激发人们情感的责任。我们所设计的空间除了具有基本的功能外，最关心的是其中人的感受、行为以及如何与你的设计进行互动。

每天我们都体验着周围的环境和自然世界，因此就有机会去完成逆向操作的体验。作为设计师我们应该怎样使用这个技能去体验周边环境，而且怎样做可以令我们有这样的体验。运用这种方法解剖我们的体验有以下三个步骤。

步骤 1：体验生活

去各种场所，与人们交往并且将自己尽可能地参与其中。这种行为确实是生活的副产品，并且稳妥地说，这样的方式几乎是我们每天离开房子后都会去做的。

步骤 2：评价感受

这个步骤中设计师需要具有一些献身精神。要练习将你在某些场景和环境中体验到的感觉和感情储存起来。这种技能类似于那些我们认同诗人、艺术家和哲学家所拥有的才能。我们并不会自发地记录下这些感觉，而是需要在每天真实的生活中不停止地感受环境对自己的影响。

步骤 3：辨别产生情感影响的机制

这个步骤需要花费时间去辨别什么样的情景和环境会引发我们这样的情感反馈。而这个精神的步骤只有少数人会在平时去做。

举一个这三种思考过程的例子。

任何人可以站在树林中缓慢流淌的小溪边缘。

而一个有心的人可能花费时间去体会这种平静、冷静、宁静的感觉以及当时自己与自然环境的交流。

设计师则会花费时间去分辨这些感觉是通过微风中沙沙作响的芦苇、溪水表面闪烁的阳光和绿色、棕色和黄色泥土的颜色而产生的。

当设计师带着这样的意识受邀创造一个需要表达冷静、安宁与平和感觉的环境的时候，她或他就会知道泥土的色调、自然的材质以及光的质量和阴影将可以提供所需要的情感。

这个例子不需要按照字面意思去理解，但是对这个例子含义的解读将让我们更接近深层次、有背景和具生命力的设计方案。

对逆向操作的思维进行练习，可以剖析任意图画、歌曲或者电影，从而获得这些艺术品为什么会带给我们这样的感觉。在这些艺术品、音乐和电影中，绝不存在偶然的内容，其中的每个元素都包含特定的含义。

看一场喜欢的电影或者听一首喜爱的歌曲。在这个过程中辨别哪些元素可以引起自己情感的变化，并研究这些元素的影响机制是怎样的。这样一切都会变得明朗：环境中光的强度和质量对我们如何感受具有决定性的作用。

在你带有目的性地去体会一件艺术品或者设计之后，在纸上绘出一张图表。表的左半部分列标题是“感情与感觉”，在其中填入与设计相关的感觉词语；表的右半部分列标题是“产生机制”。用时间去辨别具体什么样的元素可以引起感情和感觉的反应：这是一个看问题的角度还是一个观点？是一个音调、节奏或者节拍？是颜色、材质或者光强？对这些元素的辨别可以将设计师领入一条在设计中用最短的时间创造出可预见效果的道路。

逆向操作设计“审讯室”

情感/感觉	产生机制
暴露	镜墙
紧张	强光
烦躁不安	嗡嗡作响的灯
被监视	回声
人工	硬表面
受控	无家具
受限	厚重的门
受威胁	站立的男人
无助	廉价材料

图 1.3　剖析一个环境给了我们以后去创造一个相似的情感体验时可用的特定因素

如果我们可以养成这种对周边世界进行逆向操作的习惯，就可以很快地获得像思想家和设计师一样的技能。一旦我们花费时间来分辨环境中引起特别感觉的影响机制，就可以利用这些影响机制在自己的设计中创造相同的效果。通过这种工作，设计师可以建立一个时时更新的工具箱，在这个工具箱中包含着技术和元素，设计师可以拿来创造一个可预见的结果。设计师获得了将环境中体会到的感觉翻译成一些明确的、可触碰元素的能力，并可以将其注入任何设计中。

当我们进一步讨论一些具体的细节和效果的时候，就会从中得到启发，将这两种工具作为每天设计过程的一部分。培养和阐述照明设计理念的技术是很具体的，让我们可以一直使用这样的基础技能。要带着创造性的思维开始设计而不是自我禁锢，并且要坚持奉献精神去弄清楚为什么这样的环境会令人喜爱。如果可以让这两个工具成为我们的习惯，将可以更好地准备好提供源源不断的创意与理念，而这些恰恰是客户对我们的期望。

第二章　光的力量和用途

The Power and Purpose of Light

鉴于本书旨在为读者开启一段用光来丰富并提升其设计的旅程，首先需要花点儿时间来明确“为什么光在创造情感以及改变我们对周围世界感受方面是如此有用的一个工具”这一概念。这个概念会在本章传授给大家，以便接下来可以怀揣着对光强大力量的坚定信仰继续前行，去影响我们的设计。

我们为什么要研究光

Why We Study Light

在建筑环境中，可以说我们的大多数体验都是视觉体验。虽然听觉、嗅觉和触觉当然也起着一定的作用，但绝大部分人是依靠视觉来获得大量信息的。

视觉，就其本质而言，是光的产物。它是通过光的照射、反射后最终通过我们的视觉系统吸收、转化的结果。于是，逻辑告诉我们，如果想要最大限度地控制设计环境，就必须熟悉光并学习，将其转化到设计中时将它变成我们的朋友。

光可以迅速且有力地改变我们所设计空间的外观和情感效果。一个设计师可能会花大量的时间来完善空间的布局、尺度、材质和装饰。可是仅用寥寥数笔，照明就能被用来真正地提高或者彻底地破坏预期的效果。一个设计师可能会想设计一个由竹子包覆、天然河石地板做成的冥想屋。这个冥想屋会有深色厚重的木质家具和浸油青铜器具和装饰。尽管做出了这么多努力并且如此注重细节，我们却可以通过安装红色闪光灯和迪斯科球灯的方式立刻改变冥想屋内的情感效果。当然，这是一个很极端的例子，但它所要强调的观点是正确的：如果我们想要改变空间的情绪，就改变照明；如果我们想要改变空间的尺度，就改变照明；如果我们想要改变空间的颜色，就改变照明。一旦你认识到光在这些方面的特性，你就会开始理解它为何能成为实现设计目标的一种高效而有力的方法。一个设计师只需对光的颜色、强度和分布有一个基本的了解，就能理解哪些类型的光会支持设计目标，而另外一些类型的光则会与设计目标相悖。

开关之外：光的三个基本要素

The Controllable Aspects of Light: beyond On and Off

光的贡献远远超过我们对它的期望，值得将光精心地运用于任何设计当中。正如一个设计师会小心地决定色彩和材质的细微差别和微妙之处一样，也必须谨慎地使用光。我们对光的控制力超出你的想象。为了充分利用光，必须明确了解可以控制它的哪些方面。为了得到一个深思熟虑的照明方案，我们要掌握光的一些属性。在环境中使用的这些属性包括光的强度、颜色和分布。

光的强度：明亮—黑暗
Light Intensity: Bright vs. Dark

强度是光的所有属性中最容易理解和明显的一个要素。它比简单的开或关更进了一步：这个环境的光是昏暗的，还是明亮的？我们倾向于把低光强与更放松、亲密和私人的环境联系在一起，而把高光强与更枯燥乏味的、公共的、积极的和动态的环境联系在一起。低光强环境常常会令人长时间地逗留与放松，而高光强环境可以激发活力并刺激运动。

图 2.1 高光强（左）给人以开敞的、公共的感觉，低光强（右）给人以平静的、私密的感觉

光的颜色：温暖—清冷
Light Color: Warm vs. Cool

我们有很多种方法可以不同程度地改变光源的颜色。光源可以显示包括温暖或清冷在内各种各样的色温，也可以调整光源使之显示高饱和度的、鲜艳的色彩。这些色彩会依据人不同的经历、文化和背景对其情绪产生不同的影响。颜色和色温可以决定一个人在该环境中是否觉得足够舒服，是否想要长时间地逗留；或是不舒服，想要离开。颜色可以直接影响人的情绪和心境。暖色照明，如黄色和红色，会使人感到平静、放松及行动速度缓慢；冷色照明，如蓝色和绿色，会使人感到活跃和警惕。饱和色无疑会用于高品质设计的、主题化的环境中来创造视觉趣味和一种独特的情感体验。

图 2.2 暖光（左）和冷光（右）应根据它们在一个空间中所要表现的色彩和材质以及想得到的情绪来选择

光的分布：定向—漫射
Light Texture: Directional vs. Diffuse

分布或许是光最少被了解和考虑的一个属性。添加到一个空间中不同分布的光会对该空间整体的感觉和功能产生巨大的影响。当我们讨论光的分布时，主要探讨从光源中发出光的物理方式。一方面，有柔和的，甚至漫射的光，它们常常是由使用漫射材料的灯具产生的。另一方面，有刺眼的、有方向性的光，它们是由使用精密反射镜和透射镜的灯具产生的，通过它们可以让光沿特定的方向发出。设计时需要我们思考一个普通的发光球体（漫射的）和与之相对的定向聚光灯（定向的）之间的协调性。

图 2.3　颜色鲜艳的光会吸引我们的注意力并将我们从已经习惯了的、普通的、中性环境中带离

光的这两种分布之间的显著差异体现在所创造的阴影和光斑上。

漫射光源发出的光交错重叠，填补了阴影；随着光的蔓延，光影的界限也开始变得模糊。定向光源发出的光形状明显，光影界限分明，使用定向光源通常会形成浓厚的阴影和强烈的对比，因为光会被物体完全阻挡而形成阴影。

图 2.4　漫射光（左）会减少阴影并给人以长时间舒适的视觉，定向光（右）会创造对比和视觉焦点

一旦我们开拓思维，认识到这三个属性，就可以了解对光采取怎样深入的决策才能确保设计目标的实现。

当回顾“设计师可以控制空间带给人的情感”这一概念时，我们就能开始明白，对于每一种可被描述的情感，都有可以成功引起它所对应的光的强度、颜色和分布。当想要创造放松的、平静的、舒缓的环境时，可以采用较低的光强、较暖的光色和更多漫射光源。当设计比较活跃的、积极的、创造性的空间时，可以采用较高的光强、较冷的光色和更多定向光源。本书将向大家介绍的许多光的知识都会围绕着像这些一样的照明决策而展开，鼓励我们对添加到空间中的光进行更深入的思考。在设计中运用光的时候可以通过这种方式充分发挥其潜能。

照明设计应贯穿整个设计过程
Making Lighting Decisions throughout the Design Process

“照明设计方案的制定应与整个设计过程同步进行”这是笔者最喜欢的格言之一，在这一框架之内照明方案的设计方法是最有效的。而建筑师和设计师往往“在黑暗中设计”。他们常常会走上一条“设计、设计、再设计”的道路，空间完全“设计完毕”之后，然后加以“照亮”。

本文所贯彻实施的思维过程则与之几乎相反。设计师应该利用一切机会去思考如何将光带到设计中。当然，光可以在一个已经设计好的空间中再设计，但与之相比在项目的每一步都将光融入设计，前者的效果将永远无法企及后者。为了做出更好的设计，我们必须在设计过程的每个环节都要考虑照明。在所有审美和风格领域中所赞赏的好的设计方案，都有一个共同点：拥有经过深思熟虑的、能与空间完美融合的照明。

对于任何一个设计项目来说其照明方案都很重要，好的照明方案可以令其增色不少，而不好的则会使其逊色许多。一个设计师对光越熟悉，就越有可能在方案设计过程中自发地考虑光。照明决策包含在每一个形式、尺度、材质和颜色的决策中。如果将照明方案设计贯穿整个设计过程，这样做所达到的设计深度，则是通过简单地把光倾注在一个完全设计好的空间里所无法获得的。

人们如何使用光
How Humans Use Light

为了使大家对光的重要性这一概念感兴趣，解释人类如何对光做出一些反应的方式是有用的。一旦认识到在日常生活中是如何使用光的，就可以开始通过照明方案设计创造非常复杂的效果。因为人类与光之间的长期依存关系，光的力量可以通过各种方式影响我们的潜意识，这一点没有其他任何媒介能够做到。正是因为与光之间具有这样潜意识的关系，才为我们提供了照明这个最强大的工具来影响所在环境。当考虑到人类已经花了多长时间来感受光时，我们就能够开始欣赏各种除了简单地“看见”之外使用光的方式。

在地球的绝大部分历史中，人类已经习惯了太阳作为主要光源，而认识到这一点非常重要。在太阳的所有表现形态中——日出、日落、正午、阳光遭到遮蔽或阳光普照，太阳正是大多数我们对光所产生反应的原因。这一关系解释了为什么我们会依靠环境中的光来获得如此多的行为提示。

光作为情绪
Light as Mood

我们自然而然地依靠光来判断一个空间中的活动水平和情绪类型。这些效果与光的质量息息相关，而不同光的质量又和不同的季节以及一天中的不同时段联系起来。如前所述，我们天生就理解有些光可以提高活力与兴奋或令人感到平静与放松。这些光的质量也可以被拓展去激发悲伤、忧郁或幸福、快乐。人类依靠光来告知自己时间，并因此遵循相应的情绪及活动。光的质量可以提醒我们哪些季节需要庆祝，哪些需要勤奋工作。一些特定波长（颜色）的光可以影响健康，并且光照不足是如何对我们的生理产生负面影响的，对此人们都有广泛深入的研究。所有这些问题在现代这个使用电光源和自然光结合的时代就会变得尤为关键。

光作为指示
Light as Instruction

通过感受和调节，人类也逐渐形成了直接源于光的运动和位置反应。光可以用来指导人去哪里，走向哪些区域以及遵循哪些路径。人类可以通过辨认阳光的角度和强度来获知自己所处的地理位置。设计师则利用增加光强来驱使人们进入某些区域，而让那些不想让人们进入的区域保持黑暗。光的颜色可以用来表示停止或行进，而闪烁的光则可以被用来吸引注意或警告人们远离。上述作用完全通过之前我们所提到的光的三个属性来实现。为了更好地利用这些作用，设计师还必须要考虑光的具体形状、图案和动态方式。

光的吸引力：趋光性
Attraction to Light: Phototropism

人类对光最强烈的反应是很简单的：即光和明亮空间对人类具有基本的吸引力。就像飞蛾扑火一样，我们会渐渐走向明亮的区域。这种无意识的欲望是很重要的，因为它出于人类的本能。它不同于设计中许多其他元素是审美、流行趋势或喜好的产物。实践告诉我们，对光的亲近是人类的一种生存机制。这种本能有一个名字：我们称之为“趋光性”（Phototropism，拉丁文）。这种原始的反应意味着，在最基本的设计水平下，只是通过简单地把光布置在正确的地方，就可以为人们指引路径并促使人与空间进行互动。我们以后创造的许多照明效果都依赖于这一简单的人类行为。

Image courtesy of Erco　www.erco.com

图 2.5　当正确使用时，被光照亮的表面可以起到直观导引的作用

研究人类为什么会存在这样的天性有助于理解利用光可以多么有效地对人类进行引导。从基础层面上讲，这样的天性与视觉有关。人类视觉系统可以识别环境中光的细微变化。常言道，一图胜千言。可以这样说，视觉是了解我们周围世界的最快方法之一。正因为这种依存关系，大脑才总是鼓励我们去进入有更多视觉

信息的区域，即明亮的区域。我们的大脑认为看到的越多，人生经历就会越丰富。毫无疑问，大脑还相信看到的越多，找到食物、住所和伴侣的可能性就越大，被食肉动物吃掉的可能性就越小。

当对所有这些唯有光可以产生情感和行为的变化进行研究的时候，我们发现光绝不仅仅只是保证充足的强度这么简单。在建筑和设计领域里，我们所能做到的，绝不仅仅只是简单地把光添加到一个空间中，以便人们能够进行视觉作业这么简单。

在这里我们当作设计要素介绍的任何事物一定有其合理的理由，所以通过认识到光对环境所带来的众多帮助，证明这也同样适用于光。随后我们将要学习控制不同类型的光。照明设计也进而成为使“一个空间里的光如何作用以及光应该从哪里怎样发出”的概念化过程。

第三章 简而未减的照明设计

More Impact with Less Light

效果出色的照明设计最需要意识到的是究竟哪些地方需要被照亮。只有当我们深切地理解人类是如何将光诠释为视觉与最终体验时，才能真正做到通过细心布置灯具来实现设计效果最大化。

在建筑和结构领域，可持续设计及保护资源环境理念越来越成为主旋律。这个趋势已经明显在立法和执行阶段决定将会有多少电力用于人工照明。这种对能耗的关注以建议的形式对功能照明及环境照明的强度加以规定。那些针对具体功能照明所需照明强度的研究和指南是很有应用价值的，但是面对复杂空间时，设计师更愿意考虑功能照明以外的更多因素。对单一功能的空间进行照明设计时只需针对功能需求便可以让设计更有效率，需要多大照明强度成为唯一的决定因素——比如手术室和图书室的照明设计。由于照明设计师需要考虑整体的体验、情感、互相影响以及空间的视觉效果等方面，从而必须采用更加全面的方法来实现设计效果最大化，真正做到用正确的照明强度、颜色和光斑投射到正确的表面上。当我们用心地布置灯光，就是使用更少的光，去获得更有深意的结果。

这个设计理念是以光与人的视觉之间存在着四个重要关系作为基础的。

1. 适应性：适应亮与暗的环境。

2. 亮度：表面亮度与它周边环境之间的对比度。

3. 趋光性：由被照亮的环境和物体所吸引。

4. 垂直视觉：相对于顶棚和地面我们要更趋于看到周边环境的立面。

依靠适应性

Relying on Adaptation

适应性是指人类的视觉系统在不同的照明强度下都可以很好工作的特性。我们都有过这样的经历，从一个环境到另一个环境的过程中，感受到照明场景变化的过程。例如从一个阳光照耀的停车场走向黑暗的电影院的时候，眼睛和大脑会配合工作以便让最多的光进入我们的视觉系统。而当从电影院走回停车场时，眼睛和大脑又尽可能地限制光线的进入。虽然在这两种情境中，调节过程都需要时间，但是最终大脑和眼睛会让我们适应所有的情况。在两种极端的情况下，大脑和眼睛的工作方式是截然相反的，就像是正午的朗朗晴空和夜晚的明月当头，它们的照明强度差别是数以万计的，但我们依然可以在这两种存在极大反差的环境中阅读，这种适应能力真是惊人的强大。

这种强大的适应性之所以在设计中能够被利用，是因为我们的视觉系统可以通过不断地调整来适应周边环境。因为视觉系统可以适应更低照明强度的环境，所以可以取消空间中那些看上去多余的光以此节省更多的能耗。可以推定进入空间的多余光线将丧失发挥作用，因为视觉系统会适应并均衡我们的体验。我们几乎不会逃避空间中的光线，因为人的视觉系统将利用大部分所获得的光线。

这种效果在封闭空间的均质照明中更加明显。例如对一个由均匀扩散表面组成的房间进行均质照明时，无论实际的照度水平如何，在视觉系统对其进行调节后，人类感受到的效果都会十分相似。

适应性同样带给我们这样的提示，在空间中，不同强度的光展现出的是对比度，而与实际照度水平无关。

通过对比度展示亮度
Brightness through Contrast

亮度是一个很常见的术语，在日常环境中常用于形容物体表面反射光线的强度，然而亮度并非单纯定义物体表面的特性。因为视觉系统可以适应各种亮度的环境，故亮度只是针对特定情况的主观判断。“物体之间的亮度对比度是我们视觉定义以及对亮度判断的基础”，对这句话的理解是非常有价值的。通过物体反射出不同的光线，眼睛就可以告诉我们哪里是它的开始、哪里是它的结束。当我们读一本书，深色墨水比白纸反射更少的光线，这样就可以在书上分辨出不同的字母，而这些材料接受的光线实际是一样的，而当我们将更多的光线投射于书本上时，相对于反射很少光线的深色文字，白色纸面则会表现得更加明亮。另外一个简单的例子是任意房间的折角：我们一定可以指出哪里是两面墙的交界处，判断的依据便是因为它们之间不同的对比度。如果两面相交墙的亮度是相同的，那感觉会告诉我们那是一面连续的墙。当将更多的光线投射于工作面或者重点物体上时，就可以做到通过增加物体或者材料对比度的方式来增加可见度。并不能通过简单的光线照射使物体突出，而是要让它们所反射的光线与周边环境不同。

利用趋光性来引起注意
Using Phototropism to Draw Attention

在第二章中我们已经讨论过，趋光性是人类具有被光所吸引的天性。利用这个简单的天性，便可以将人们吸引到我们想让他们注意的表面或者空间中。趋光性可以无视任何条件和期望，在由各式细节丰富的家具、错综复杂的地面、各种墙面装饰和瓷砖马赛克组成的房间中，一个漫不经心的观察者也将会在第一时间注意到某一个角落里亮着的台灯。根据这个理论我们可以意识到，在一个设计空间中观察者的注意力可以被哪些细节控制。趋光性可以驱使观察者的目光从一个明亮的表面转移到另一个更加明亮的表面，这就是为什么我们常常可以仅仅通过将几个引人注意的大面积表面照亮来说服观察者这个空间是明亮的。

照亮垂直表面
Lighting Vertical Surfaces

视觉系统是人类感官的第三个工具，它用来感知环境中的物体表面反射到眼睛中的光线。但眼睛对那些直接进入的高强度光线无法适应，因此，感知空间中的亮度更多是通过周边表面反射的而非光源本身发出的光线。这个原则可以通过舞台表演者来说明，舞台上有大量的光照射在演员身上，但是他依然感觉自己身处于黑暗之中；另一个例子则是在简单的房间中间悬挂着一盏明亮的吊灯，它可以吸引视线但是并没有让人感觉到这个空间是明亮的。

因为我们是直立行走的生物，所以更加依靠周边竖直面所反射的光线来感知环境。在我们每天的活动中，主要视场位于正前方，甚至当我们环顾四周时，也是利用周边的立面来获得信息的。环境中墙壁、地面、顶棚等位置的照明质量可以令我们感到自由抑或受限，比如只有当需要安全通过面前道路时才需要低头观看，而也仅仅在这个时候地面的照度才对我们有用。

人们从不定义周边地面的亮度水平，也不定义直接落在人们身上的亮度水平。作为直立行走的生物，我们是通过物体反射光来认知世界的，人类天生更加注意围绕在他周围的竖直平面，以此获取周边环境的信息。如果照明设计的目标是获得明亮的感觉，照亮周边的立面要比直接照亮视看者本人更有效率。

图 3.1 施加在垂直表面上的光（左），相较于向下施加相同数量的光（右），其明亮感会有所增加

照明策略汇总
A Summary of Our Lighting Tactics

人类的视觉系统可以适应大部分暗环境和亮环境。

人类判断亮度是一个基于面与面之间对比度的主观感觉。

人类天生被明亮的表面、空间和物体所吸引。

人类通过围绕他的立面来定义空间亮度。

人类这四个感觉特性的共同运作构成了照明设计的基础。

依据这个基础，灯光设计就成为了如何通过照亮少量表面又能产生最大效果的研究。这种方法首先需要判断哪些表面反射率最高？哪些表面可以产生视觉焦点以吸引人们穿过空间去探询它？哪些地方可以被照亮以获得不同的对比度从而产生视觉兴奋点？在回答这些问题的过程中，我们可以领悟到如何将具体的光投射到特定表面上来创造动态的、有视觉吸引力的空间。这种照明设计理念是不赞同将整个空间照亮的，所以为了实现这个特别的设计理念，设计师可以使用很多种建筑一体化的隐藏灯具，这些灯具可以在表面上形成聚光或者矩形的光斑，同时这些隐藏的直射灯具可以照亮部分表面以此来定义环境，而不是使用过亮的光源或者均质通亮的照明。

经常设计像办公室和教室这样单一均匀的照明环境，我们就会开始认为这样的设计方法是正确的或者安全的。但是当我们清楚地表述照明目标时，一切都变得明朗——这种均匀一致的照明设计存在的唯一理由就是可以坐在这个空间的任意位置或者持久地从事较长时间的视觉工作。因此，我们将这样的理解引入照明教学，那就是将光作为一种媒介，或者更准确地说将被照亮的表面作为媒介。这个简单的方法将指导我们的所有设计。

照明设计两步走程序
The Fundamental Two-step Procedure of Lighting Design

对光理解上的提升可以通过两步走程序在灯光设计中得以体现：第一步，照亮特定的表面；第二步，充实氛围。

第一步：照亮特定的表面
Step 1: Light Specifics First

这个步骤需要花费时间思考将灯光照射到哪里。首先要考虑工作面、重点和局部的视觉效果，我们想象自己拥有在空间中绘画的能力，使用画笔或者油漆罐将需要亮的表面画亮。

图 3.2　一个未被照亮的空间（左），在它的表面上用光“绘画”（右）

图 3.3　照明效果看起来如何（左），添加一个周围环境的照明其效果又如何（右）

其次，在照亮这些特定表面之后，我们再回过头来审视和评估整个空间的照明效果，例如舒适程度、统一程度、对比度以及视觉的趣味程度。每个灯具并不只是单纯照亮一个表面，而是从一个表面反射到另一个表面，这样在不同表面间的反射可以增加表面与周边环境的统一度。对这个“内部反射”原理的理解在进行照明设计中至关重要。

第二步：充实氛围或者感知亮度
Step 2: Augment the Ambience or Perception of Brightness

完成第一步的所有内容（完成了所有特定表面的照明工作）之后，如果我们决定在现有已完成工作的基础上增加一些氛围照明时，才需要开始第二个步骤。如果确定空间照明目标是明亮的，那现在我们知道对竖向表面的照明会更容易达到这一目标。

你不能照亮空气
You Cannot Light Air

这种两个步骤的设计方法与先用均质的光填满一个空间，再退回来尝试通过额外重点照明去创造有趣视觉元素的想法形成鲜明对比。之前讨论的人眼适应性提醒我们，人类视觉感知是基于对比度而不是绝对亮度。辨别细节不是通过物体上的照度有多少，而是通过物体或者表面与周边环境的对比度来实现的。一个雕塑表面的亮度是它背景墙的两倍，那不需要考虑实际的照度水平便可以抓住我们的眼球。所以，如果先将整个空间全照亮，最终结果将是以浪费了更多的光为代价在已经明亮的空间中突出一个表面或者物体。而反之如果首先将特别的表面和物体照亮，那整个照明设计将变得更加简单。

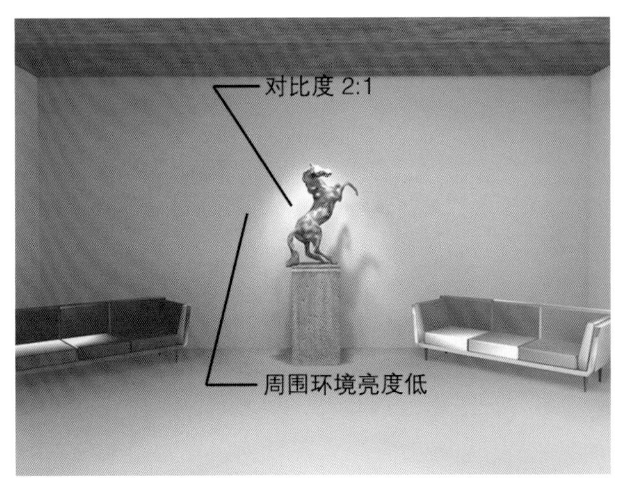

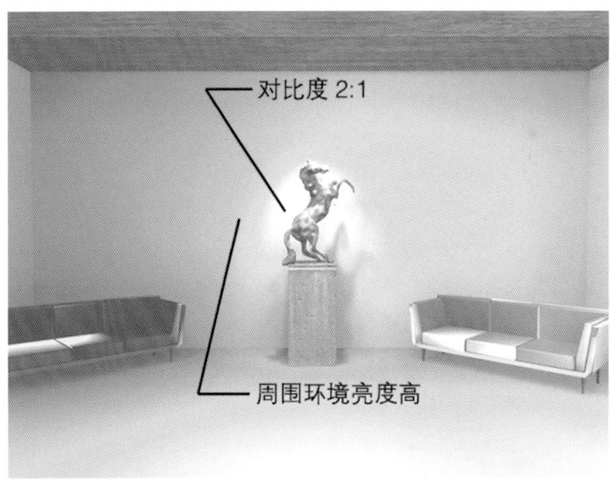

图 3.4　保持 2∶1 的对比度不变（左），均匀地添加光（右）。提高对比度可以创造有趣的视觉元素（下）

当这两步设计完成后，将会得到一个富有感情色彩的、具有视觉焦点和逻辑性的空间，这种具备创造力的设计将真正拥有互动性。这个设计理念在开敞的办公室和教室照明设计中依然有用，并且在需要视觉冲击力、富含感情色彩以及高度设计感的交互式环境中则变得异常有效。

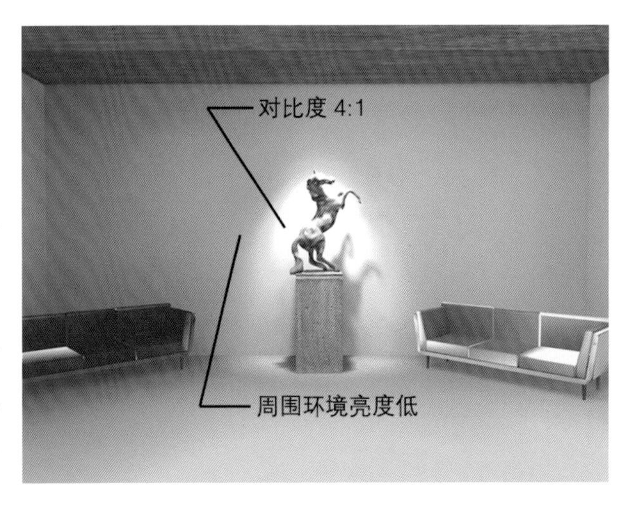

这个两步走程序和对光理解的神奇之处就是我们不需要任何照明器材和科技认知，也不需要任何计算和照明水平的评估，只是换一种角度和理解方式进行照明设计，就可以让照明效果更好地呈现，也可以更好地定义空间照明需求。

这个简单的第一步细节、第二步氛围的两步走程序将作为接下来建立照明设计系统的基础，该系统则可以用来确定灯光所属以及照明设计的目标。

第四章　逐层添加灯光

Adding Light in Layers

就像其他设计门类一样，照明设计并非人们所认为的那样是一个灵感迸发的技艺，而更像一个具有一定工序与理解的产品。当设计师设计灯光时，期望通过扩展所有可能性去赋予一个空间绝好的理念来为以后的设计工作解放思想。在灯光设计中也同样需要最大限度体现“形式服从功能”的原则。如要真正做到主宰照明则需要在空间中建立增加灯光的理由。设计的存在需要有充足的理由，但同时也需要为好的设计创造机会。我们接下来将分步阐述灯光存在的必要性。

以前的照明设计经验都是按照建筑和室内的设计程序进行的。为了快速达到照明设计的目标，我们将创造更多的机会和可能性停下来用通彻的研究视角审视之前的设计。如果打破设计流程而且每次都只专注于光的某一方面，则会有更多的机会去思考某一个特定的点，以此来支撑最终的设计目标。

设计之美在于并不存在所谓“错误”的答案——简单的、不成熟的构思。如果我们能对那些想法研究足够长的时间，则会发现有很棒的创意跃然纸上。优秀的照明设计可以满足很多需求，但它需要进行很多阶段的设计才能实现；而糟糕的照明设计则通常在工程的最后阶段一次性解决所有需求。

之所以在空间中体验照明的整体性十分重要，是因为设计师只能依靠视觉去体会光是如何有效地改变空间效果。而每个人对建筑的感知往往是微妙的，光却可以迅速而有效地在设计中增强这种效果。在设计过程中必须切实意识到，怎样的目标才是照明可以完美胜任的；同时，怎样的照明才是与所设计的环境最契合的。

为了保证这些目标的实现，需要引入适合的照明设计流程，它也是在空间中添加照明的理由，我们对这些理由逐一考察。这个流程可以精炼成一个包含五个不同层次的设计系统，接下来我们将一一阐述。

五个层次的方法来布置灯光

The Five Layers Approach to Layering Light

第一层次：利用灯光来创造路径及体验

利用照明创造目标、路径及目的地以引导动线。

第二层次：利用灯光来定义情绪及氛围

通过不同照明强度、颜色或光斑来表达感情色彩或者契合特定场合的氛围。

第三层次：利用灯光来突出重点

利用灯光来吸引注意力或者通过照亮目标物体的方式来提高物体与环境之间的对比度。

第四层次：利用灯光来展示建筑细节或空间形状

将灯光照射于建筑空间的特征及细节上以此突出并且展示结构的特点与形式。

第五层次：利用灯光来满足功能需求

对工作区域进行照明，从而实现空间的基本照明功能。

在理想状态下，设计师可以有驻留于每个层次之间并用思想进行审视的机会。而在思考照明方案之前，思想状态应该是吸收和理解所要设计项目的理念，接下来照明设计师则是需要将所有平面、立面、图表和效果图加入其考虑的范畴内。而后设计师便陆续开始出现一系列的构思，这些构思可以在空间中创造引导路线和体验（第一层次）。而在殚精竭虑之后，设计师要喘口气，再回到设计中，通过增加灯光来传达情绪和创造氛围（第二层次），接下来的工作就需要我们带着特定目标进行设计了。审视所设计项目的每个阶段，都要有初恋般的新鲜感，每一步设计都要独立地进行，这个理念不仅现实并且需要贯彻始终。

如果我们盯着一个空间，只是单凭想象它就可以一下子被照亮了，那势必只会得到一个通用和保守的照明方案。

就像厨师为一顿饕餮盛宴精心准备独特的食材和调味品一样，通过在每一个层次中添加灯光的方法可以得到一个逐渐深入的设计，但这个结果也不是一蹴而就的；反之如果试图在设计的道路上采纳所有构思的话，那这个结果最终不可能实现。

上述五个层次被逐一呈现出来，这样可以清楚地让我们知道照明设计工作如何在每一层次中体现。每一层次的效果都可以成为之后研究照明细节的依据，同时也表明了每一层次光与人互动的情况。通过这种多层次的设计系统可以梳理思考的顺序，最终让照明创意更有目的性，设计更有舒适性，结果更具确定性。这个系统是我认为最好的设计工具，可以适用于所有设计师，帮助他们在不同环境中做出如何布置灯光的决定。

第一层次：利用灯光来创造路径及体验
Layer 1: Lighting to Choreograph an Experience

动线规划所针对的是引导性移动。在建筑学中，设计师有责任促使人们按照特定的需求穿梭于空间中并与建筑进行互动。因此，动线规划只需要简单地表达如何完成这个任务即可。因为人类具有趋光性，所以会被光亮的表面和物体所吸引，基于这个理论，利用光的力量便可以让人们下意识地朝着放置灯光的特定区域移动。在期望人们朝目标地移动的时候，固然可以采用像标识或方向提示的笨办法，但也可以巧妙而有效地依靠灯光来吸引他们。

这个层次的练习很简单，只需照亮那些希望人们去的地方，而让那些希望人们远离的地方保持黑暗。通过光照亮走廊尽头墙壁或者物体的方法来驱使人们穿过空间，例如将灯光布置在大厅的尽头或者建筑的入口，照亮房间的尽头以及人们聚集区域的咖啡桌面。通过使用唯一的灯具去照亮单独的表面来吸引注意力的方法有很多，但以前则需要将整个路径都照亮才能实现。用重点照明的方法来吸引注意力和规划动线只是减少空间中照明的一种方式，为了达到引导性移动的目的，只需照亮一个表面，所以在设计过程中想要吸引注意力并创造视觉层次的时候，只需要明确哪些是可以用来实现这一目标的物体即可。在将这个独特的策略与直立行走的人类视觉知识相结合后，我们发现墙壁、隔断、家具和艺术品这些具备有效竖直表面的物体就是那些目标物体。这时，空间中就出现了很多为规划动线服务的视觉焦点，而且它们全是由特定的竖直表面和核心要素组成的。虽然规划动线只是五个层次中的一个，但是一经确定，就构成了一个具备直观自我引导和有逻辑动线的空间。

Images courtesy of Deltalight　www.deltalight.us

图 4.1　照亮垂直表面和物体是一种鼓励人们走向一个特定目标的有效手段

第二层次：利用灯光来定义情绪及氛围
Layer 2: Lighting to Define Mood and Ambience

第二层次主要研究目标是通过照明改变观察者情绪。可以看到通过灯光来改变空间的颜色、尺度和材质是非常容易的，首先需要定义空间中应该具有的感情色彩，之后确定支撑这个感情色彩的照明因素，最后对如何控制光进行透彻的研究以实现影响这个感情色彩的目的。通过灯光来影响空间的氛围有一个简单的方法，那就是通过控制之前曾经介绍过的光的三个属性来逐一定义空间的感情色彩。

光的强度：昏暗与明亮

光的颜色：暖色或者冷色（或者一种明显的颜色）

光的分布：直射光或者漫射光

当带着这样的理念并根据灯具的上述三点特质作为其使用依据时，就可以确保通过照明所获得的氛围是我们所需要的。

第二层次的思考步骤是先划定每个房间或者空间的范围，然后描述出各个空间应有的感情色彩和氛围。可以利用建立"情绪地图"的方式来练习定义感情色彩，将平面中的每个区域、房间或空间都标记上目标情绪，在这个地图中可以使用关于感情色彩的词汇，例如，"慵懒的""严酷的""眼花缭乱的"，等等。这些形容词可以有效地帮助在空间中选择适合参数的光。

要避免在布置灯具时出现所选取灯光的参数与情绪期望值相悖的情形，所以在布置每一盏灯具的时候都要考虑这些微妙的情绪因素。当我们注意到冷色光源并不利于提供亲密的居住需求，就可以发现在光源颜色的选择上还有欠考虑，通过这个照明设计与空间期望情感相悖的例子可以发现，常常仅仅只是将光的三种特质（光强、颜色和分布）中的一点忽略，结果就不理想。相反，只要小小的改变，灯光就可以为所需要的感觉提供积极的贡献。

第二层次的设计提供了去决定光核心特质的机会，同时也鼓励设计师去阐明每一个设计区域中想要表达的特别意图。

Image courtesy of Deltalight　www.deltalight.us

Image courtesy of Erco　www.erco.com

图 4.2　一些不寻常的光线运用可以极大地影响一个空间的气氛

第三层次：利用灯光来突出重点
Layer 3: Lighting to Accent Objects

第三个层次所要做的工作可以说是最直观，也最容易操作的。只需将灯光照射到那些具有吸引力的物体和表面上，目的只是让它们更加瞩目。趋光性不仅可以驱使人们移动，而且在小尺度空间中还可以吸引视线。通过在空间中谨慎地选择投射到物体上的光斑，我们可以创造这样一个逻辑原则来决定观察者的视线是如何在单一空间中的视觉焦点间游走的。我们可以通过对漂亮的餐桌、墙上的壁画和天花上的水晶吊灯进行重点照明来定义一个潜意识的视觉通道。这些针对视觉焦点的组织可以鼓励访问者按照特定的顺序去体验环境并与设计互动，这是一种小尺度的视觉动线设置。

当在空间中重点突出某些物体的时候，同样要决定什么样的光适合这些物体。这需要熟知所用材料的特性以及这些材料能否与重点照明所使用的灯光（需要考虑其具体强度、颜色和分布）产生良好的反馈。如果想增强材料的质感，那就需要使用高角度的直射光线；如果打算削弱质感，那就使用更多向空间漫射的光源。不仅如此，我们甚至还要考虑照射在物体表面的光斑形态。

在讨论通过重点照明来创造视觉焦点及视觉逻辑性的时候，同样不能忽视在空间中如何使用装饰性照明来增加视觉焦点和亮点，装饰性吊灯和壁灯是可以单独作为视觉焦点存在的。

当我们谨慎地将光布置在需要重点突出的物体上时，也从另一个角度为创造清晰的视觉和功能减少了所需的照明能量。

Image courtesy of Erco www.erco.com

图 4.3 一片片不同形状的光给现有的物体和材料增添了趣味

第四层次：利用灯光来展示建筑细节或空间形状
Layer 4: Lighting to Reveal Architecture and Space

本系统的第四层次是通过光去定义、突出及阐明建筑的风格和细节，而这些都曾耗费了设计师大量的时间和精力。视觉是完全依靠光来工作的，所以可以说，即使建筑理念和空间效果十分完美，但如果不通过恰当的照明来展示，其也会变得暗淡无光。基于对竖直表面上光的认识，我们可以创造更有深意的设计，同时为了展示建筑也要求我们在设计时需要充分考虑光斑的形状，并追溯展示建筑细节光的来源。使用光来突出建筑细节的工作需要遵循两个原则：定义空间性格与突出建筑细节。

Image courtesy of Burke Lighting Design
www.burkelighting.com

使用光去定义空间性格
Lighting to Define Spatial Character

用光来影响对建筑的感知所要迈出的第一步是逐个区域地去定义其空间性格，判断每一个空间给人的感觉是高大宽敞还是围合亲密（或是其他感觉）。当我们赋予了每个空间独特的性格之后，就需要将光照射到恰当的表面来实现所需的效果。

作用于建筑空间边界和表面的光对其影响尤为显著。比如，我们可以将光洗亮整个天花板以此来定义空间的高度，也可以照亮墙壁来展现空间的界限；相反的，也可以让这些墙壁保持黑暗以此来消除界限的束缚。设计师必须用心并带有目的性地做出对每个区域的照明选择。人类已经习惯于光是从天空洒下大地的，这样的光让人感到舒适，认识到光来自于哪儿是非常重要的，这对人们如何感受和认知空间都具有显著的影响。建筑一体化照明这个工具的优势在于可以利用地面、墙壁、家具或者其他一切物体和表面，让光来自于这些载体以实现之前制定的照明目标。

使用灯光来重点刻画建筑细节和特征
Lighting to Accent Architectural Details and Features

表现建筑的第二个要素是辨别建筑的细节和特征，从而帮助定义空间结构和逻辑。我们发现柱子与拱腹可以定义空间，藻井与尖顶可突出顶棚的形状，大多数建筑的特点可以通过平面和草图呈现在我们眼前，对待这些建筑细节与对待其他需要重点突出的物体是一样的，其区别仅仅在于这个层次的照明可以帮助定义空间或结构，而重点照明只是为了吸引注意力。

Image courtesy of Deltalight　www.deltalight.us

图 4.4　一些恰到好处放置的光增加了建筑结构的尺度和深度

第五层次：利用灯光来满足功能需求
Layer 5: Lighting for Tasks

设计进程的第五个也是最后一个层次需要满足的就是视觉工作，可能包括阅读文件或是在大厅中游走。之所以将这个层次留在最后，是因为之前四个层次中已经引入的光通过空间的相互反射作用可能已经满足了视觉工作的需求。如果其他层次的设计均考虑周全，则已经得到一个丰富、生动、具有情感体验的空间。如果此时的照明还是满足不了工作的要求，就可以通过增加额外的光源或者局部的工作面照明来完善这个设计。但是，如果在之前的层次中忽视了像动线和氛围的设计，那这个时候已经没有机会再去恢复那些功能了。

Image courtesy of Erco　www.erco.com

很多有价值的案例适用于视觉工作照明，同时也提供了大量的参考信息，帮助设计师决定具体应该采用何种级别的照明。任何照明设计师都可以根据参考书里面的全套表格和图表界定视觉工作照明的等级问题。

视觉工作照明应该避免的是将其作为唯一的照明形式去考虑。在好的照明设计中，很少只存在一个层次，而它又恰好是视觉工作照明层次的时候。

当空间中的视觉工作照明是其功能的关键组成部分时，我们将重点审视如何完成这个层次的设计内容。但即使如此也绝不能蒙蔽思想，忽略其他层次的设计，因为那些层次才真正会为环境注入个性的体验。

Image courtesy of Deltalight　www.deltalight.us

图 4.5　工作照度应该考虑视觉舒适度和视觉功效

为了掌握这个舒服、可信的设计系统，我们必须时刻提醒自己没有哪个层次是可以单独支撑起整个设计的。了解这些才能解放自己，随心所欲地处理好如何布置灯光以及将灯光布置在何处。如果独立地设计每一个层次并将其作为一个独立的步骤来思考，我们就可以在完成每个层次之后都去审视这个空间的照明效果，而整个设计更像是由所有好的创意集合构建出来的。

成功使用这种方法依赖于我们一次次地提醒自己，被照亮的表面是光的媒介。逐层将光引入空间的方法是将一片片光绘制于具体的物体和建筑元素上。此外，对直觉的理解告诉我们最有效地使用光的方式是将光照射于所设计空间中的竖直表面以及直立物体上。如果努力在适宜的表面上设计照明，之后那些更有技术含量的、选择不同种类光的工作将会变得简单了许多，同时也带给我们更多的信心。

第五章　光的物理基础知识

Physical Basics of Light

当我们致力于把光融入空间并声称它是一种常见的媒介时，也应花点时间和精力来理解一些光学原理。为实现这个目的，接下来将对“什么是光，它如何与环境表面相互作用，这些作用又会如何影响对它的使用”等问题进行一个相对简明的阐释。对物理学中光的知识的理解将会让设计师做出良好的设计决策并避免因为错误用光而招致风险和缺陷。

光是电磁辐射大家庭的成员之一。在接下来的讨论中，它简称为“辐射”。辐射是日常生活中遇到的许多现象的产生原因，它无处不在，无时不在。X 射线、微波、无线电传输波乃至热传输，都是辐射的形式。“光”仅仅是对人眼可见的辐射类型所赋予的一个名字而已。

光的辐射属性

Light as Radiation

辐射本质上是能量，而且它本身没有质量，没有颜色，没有味道，没有气味。所有类型的辐射都以完全相同的速度在地球和宇宙各处传播。这个速度称之为“光速”，但它实际上是每一种类型辐射的速度。光恰巧是我们最喜欢的类型[译注]。

不同类型辐射之间唯一的不同是其传播过程中的振动频率，因此可见光不同于用于烹饪微波的地方只是其在空间中传播时振动的频率不同。因为振动频率是辐射唯一可辨别的属性，所以通常我们用小小的波浪线来描述周边的辐射，通过波浪线上波峰和波谷之间的距离来区分不同的辐射。从波峰到波峰或从波谷到波谷的长度就叫做该辐射的“波长”，而且它是把不同类型的辐射区分开来的唯一可靠方法。就可见光来说，这些长度十分小，所以常常以纳米来描述它们。1 纳米非常短，10 亿个 1 纳米才能构成 1 米。

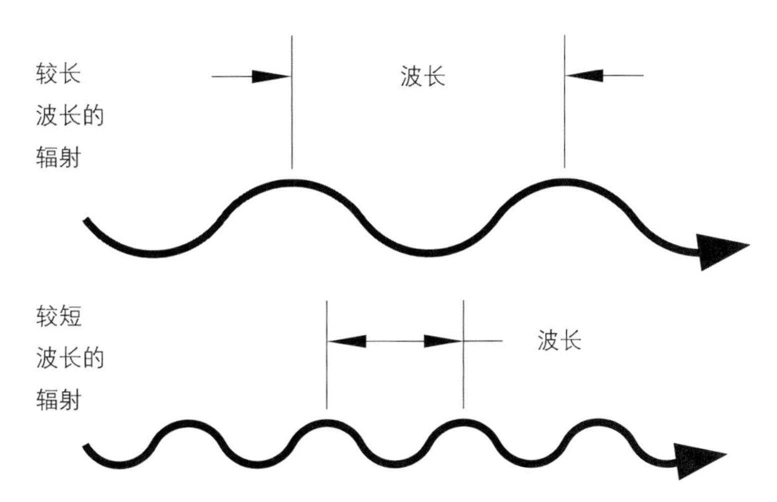

图 5.1　辐射，包括光，最好把它想象成在空间中传播时以不同频率振动着的波浪线

［译注］实际上只有在真空中，辐射的速度才等同于光速，在空气中稍慢于光速。但绝对真空是不存在的。

我们不需要去想象这些单位。只需要知道：在科学界，波长（单位常用纳米表示）是描述辐射（包括可见光）的一个非常适当的方法。图5.2显示了整个已知的辐射光谱和不同类型辐射相应的波长范围。你可以看到“光”是一个由处在光谱“短”端的辐射所组成的家庭，即波长较短而且振动较快的辐射。

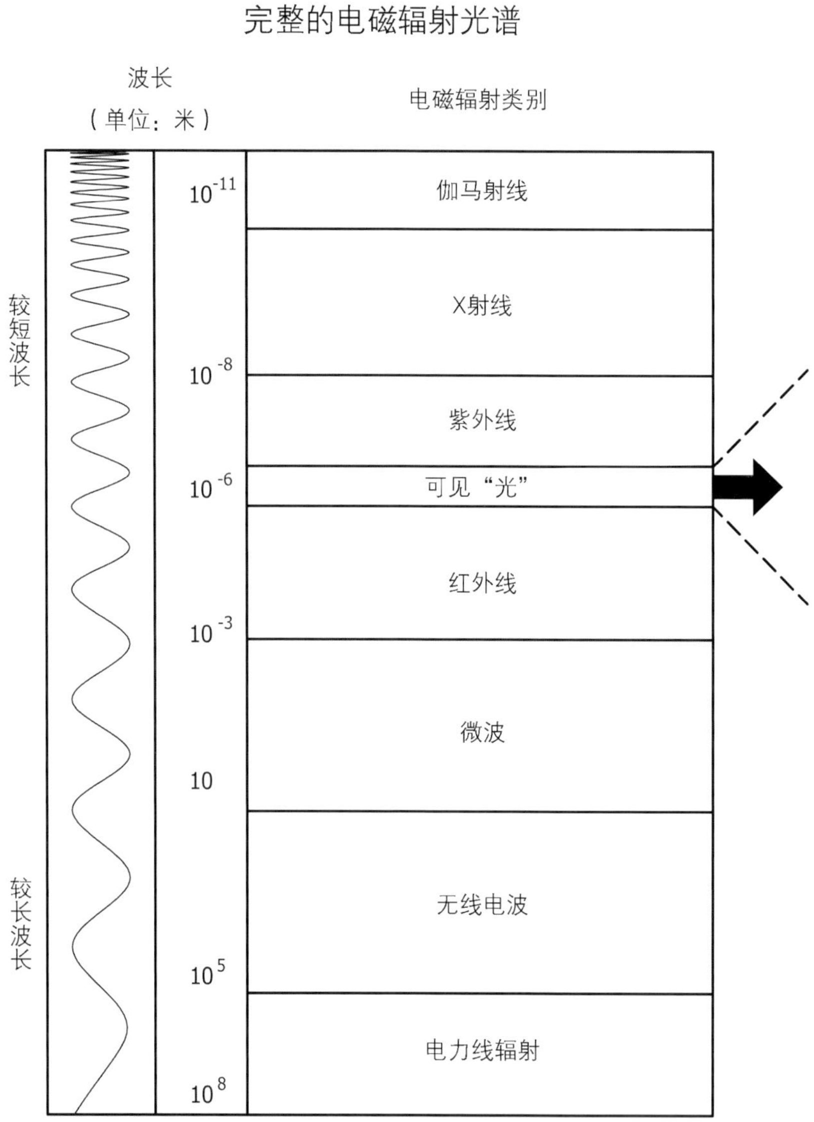

图5.2　完整的电磁辐射光谱（包括我们称为“可见光”的部分）

通常我们所说的人类颜色视觉，它能察觉到的波长范围是380~770纳米的辐射，所以在这个范围内有“可见光”或称为“光”的辐射。振动得更快或更慢的其他任何辐射，就不再能“看见”。辐射仍然存在，只不过是不再能用肉眼察觉到它了。

人类确实拥有察觉其他类型辐射的能力，但肯定不像对“可见光”一样敏锐。恰好位于可见光之外的红外辐射就是一个很好的例子。人类无法用眼睛察觉到它，但可以通过感觉神经以不同程度热辐射的形式察觉到它，这就是我们通常说的热升冷降，但更准确地说应该是被加热的空气上升。热辐射同其他形式的辐射一样，也可以通过反射体改变传播路径。

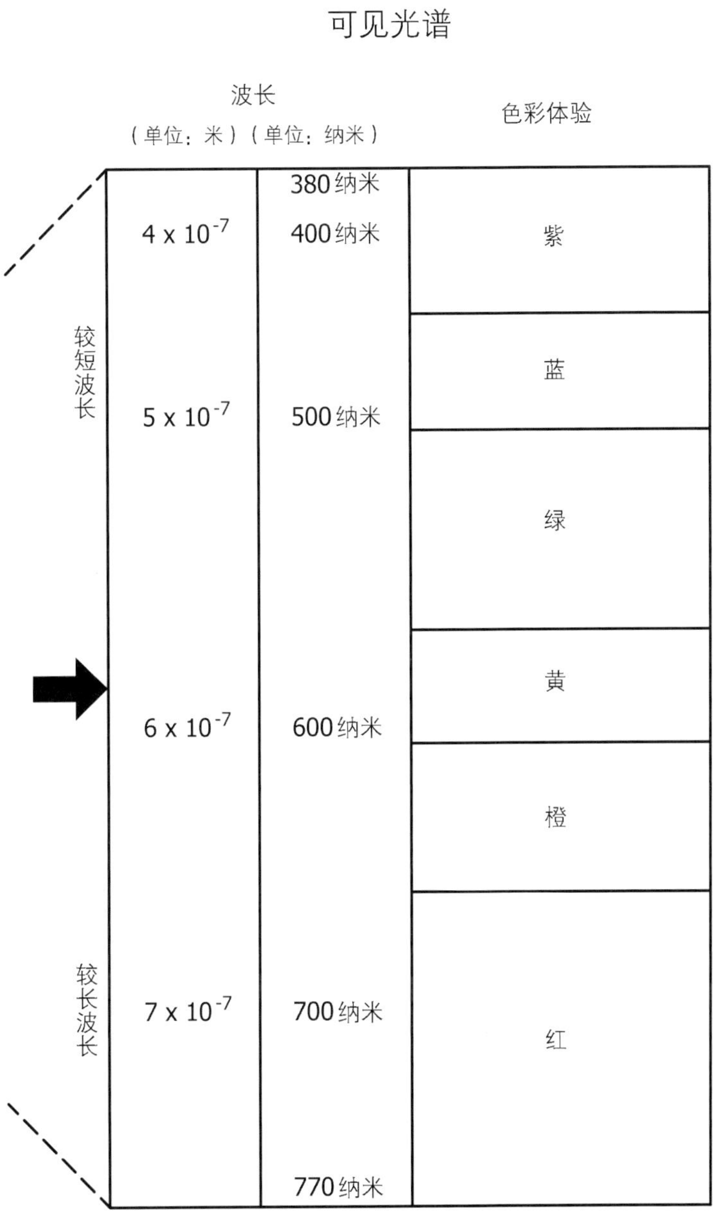

可见光谱

波长
（单位：米）（单位：纳米）

色彩体验

较短波长

	380纳米	
4×10^{-7}	400纳米	紫
		蓝
5×10^{-7}	500纳米	
		绿
		黄
6×10^{-7}	600纳米	
		橙
7×10^{-7}	700纳米	红
	770纳米	

较长波长

图 5.3　构成可见光谱的辐射波长组合

大多数人天生具有区分不同单独色彩与混合色彩可见光的神奇能力。在为感受到的所有类型光命名的过程中，视觉系统的感受最为清楚，正因如此，我们也可以分辨出光色微妙的变化，并将光以不同颜色命名。然而，时刻提醒自己“颜色”仅仅是一种对感觉的命名，其实光本身没有颜色，只是不同波长的辐射被环境中的表面反射并进入我们的眼睛时，产生的一种“颜色”体验。因此可见光谱中每一波长的辐射都会带来其对应的可预见的颜色体验。所以，与其争论一个物体被看成是黄橙色还是淡黄色，还不如用某纳米波长来描述该辐射，以此结束这场争论。同样值得注意的是，颜色视觉的敏锐度因人而异，这完全取决于个人的生理构造，各种不同形式的色觉缺失会大规模降低一个人能感受到的独特颜色体验的数量。研究显示大约 8% 的男性和小于 1% 的女性存在某种形式的色觉缺失症状。

颜色视觉的演化
Evolution of Color Vision

为了描述辐射、光和颜色这一系列的词语，首先需要解释为什么人能“看见”这部分辐射以及为什么在这一段波长范围内可以如此容易地分辨出不同波长的辐射。其原因就存在于生命的逻辑中，存在于历史的长河中，太阳是地球辐射的主要来源。太阳呈现出一个看似无尽循环的核聚变，发出一个非常复杂的辐射光谱：本质上是目前所知道完整的电磁辐射，从X射线到无线电波。即便是笼罩在地球之外的大气层阻挡了太阳辐射的绝大部分，可还是有一部分辐射悄然地透过大气层到达地球表面，并且根据推测来看，自古至今始终如此。这部分悄然穿过大气层到达地球表面的辐射波长范围，包括“可见光”和一些恰好在“可见光”边缘的紫外和红外光谱。颜色视觉是人类为了适应始终存在的辐射所逐渐形成的一种适应性进化，人类已经在地球上生活了数十万年，在进化过程中，不仅察觉这部分辐射的能力得到了提高，而且察觉光谱非常微小差异的能力也在不断提高，这和嗅觉和味觉的进化如出一辙。

这个逻辑也解释了为什么我们不容易察觉或利用其他形式的辐射，因为它们根本就不会出现在地球表面。也正是现代科学才将许多其他形式的辐射——微波、X射线和无线电波带入我们的生活。

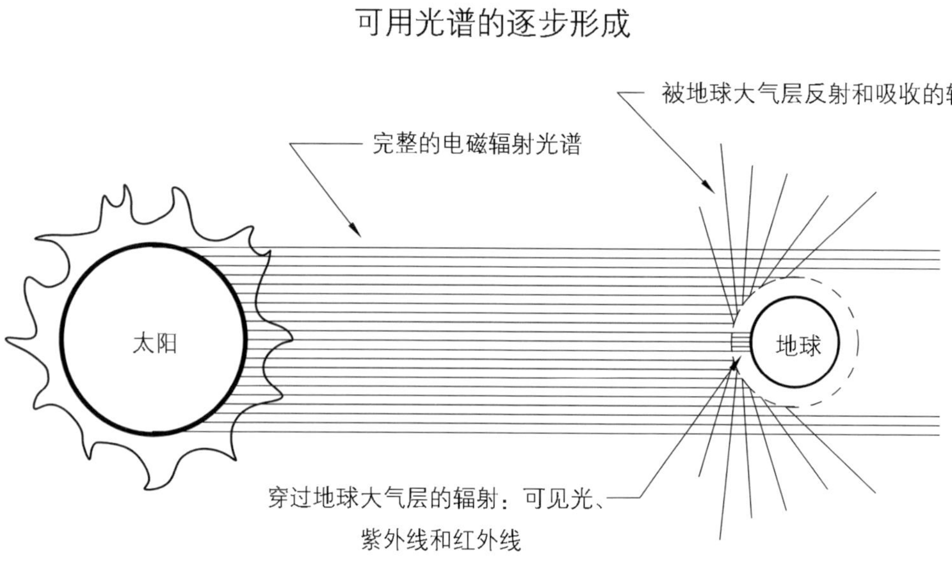

图5.4　人类逐步形成察觉与使用这一小部分悄然穿过地球大气层的辐射光谱带（包括可见光、紫外线和红外线）的能力

到达地球的辐射与环境中的表面以三种方式相互作用：

辐射可以被表面反射；

辐射可以被表面吸收；

辐射可以透过表面传播。

太阳光和电光源所发出的复杂光谱正是通过这些作用形成了可见光谱的不同组合，并将其转化为我们对不同光色的体验。

尽管辐射物理学的知识很复杂，但本书还是将其归纳为下面两句浅显易懂的话：

“光”是碰巧能被人眼察觉到的一组特定波长辐射的名称；

颜色不是物体的一个属性，而是我们大脑对从物体反射到眼睛的可见光辐射的感觉。

基本的照明术语
Basic Lighting Interaction Terminology

为了进一步清楚地描述光与环境和视觉系统相互作用的方式，需要在此强调一点：本书中所讨论光的基础（单位）是流明。光科学中，对光传播过程相互作用现象的各种名词定义工作有些复杂，对光通量的测量将在第十八章进行讨论。目前，只解释关键名词。

照度（illuminance）是指落在一个物体上光通量的表达方式。一个表面上的照度不一定能告诉我们该表面看起来会是什么样子，因为它并没有定义该表面会反射出的光通量。但是知道一个物体上的照度水平确实可以帮助我们预测不同反射比材料之间将会产生的对比度。

出射度（exitance）是指离开一个表面总光通量的表达方式。出射度很容易理解，因为它只描述了离开一个光源或物体表面的全部光通量。这种简单的描述也限制了出射度作为一个物理量的必要性。出射度表达了离开一个光源或表面的光有多少，但它并没有提到光朝哪个方向发射以及光在哪里结束。

亮度（luminance）是指以一定角度和强度离开表面的光的现象。虽然亮度难以测量，但它非常有用，因为它所表达的同一个观察者所体验到的一样。对亮度水平的描述可以帮助我们想象该空间的实际照明效果。

正确使用这些术语最安全的方法是习惯与之相关的介词。我们通常将之表达为：在一个表面上（on to）的照度、离开（off of）一个表面的出射度、来自（coming from）一个表面的亮度。

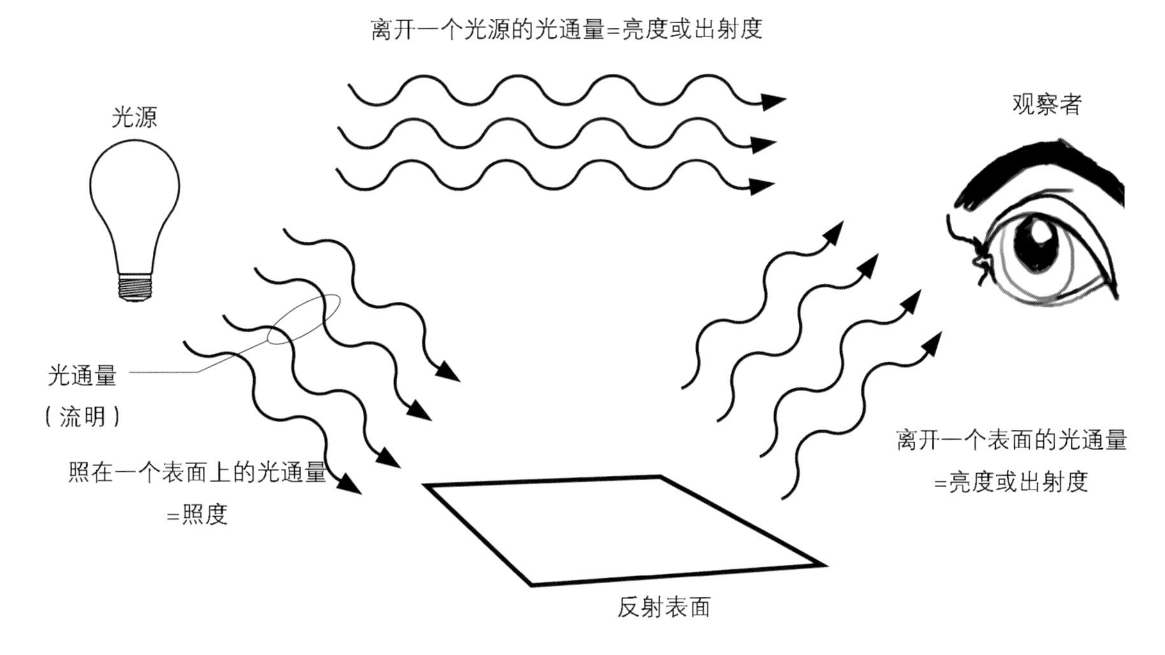

图 5.5　光的相互作用总是与光通量的基本单位流明有关

第六章　视觉生理学

Physiology of Vision

对于人眼及其所有结构，需要一本大部头的书才能讲述清楚，但在本书中只重点描述了眼睛对光的感知与转化的结构。这些结构可以通过化学过程将信息传输到我们的大脑中；在大脑中，这些信息再被处理成视觉体验。作为设计师，通过学习这些知识，可以了解眼睛和大脑怎样运行并在何种环境中会感觉舒适。

为了更好地了解视觉系统，我们从一些前文提到过的人眼特征开始阐述。

适应性

Adaptation

适应性是指人类通过眼睛与大脑的相互配合达到控制进入其中光通量的机能。当走进一个黑暗的房间时我们能“暗适应”（dark adaptation），因为眼睛和大脑的结构会充分利用那一点点光。当走进一个明亮的空间时会发生“明适应”（bright adaptation），因为眼睛和大脑会限制进入视觉系统的光通量。适应是在不知不觉中发生。值得注意的是，明适应发生得相当快，暗适应可能需要几分钟才能完成。基于这个原因，将人从明亮转入黑暗的空间时，特别需要考虑照明水平变化不应过大。

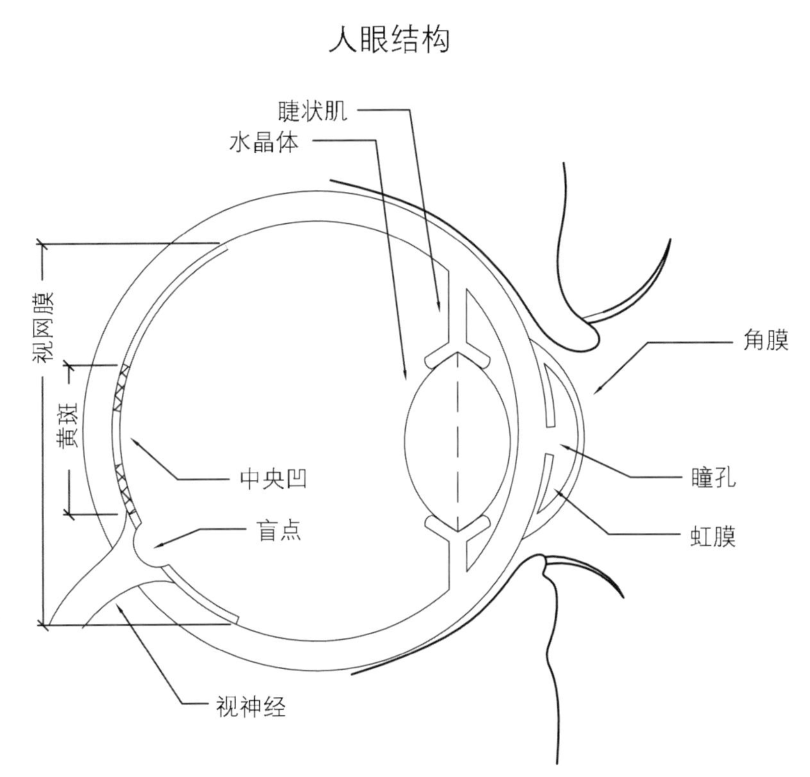

图 6.1　人眼的主要组成部分

调节性

Accommodation

这是个富有想象力的名字，用来描述眼睛在不同距离上聚焦物体的能力。眼睛中包含富有弹性的折射结构，当把焦点从一个近处物体转移到一个远处物体上时，这个结构可以通过改变自身形状来折射光线。

人眼结构
Structure of the Eye

人眼由若干个神奇的、可以完成复杂功能的部件组成，几乎所有这些功能都可以通过照相机的原理去解释。

眼球最外面的结构是角膜。角膜是眼睛前端一个充满液体的凸出部分，用来完成大量收集与聚焦光的工作，除此之外角膜还可以保护其他结构并过滤掉有害的辐射。

角膜后面是虹膜。虹膜是含有色素细胞并充当快门装置的结构，通过打开和关闭来控制进入眼球的光通量。在视觉系统去“适应”不同的光照水平时，虹膜最先发挥作用。瞳孔是虹膜中孔的名称，因此，伴随环境条件的改变，瞳孔可以改变大小，让更多或更少的光进入眼睛。

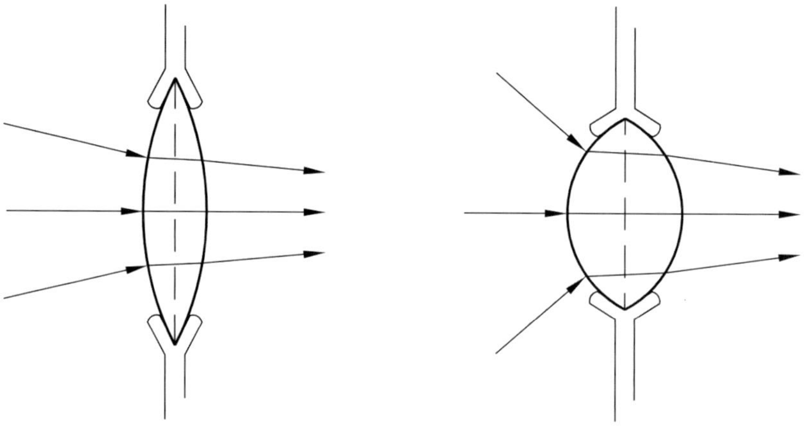

图 6.2　当眼睛聚焦于远处（左）或近处（右）的物体时，有弹性的水晶体会改变其形状使光发生不同的折射

瞳孔后面是富有弹性的、可改变形状的水晶体，它是眼睛中负责调节（调焦）作用的一个很小但很关键的部分。水晶体依附于肌肉，当眼睛注视不同距离物体的时候，利用肌肉的收缩和放松，使水晶体的形状最优化并折射远处或近处发出的光，从而聚焦这个物体。

以上这些构件通过相互配合工作以保证理想强度的光进入眼球后面的组织。这些构件组成了视网膜，而“视杆细胞”和“视锥细胞”就包含在视网膜中。这两种类型的感光细胞合理分布在视网膜中，并将我们的视野分成了三个区域。

分布在视网膜外围的是“视杆细胞”，它可以察觉到低强度的光。

在视网膜中心区域被称为“黄斑”，“视杆细胞”和“视锥细胞”在这个区域如影随形，其中“视锥细胞”可以完成精细的视觉工作。

视网膜正中央被称为“中央凹”，这个区域只包含有“视锥细胞”。由于它关乎识别视觉的细节和颜色，中央凹通过凹陷使其可用的表面面积扩大到最大。中央凹处“视锥细胞”密度的高低决定了中心视野能否更好地感知细节与颜色。眼球的其他结构也是为了确保把光导向视网膜的这一最中心区域。

“视锥细胞”和“视杆细胞”是眼睛的重要感光组件。为了了解这两个系统在不同的光环境下是如何工作的，我们将在下面详细介绍。

视杆细胞
Rods

视杆细胞是集中在视网膜的外围并且负责所谓的“周边视觉”（peripheral vision）的感光细胞。

视杆细胞很大，而且对弱光的变化和运动很敏感。

视杆细胞在低光照水平下发挥作用。我们称之为“暗视”环境（“scotopic” situations）。

视杆细胞集中在视网膜的外围和黄斑的部分区域。视网膜的中央凹（中心区域）没有视杆细胞。

视杆细胞只有一种，而且它们都含有相同的感光色素。该感光色素被称为“视紫红质”（Rhodopsin），对波长为504纳米的光谱最敏感。在正常的颜色视觉下，这一波长的辐射将会被转化为“蓝绿色”的视觉体验。由于所有视杆细胞都拥有相同的光敏感度，并且它们只识别光强信息，因此在低光照水平，即“暗视”环境下，视杆细胞只转化一个明或暗的判断到大脑。所以在暗视觉环境中所有事物均为单色。

视锥细胞
Cones

视锥细胞集中在眼睛的中心区域并且负责所有高细节和颜色视觉的工作。视锥细胞被分为三个不同的种类，每一类含有一种化学感光色素。不同种类的视锥细胞对不同颜色的最高敏感度是不同的，这就使辨别颜色变成可能。理解光是如何被不同类型的视锥细胞感知并将信号传送到大脑，有助于学习颜色科学并对光源做出正确的选择。

视锥细胞在高光照水平下发挥作用。我们称之为“明视”环境（“photopic” situations）。

视锥细胞集中在视网膜的中央区域。黄斑主要含有视锥细胞，而中央凹部位则完全由视锥细胞组成。

视锥细胞负责我们的颜色视觉和小尺度的视觉工作。

视锥细胞包含三个不同种类，每一类以其含有的化学感光色素命名。这三种感光色素各自对一个不同波长的光最为敏感，并以最敏感的波长命名。

红敏视锥细胞含有感光色素“红敏素”（erythrolabe），对波长为580纳米的光谱最敏感。该波长本身会引起称之为“红色”的颜色体验。

绿敏视锥细胞含有“绿敏素”（chlorolabe），对波长为540纳米的光谱最敏感。

蓝敏视锥细胞含有感光色素“蓝敏素”（cyanolabe），对波长为450纳米的光谱最敏感。

来自视锥细胞的明视觉颜色体验
Photopic Color Vision from Our Cones

了解视锥细胞和视杆细胞的关键在于想象这些感光细胞是如何在一起工作的，之后再传输信息到大脑，并在大脑中将其转化为视觉。

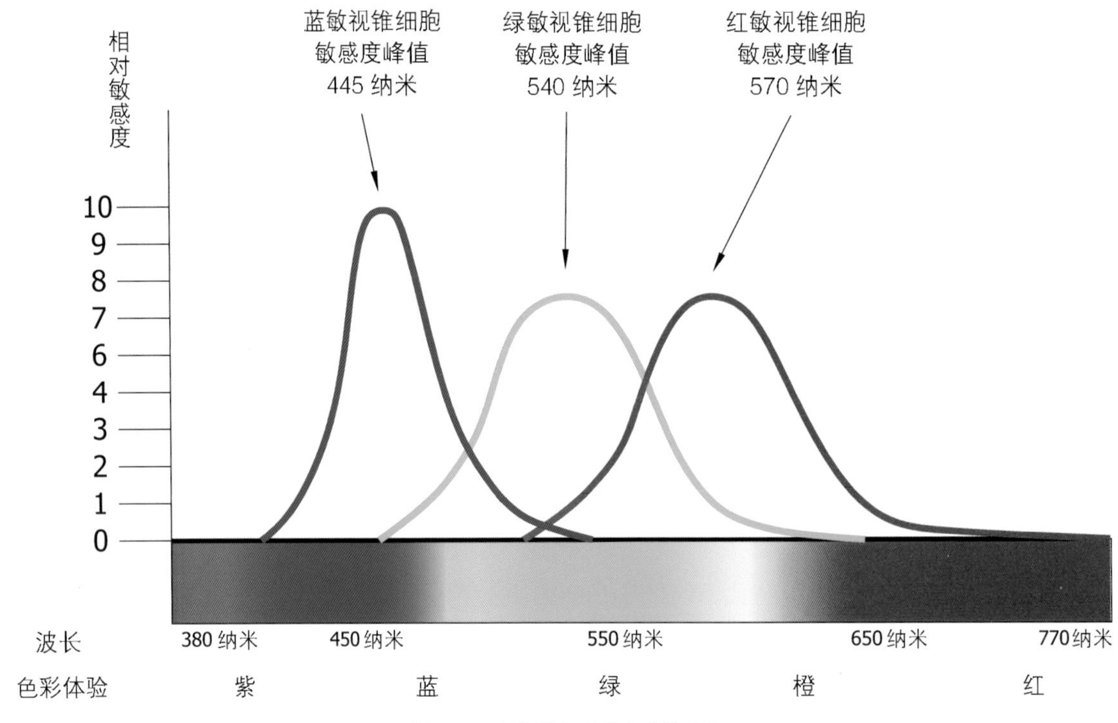

图 6.3　三类视锥细胞的大致敏感度

图 6.3 显示了整个可见辐射光谱，在光谱短波长端（波长为 380 纳米），有“紫色”的体验；在右侧的光谱长波长端（波长为 780 纳米），有“红色”的体验，左侧纵坐标轴是关于敏感程度，三种类型的视锥细胞所具有的三个敏感度范围贯穿整个可见光谱（横坐标）。光谱中横坐标中某一点的光色体验都是根据这三种类型细胞的敏感曲线综合得到的。这个过程可以想象成，每一种视锥细胞是一个个体或集体，根据它们对某一类型辐射的喜好程度进行投票（vote）。

例如，假如我们可以分离出一个特定波长的辐射，在图 6.4 中为 520 纳米，该波长的线与三条敏感度曲线相交（见图 6.4），这时就可以看到每一种视锥细胞将会如何投票（相对敏感度）。红色投了 0 票，绿色投了 6 票，蓝色投了 1 票。这三票的组合被传输到大脑进行处理，在图 6.4 中为“0-6-1”。大脑把每个 3 位数代码转化为独一无二的体验。为了方便描述它们，我们把这些体验命名成颜色的名字。如果三种视锥细胞对某一种光谱的敏感度相同，那投票数就会相同，这时传送到大脑的数字就会是像“3-3-3”或“5-5-5”。在这种情况下，大脑转化的是一个非彩色的中性体验，是某种程度上黑、白、灰的明暗层次变化。

一个孤立波长的敏感度

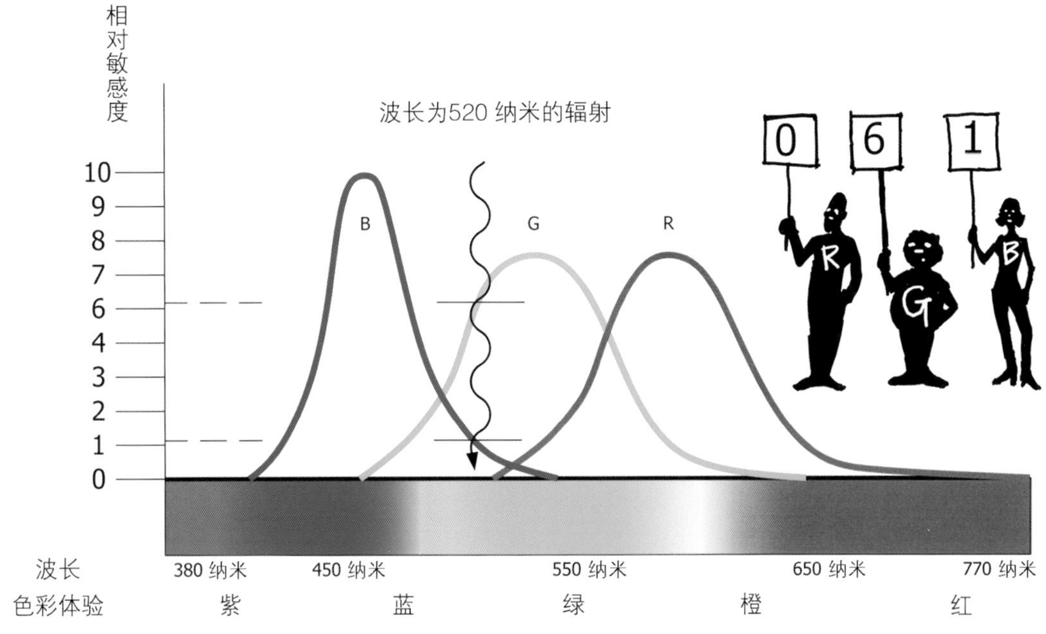

图 6.4 一个孤立波长的可见光的效果可以通过识别它与敏感度曲线的交点来决定

与单一波长的光相比更有可能出现的情况是，物体反射或光源发出的光是一些不同波长光的集合。在这样的情况下，在图表中这些波长与三条敏感度曲线相交所得到的对应数值，根据这些数值来计算一个平均值（见图 6.5）。通过这种方式，不同光的组合都可以归结为三种感光细胞投票的结果，并以一个三位数字的形式传输到大脑。事实上这最终的三位数字其实可能是很多种光线混合后的结果。

多种波长的敏感度

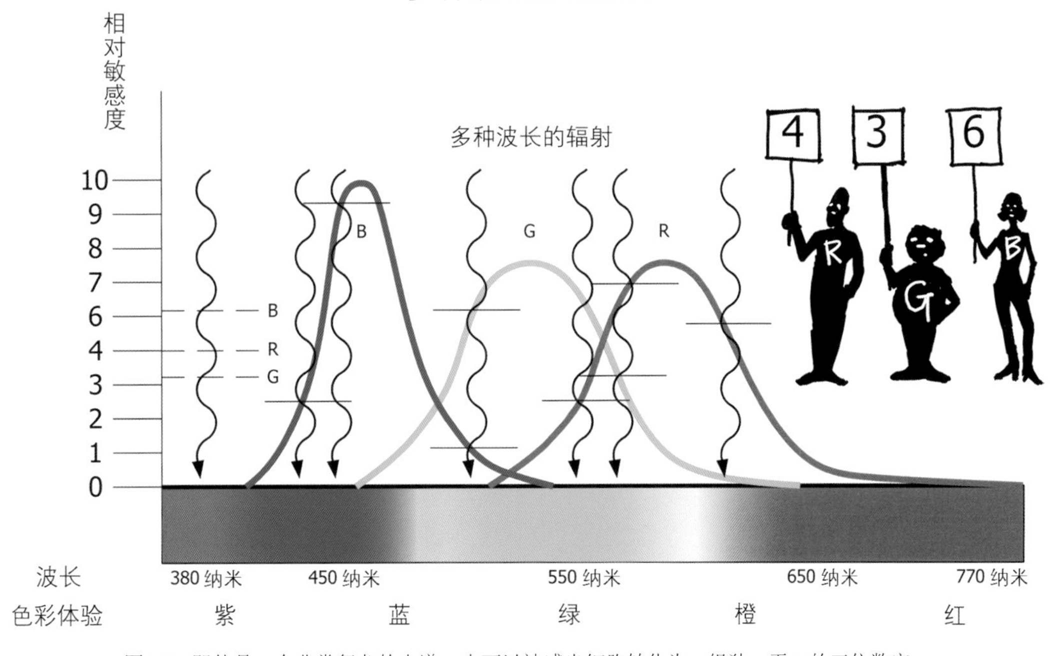

图 6.5 即使是一个非常复杂的光谱，也可以被感光细胞转化为一组独一无二的三位数字

虽然光的波长是确定的，但光的感知与颜色的转化则是很主观的。每个人视觉系统对光的敏感程度都略有不同，感知的范围也不同。有些人可以察觉到某一波长的光而有些人不行，因此前者拥有超越常人的颜色体验能力。

这种对颜色感知原理的解读让我们认识到，颜色感知是大脑通过视网膜对不同波长光敏感程度的转化。这对今后使用不同波长组合的光从而创造任何想要的颜色具有重要的影响。

来自视杆细胞的暗视觉体验
Scotopic Vision from Our Rods

如果可以理解视锥细胞间的相互作用，那么理解视杆细胞是如何工作的就变得非常简单。视杆细胞只有一类，即一种感光色素，因此也只有一个投票数，被传输到大脑的信息是单一数字。正因如此，低水平的暗视觉是一种单色体验，提供给大脑的信息只够做出一个判断：黑暗的或明亮的。

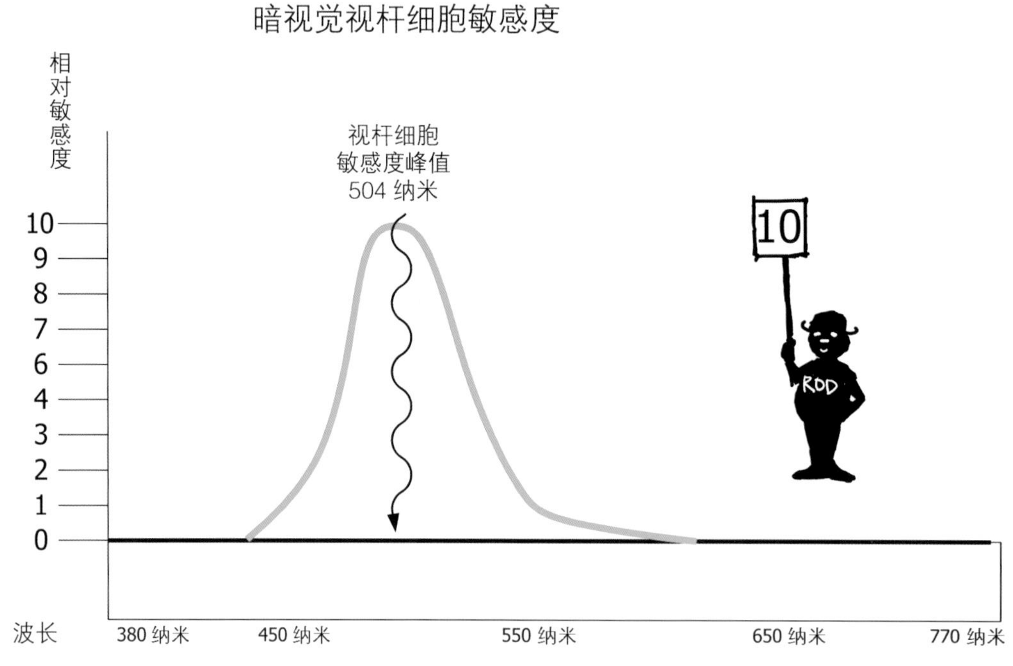

图 6.6 所有视杆细胞对光都同样地敏感。因此，它们只转化成为一个值的判断

白光带来的麻烦
The Trouble with White Light

当用科学解释“白光”这个词语时，需要经过非常认真的思考。随着现代高度工程化电光源技术的进步，现有技术可以创造出令人愉快的中性色，然而它的显色性却可能很差。

图 6.7 表明如果将一个发出正确波长的“蓝”光和发出正确波长的“橙”光（红光和绿光的组合结果）混合，人眼的视锥细胞将会传送一组三位数字到大脑，这样这组三位数字就会被转化为中性色。

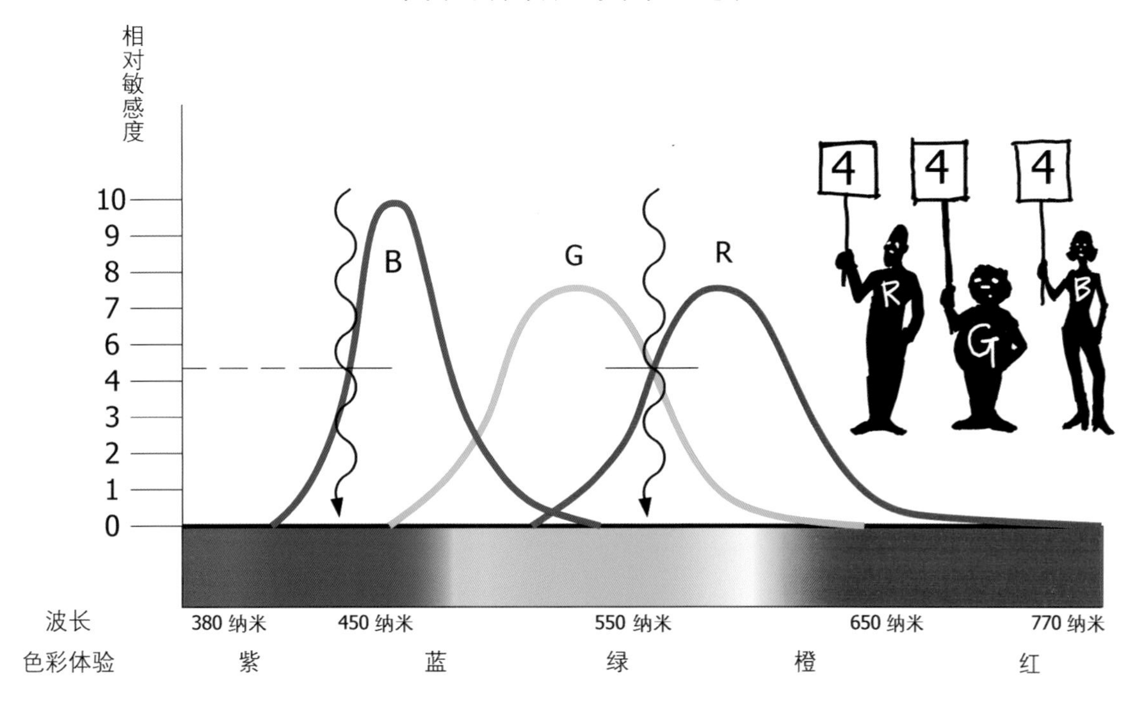

图 6.7　来自于一个光源的中性色感知可以通过一个仅有两种波长的光的组合加以创造

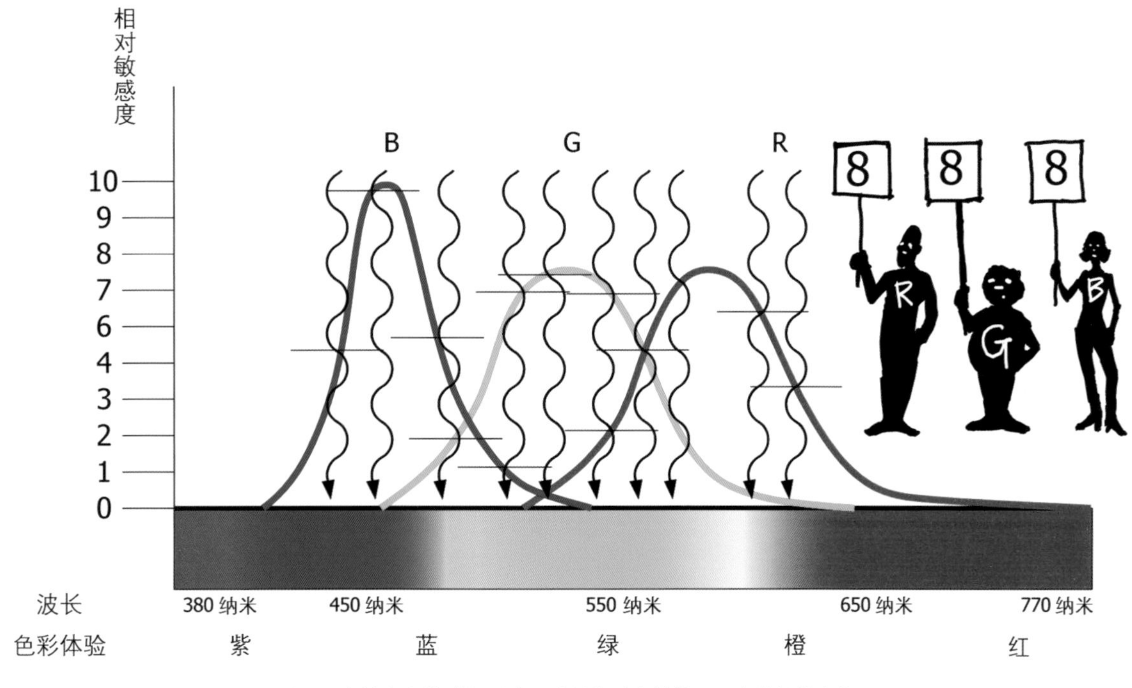

图 6.8　中性色光的感知更常见地是各种各样的可见光波长的产物

当大脑感觉到一个可以发出中性色的光源时，会忍不住相信这个光源可以准确地呈现出环境中的所有颜色，但这种感觉在本质上是很危险的。所以如果使用如图 6.7 所描述的光源去照明的话，那只会准确地呈现出“蓝”色和“橙”色，其余的颜色则都会是混乱的和灰色的。我们当然有能力创造出可以完全显示其他颜色的中性色光源，而不是只可以显示“橙”色和“蓝”色。基于这个原因，设计师应该避免把光简单地描述成“白色的”，而为了更准确地描述光源，必须讨论以下两个属性：

显色指数（Color Rendering Index）：光源光谱的完整性。

色温（Color Temperature）：光源光谱的平衡性。

第七章　光源的颜色科学

The Color Science of Light Sources

和所有的颜色体验一样，“白色”或中性色，都是主观体验，而每个人的感受都可能略有不同。排除个体差异外，之所以使用“白色”这个词语来描述光源是带有风险的还有另外两个因素。

第一个因素是源于感光细胞的天然生理缺陷。视锥细胞依靠化学感光色素引起视觉反应。而当感光色素耗尽的时候，视锥细胞就不再能“投票”了。这种暂时耗尽的现象被称为感光细胞的“漂白”（bleaching），因此我们常会有这种体验，即在长时间凝视一种饱和色之后，随着目光转移就会看到一种与之相反的颜色。

第二个因素建立在人类大脑习惯于过滤那些看起来用处不大的重复信息基础上，人类大脑是非常高效的，当它感觉到信号重复时，会自动忽略并停止发送。所以当长时间凝视一个物体后，大脑已疲于传递那些重复物体的颜色信息，并开始忽略眼睛传递的信号，这时感受到的物体颜色开始变成中性色。更恰当地说，大脑开始认为物体呈现出一种“新白色”，因此，任何颜色都会被处理为这种“新白色”。

基于以上两个因素，哪怕眼睛看到的是最饱和的颜色，随着注视时间的延长，视锥细胞会不停地消耗，感觉到的颜色也会越来越淡，这种主观的感受会让我们花费更多的时间去争论物体或光源的颜色。当然，也可以通过使用波长这个参数来避免针对颜色的争论，所以我们更倾向于用波长的方法形容光源。除此之外，更加需要关心的是如何可以很好地表现周边环境中的颜色。为了防止这些困惑与争论的产生，在描述每个光源时必须要使用这两个参数：色温和显色指数。

显色指数：

这个参数是指一个光源光谱输出的复杂性或完整性。

色温：

这个参数是指一个光源由于输出光谱的不平衡从而在人眼中呈现的颜色。

显色指数
Color Rendering Index

显色指数的原理和表达方式都十分简单。一个光源的显色指数，即CRI，范围可用0～100表示，其中100是指其可以发出所有可见光谱，因此能够准确地显示物体所有颜色。也就是说如果光源在可见光谱中发出所有波长，那么环境中的物质可以反射所有波长到人眼中，因而，也可以把环境中所有潜在的颜色表达出来。

CRI数值越低，则说明光源可以发出的波长种类就越少，因此，可以表现出环境中颜色的种类就越少。当对不同电光源进行深入研究时，就会发现它们的显色指数（CRI数值）差异是非常大的。而这个差异对设计师来说非常重要，因为使用何种光源需要根据材料及其颜色来决定，所以在此之前意识到光源的缺陷是很必要的。许多人会惊讶地发现，在某些电光源下看上去颜色一样的两个物体，在日光下会完全不一样，原因是日光是一个完美的连续全光谱，所以它的显色指数是100。

像“白炽灯”和“卤钨灯”这样的热光源可以发出完整、连续的可见光谱，所以它们的显色指数也是100。而差的荧光灯显色指数是60。为了了解每种光源的特征，我们将在第八章去阐述不同电光源的CRI数值。所以，一般来说可以通过以下几点来对显色指数进行判断：

显色指数（CRI）在60和70左右的，并不能作为展示颜色的光源使用。

显色指数在80～90之间的可以完成展示颜色的任务。

显色指数在90以上的可以非常准确地显示颜色，适合于对颜色准确性要求高的环境。

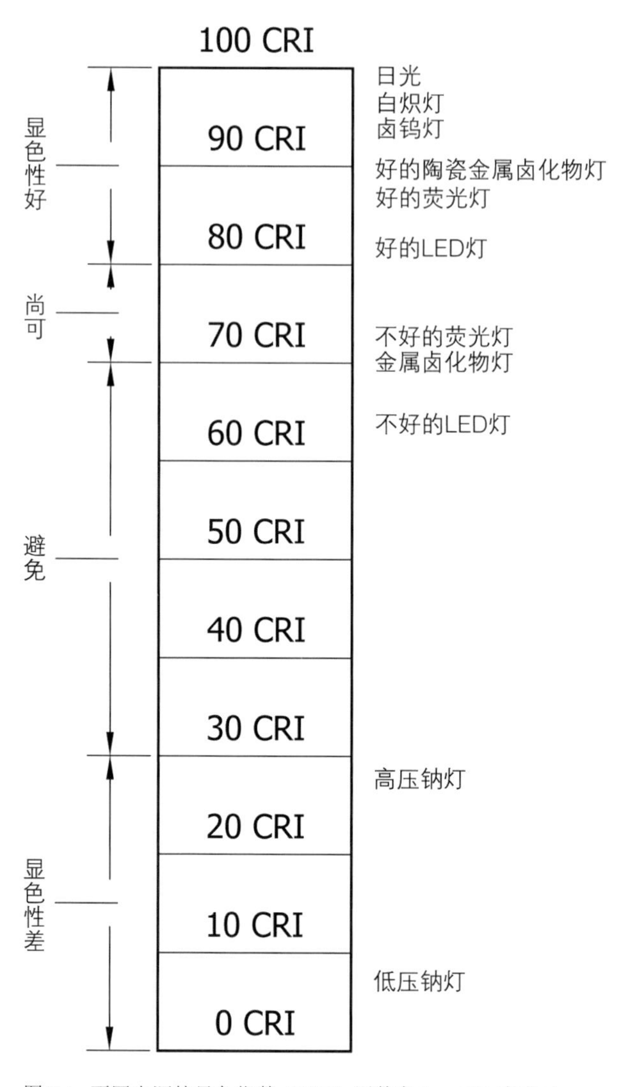

图7.1　不同光源的显色指数（CRI）用数字0～100来表示

相关色温
Correlated Color Temperature

这是描述中性色光源的方法。如果进入眼睛的光呈现某种颜色，那是由于输出光谱不平衡造成的。如果一个光源中不含或者含有很少的绿色光谱，则其发出的光呈现泛红色或者“暖色”；而一个光源发出所有光谱中只是红色光的比重更大一些，那它也会呈现泛红色或者“暖色”。

色温用开氏度（Degrees Kelvin）或者开尔文（Kelvins）表示（开尔文是绝对温度，故不需要变换单位）。

之所以用温度单位来表示颜色，是因为这一切都源于实验的结果。色温实际上是指黑体被加热到极高的温度后而呈现的颜色。黑体是一个无论加热到多高温度都不会融化的理想铁块，当这个神奇的铁块加热到一定高的温度时，它就开始发光，首先出现的是深暗红色，持续加热后铁块会逐渐变成橘色再变成黄色。实验表明，铁块会随着温度的持续升高逐渐显示出整个光谱的颜色。所以，接下来是绿色，最后是蓝色。

这种颜色的变化过程不是线性的，所以绿色附近恰好是中性色，按照我们的定义，这个范围内的颜色被称为“中性色”。

铁块呈现红色的时候，温度刚刚为2500K，所以当光源出现这种红色的时候，这个光源的色温为2500K，橘色出现在2500K之后，再接下来是2800K的黄色。随着铁块温度的升高，它也将不断地呈现光谱中的各种颜色，但总之要记住绿色是中性色。色温的变化可查看图表7.2。

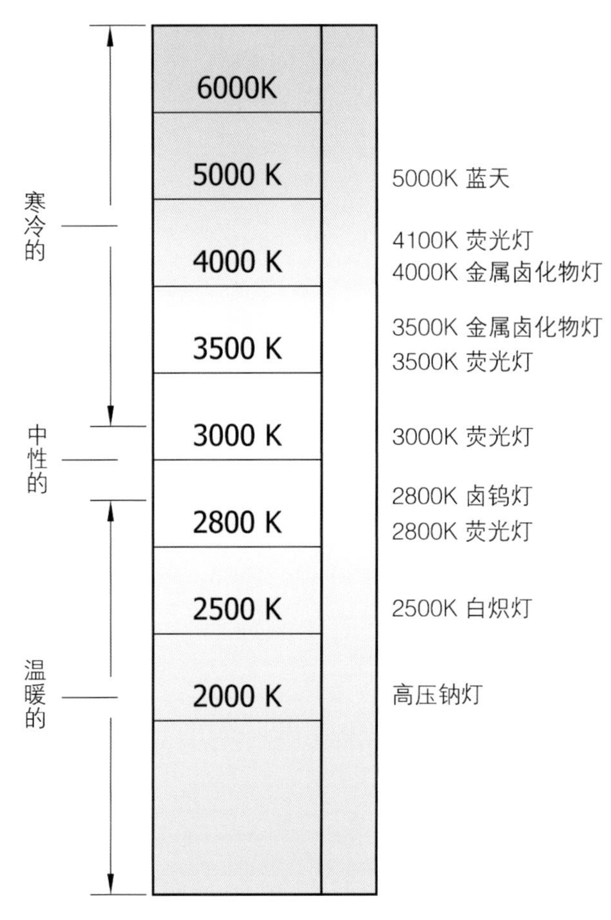

图7.2　用于描述普通电光源的色温范围

我们常用这个颜色体系来描述光源，像荧光灯、发光二极管和高压气体放电灯。这些光源色温的描述只是近似的，光源与光源之间不同，甚至品牌和品牌之间也会不同，这都会造成很多光源色温的差异。但基本上用色温来描述光源的颜色是有效的，例如荧光灯。

2500K：温暖的

3000K：中性的

4100K：寒冷的

值得注意的是，几乎对于所有光源，描述它们的色温和其本身的工作温度没有任何关系。但是，对于白炽灯或卤钨灯，色温的意义会有所不同，这主要是因为它们的工作原理是通过加热金属钨丝发光的，这样光源的色温就与金属钨丝的温度有关，当加热白炽灯的钨丝到2800K时，就会得到2800K颜色的光（暖）。

当光源缺少对色温和显色指数的描述时，就会对我们造成困扰。不幸的是，许多消费级别的荧光灯会是用这样的标记，如“日光白”（daylight white）或“设计师白”（designer white），而这些名字并没有真正提供色温和显色指数的参数。因此，在对色温和显色指数要求都较高的环境中，不建议使用这样的产品。

想要完全掌握一种光源的适用范围就有必要对它的显色指数和色温特性有所了解。有理由相信，显色指数在这两个参数中更为重要。如果光源可以发出完整的可见光谱，准确呈现出周边的每个颜色，那么这时候光源呈现冷色或者暖色才变得重要起来。就像是虽然从日出到日落，太阳光一直都在变化着颜色，然而无论哪种颜色的太阳光都可以最好地展示颜色。反之，如果光源显色指数不好，那么无论它看起来是暖的还是冷的，都是没有意义的。许多不尽如人意的照明效果都可以通过使用更好显色指数的光源来补救，而鲜有照明问题是可以仅仅通过色温来解决的，所以要完成良好的照明设计，有必要了解光源的色温和显色指数后再去作出适宜的选择。

第八章　电光源

Electric Light Sources

光源是灯具的核心，而每一种电光源实际上都是将电能转换为辐射光能的装置。自从 1879 年标准白炽灯成功进入市场，已经发明了很多种将电能转化为光能的方法。光源是照明设计中的首要因素，而合格的设计师应该了解每种光源的优缺点，这与设计步骤和过程同样重要。随着科技进步，照明技术会变得越来越复杂。人类长久以来都将太阳光作为主要照明光源，而所以现在视觉系统开始努力去适应各种不同类型的电光源。

接下来我们会介绍每种光源的原理和适用范围。大多数人称之为“灯泡”（light bulb）的东西，应该给其正名为“光源”（lamp）。为了严谨起见，以下我们都将使用“光源”这个词语。

接下来，我们将通过以下参数来描述不同光源的技术性能。

最初成本（initial cost）：购买光源的费用？

运行成本（operating cost）：提供电力和替换光源的开支。

显色指数（color rendering index）：显色指数的范围为 1 ～ 100。

色温（color temperature）：用 K 表示，表明暖、适中或冷。

镇流器和变压器的要求（ballast and transformer requirements）：一些光源依赖这些特殊的部件运行。它们通常被安装在光源或其附近。

调光（dimming）：可调节光源发光强度的能力。

瞬时开启 / 关闭（instant on/off）：光源的启动是否需要时间预热？

指向性（directionality）：利用光源发出的光进行聚光照明的难易程度。

发光效率（efficacy）：单位电能转化为光能的能力？表达为光通量（lm）除以电能（W）即 lm/W。

光源寿命（lamp life）：我们需要多久更换一次光源：一般以几千小时来表示光源的寿命，假设每天运行 3 个小时，这样 1000 小时寿命的光源大约可以运行一年时间，并据此可以做出调整。

运行温度要求（temperature requirement）：不同的光源其运行环境的温度要求各不相同。

发热量（heat generated）

噪声量（noise generated）

白炽光源 / 标准白炽光源
Incandescent/Standard Incandescent Sources

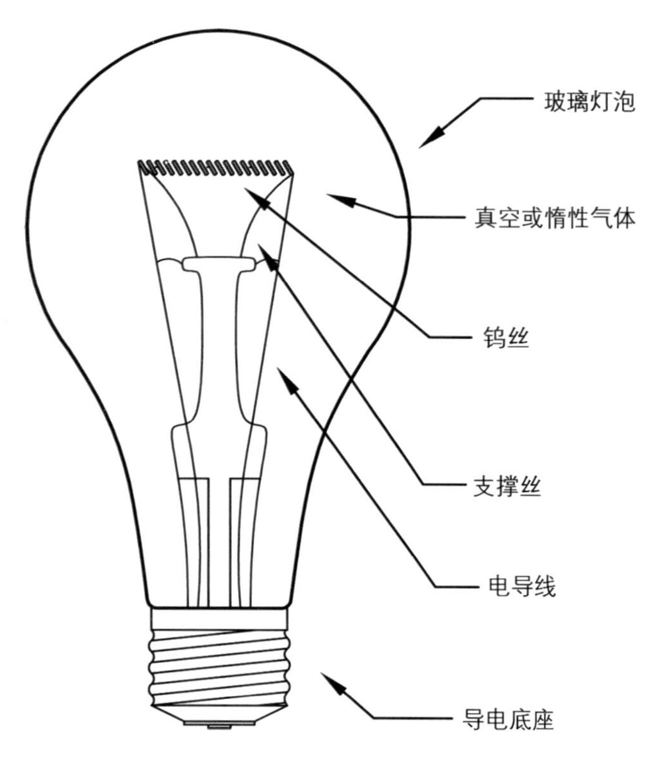

图 8.1　标准白炽光源的工作部件

廉价、高温但低效；标准白炽灯适用于需要柔和、漫射、温暖及高显色性的环境下。

标准白炽光源是一种技术含量很低的光源，自从发明问世，这种技术在之后的 100 多年间几乎没有改变过。图 8.1 表示了这种光源的基本组成部分。其原理很简单，电流通过金属钨丝，金属钨丝本身的电阻导致产生热能，一旦所产生的热量变得足够大，金属钨丝就会“白热化”，这样就会发出包括可见光谱的全光谱辐射。由于发射出的辐射能中也包含有大量的热（红外辐射），因此白炽光源的性能和效率都比较低。

白炽光源的性能：
The Properties of Incandescent Sources：

最初成本：廉价!

非常便宜。这就是白炽光源如此普遍的主要原因。尽管白炽灯本身效能较低，但价格因素促使我们大量地使用。

运行成本：昂贵；

白炽光源是将电能转化为热能而不是光能。白炽光源所消耗的电量中，只有三分之一转换为光，剩下的三分之二以热量形式散发出去。所以，当将寿命较低的因素纳入考虑后，白炽灯的运行成本是很高的。

显色指数：100（非常好）；

白炽光源可以发出全部波长的可见辐射光，这意味着其包含各种颜色波长的光谱，所以可以显示环境中的所有颜色。高显色性是选择这种光源的另一个主要原因。

色温：暖；

白炽光源的色温与其钨丝的运行温度精确统一。标准白炽灯丝被加热到大约 2800K 时发出暖橙色光，其色温即为 2800K。这种让人温暖的感觉又是吸引我们选择它的另一个原因，暖色温可以创造私人、悠闲的氛围。

镇流器和变压器的要求：无；

白炽光源不需要任何镇流器和变压器来运行。只需要简单地将电流通过灯丝，把灯丝加热至呈白热化的温度即可。

调光：便宜且容易；

通过调节电流大小即可很容易地调节其亮度，普通的电阻调光开关就可以胜任。

瞬时开启 / 关闭：瞬时；

白炽灯丝通电时会很快升温至炽热状态，此过程瞬间就可以完成。

指向性：较差；

因为白炽光源内部的灯丝很大，所以造成其体积较大。通常光源越大，在光源周围建立一个反射器将光线聚集在一起朝着一个特定方向发出的难度就越大。想象一下用一个普通的“灯泡”去照亮一个雕塑，你就能明白这种情形了。

发光效率：很低（10 lm/W）；

白炽光源发出的热要比它发出的光多得多，这一因素导致大量的电能被浪费。白炽光源每投入 1 瓦电能只能产生约 10 流明的光。

光源寿命：短；

标准白炽光源的另一个需要注意的缺点是更换频率。白炽光源寿命的理想值约是 1000 小时。用上文曾提到的估算方法，可知该光源在坏掉之前可正常使用约 1 年时间。白炽灯在运行过程中，灯丝因受热而升华，随着灯丝的升华，它会变得越来越细和脆弱，直至融断。

运行温度要求：无；

白炽光源在任何温度条件下都能正常使用。

发热量：大量；

白炽光源会发出比可见光更多的红外辐射，白炽光源本质上就是热光源，所以常常可以看到用它来给炸洋葱圈保温。

噪声量：有一些；

当调暗白炽光源时，就有可能嗡嗡作响。这声音通常来自于灯丝，因为电流通过会带来振动从而发出嗡嗡声。但是白炽光源在满功率运行的状况下是相当安静的。

白炽灯购买起来很便宜，显色性很好，有讨人喜欢的温暖光色，还易于调光。但是，白炽灯效率极低，发热量巨大，而且寿命很短。

当需要创造柔和的、漫射的、温暖的光环境时，我们可以使用白炽光源。白炽光源可以向四面八方发射等量的暖光，偶尔会使用发射器来调整白炽灯光线的方向，从而得到下射和重点照明的灯具，但其较大的体积还是不适合这项任务。相比之下，它更适合在漫射的固定装置中使用，如落地灯、台灯和装饰性壁灯。白炽光源在尺寸和瓦数方面的局限性也限制了它的应用范围，通常适合于小空间和低顶棚（10 英尺 /3.048 米及以下）的环境。

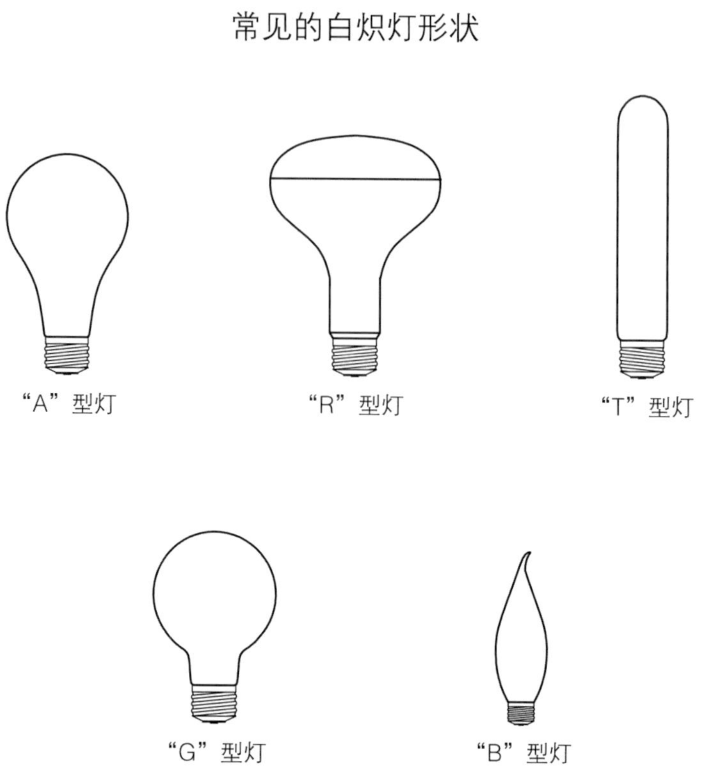

常见的白炽灯形状

“A”型灯

“R”型灯

“T”型灯

“G”型灯

“B”型灯

图 8.2　标准白炽光源的常见形状

卤素白炽光源
Halogen Incandescent Sources

小巧且发热的卤素光源可以发出干净、明快、易于定向的光线，这种光源通常用于重点照明或创造闪闪发光的感觉。

这个光源本质上其实是白炽光源的改良版本，它有许多名称：卤素灯、石英卤素灯、卤钨灯，卤素白炽光源是以内部充满的卤素气体和石英灯泡来命名的。同时，两项技术进步让卤素白炽光源的灯丝能够在一个更高的温度下使用。这带来了令人惊奇的优势，即让卤素白炽光源能够更高效地运行，也延长了寿命。这两处改进带给设计师的另一项好处是：光源体积较小，可以更容易地作为定向光源使用。图 8.3 展示了卤素白炽光源的构造，这些部件与标准白炽光源有许多相似之处。

卤素白炽光源基本上是标准白炽光源的一个改良版本：它的色温更高，呈近中性的淡黄色而且少橘色；它的寿命更长，效率更高，体积更小——可以更好地控制光线去照亮特定物体。

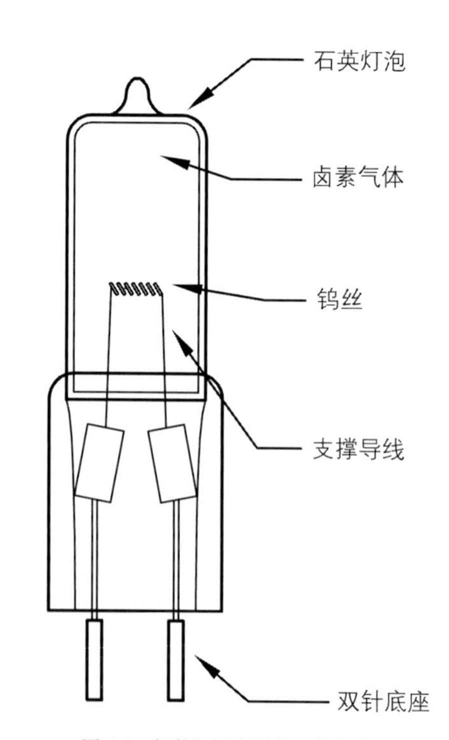

图 8.3　卤素白炽光源的工作部件

卤素白炽光源的性能：
The Properties of Halogen Incandescent Sources：

最初成本：适中；

卤素光源价格适中，主要来自于技术成本，因为该光源没有标准白炽光源那么常见。

运行成本：昂贵；

卤素光源虽然比标准白炽光源效率更高，但与荧光灯和高强度气体放电灯等光源相比仍然是不经济的，而且寿命低。

显色指数：100（极好）；

卤素光源也是依靠加热灯丝至白热化的温度，可以发出所有的可见光谱。

色温：从温暖到中性；

卤素光源由于产生更高的工作温度所以会创造出更高色温的光。当灯丝被加热到约3000K时，会发出一种微黄泛白的光，因此其色温为3000K。

镇流器和变压器的要求：有一定需求；

许多卤素白炽光源都是在比输入电压更低的电压下运行的。这种“低电压”光源需要一个变压器去将标准线电压（在美国是120伏特，中国为220伏特）“转换”成一个更低的电压，如12伏特或24伏特。这种变压器可以像糖果棒一样小，但即使如此也是要考虑它们放置的位置，并且需要靠近光源。

调光：便宜且容易；

和标准白炽光源一样，卤素光源也可以用一个简单的电阻调光器来调节亮度，这种调光器可以调节输入电流。

瞬时开启/关闭：瞬时；

卤素光源也可以即时加热到呈白热化。

指向性：从好到优秀；

卤素光源技术最值得推崇的就是在光源周围可以很容易地使用反射器来调整光线，可以将这种小型光源改造成精确配光的光源，可以调整光线让其朝着单一方向发出。正因如此，这种小体积的光源普遍用于重点照明、舞台照明和精确的投光照明。

发光效率：很低（15 lm/W）；

这个光源技术刚开发出来的时候，其效率就比标准白炽光源提高了50%。但面对像荧光灯这种后来研发出的光源时，这个效率就显得不那么令人印象深刻了。

光源寿命：从中等到优良；

卤素光源因其较高的工作温度成就了这样的情形：灯丝上的金属在内部循环再生，因此可以大大延长光源的寿命。卤素光源通常寿命约为3000小时，但也可以通过改进技术达到10000小时的寿命（按1000小时每年估算，就是10年）。

运行温度要求：无；

卤素白炽光源在任何温度条件下都能很好地运行。

发热量：大量；

卤素光源发热量巨大。

噪声量：有一些；

在将卤素白炽光源调暗时会“嗡嗡作响”。除了灯丝的声音之外，变压器也会产生噪声。

卤素白炽灯的价格适中，和白炽灯一样，效率相当低而且会产生过量的热。一般会在需要极好显色能力和近中性颜色的地方使用卤素光源。但相比其他光源，卤素光源体积很小，所以可以被放入较小的灯具和精确重点照明的灯具中，这种用于精确重点照明的灯具可以发出一束定向光束以强调特定的表面和物体。

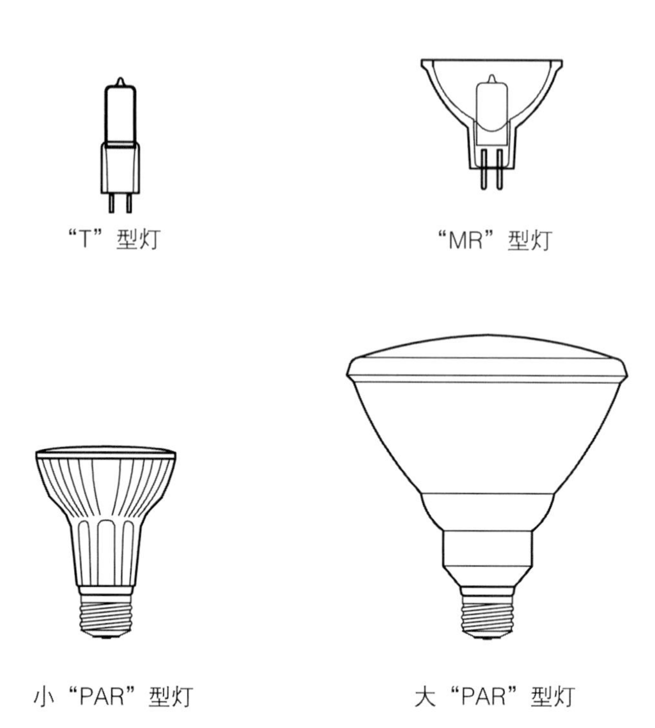

图 8.4　卤素白炽灯的常见形状

荧光灯
Fluorescent Lamps

荧光灯发热量少且高效，可以发出包含有许多不同色温和不同显色能力的漫射光。

荧光技术源于频闪和发出噪声的蓝光技术，并由此发展而来。荧光灯最重要的特点是色温和显色性能种类繁多。因此，在使用荧光灯时必须格外小心，如果一个设计师对选取荧光灯的具体色温和显色指数都不作要求，那最终的效果大多都不会令人满意。

荧光灯的工作原理十分有趣，是以磷光现象为基础的。图 8.5 展示了荧光灯中的工作部件。无论何种形状——线型的、弯曲的或者紧凑型的荧光灯采用的都是充满金属蒸气的中空玻璃管。当这种金属蒸气“云”被自由电子激发时，就会发出以紫外辐射为主的光谱。这种技术的巧妙之处在于，利用涂满白色矿物荧光粉涂层的玻璃管内壁可以将紫外辐射转化为一段较全的可见光光谱。荧光粉涂层的成分和性质决定了荧光灯的显色性能和色温。这种荧光粉涂层可以发出任何色温的冷光或暖光，甚至各种颜色：淡蓝色、紫色、淡粉色、淡橘色、淡黄色，等等。用电去激发金属蒸气和荧光粉涂层转化可见光的过程发热量都很少，光能转化效率都很高。

荧光灯需要一个叫做“镇流器”的装置去启动并稳定地输入电流。这些电子装置的大小不一定必须与灯具一体或就近安装。

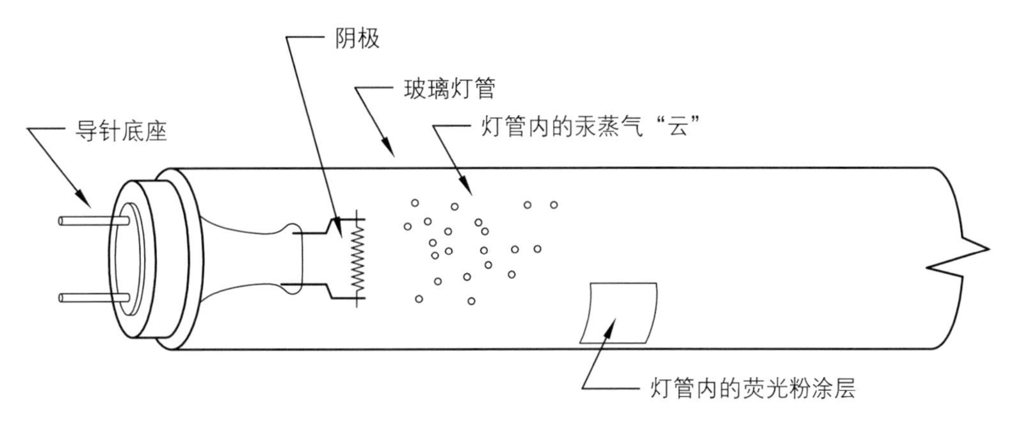

图 8.5　荧光光源的工作部件

荧光光源的性能：

The Properties of Fluorescent Light Sources：

最初成本：适中；

随着荧光灯变得越来越普及，购买起来愈加便宜，政府设置了许多荧光灯补贴项目，提供资金鼓励人们使用它。

运行成本：便宜；

由于高效及较高的使用寿命，荧光灯是运行经济性最好的光源之一。

显色指数：70 ～ 90（从中等到良好之间）；

荧光灯的显色性可以很好，但遗憾的是，市面上常见的荧光灯产品显色性都一般。

色温：从暖到冷（各种各样）；

荧光灯产品种类很多，有很多种色温可以选择。但灯在人眼中所呈现的颜色并不可以成为这盏灯的显色性如何的依据，了解这一点很重要。荧光灯通常都有一些细小的色偏移，在与白炽光源和卤素光源比较后看起来可能会有点奇怪。

镇流器和变压器的要求：需要；

荧光灯需要镇流器才能运行。镇流器可以在内部或紧邻灯具安装。有一些可以用来替换白炽灯的紧凑型荧光灯，其镇流器就是内置的。镇流器可以分为电感式和电子式两种，其中电感镇流器会使荧光灯闪烁不定、嗡嗡作响；而电子镇流器则可以满足大多数用途，并且具备体积小、重量轻、安静、高效、几乎能即时启动等优点。

调光：可调但昂贵；

许多荧光灯都可以调节亮度，但这需要使用昂贵的可调节亮度的电子镇流器，也需要特殊的亮度调节开关。

瞬时开启 / 关闭：瞬间（用电子镇流器）；

电子镇流器可以让荧光灯即时启动，而使用电感镇流器开启的时候，会闪烁不定、时断时续。

指向性：不好；

由于荧光灯的体积较大，所以最适用于漫射光，而且难以针对重点照明使用。

发光效率：优异（70 lm/W）；

荧光灯已经被改良得异常高效，其效率在 50 ～ 100 流明每瓦范围之间，在发光量相同的情况下，它所消耗的电只有白炽灯的 10%。

光源寿命：极长；

在任何环境中荧光灯都可以具有 10000 ～ 30000 小时的寿命，所以它的使用寿命在 10 ～ 30 年之间。

运行温度要求：偏暖；

荧光灯在温暖的环境中运行得更好，而且通电变暖后会变得更明亮。荧光灯通常不可以在寒冷的环境中工作，所以在这样的环境中使用格外小心。

发热量：很少；

较高的发光效率意味着只有少量的电能被转换成热能，即便如此开启的荧光灯摸起来仍然是暖的。

噪声量：有一些；

使用电感镇流器的荧光灯会发出咔哒声和嗡嗡声，使用电子镇流器会好一些，但也会有轻微的嗡嗡声。而带有“高输出”标签的荧光灯则会发出大量的噪声。

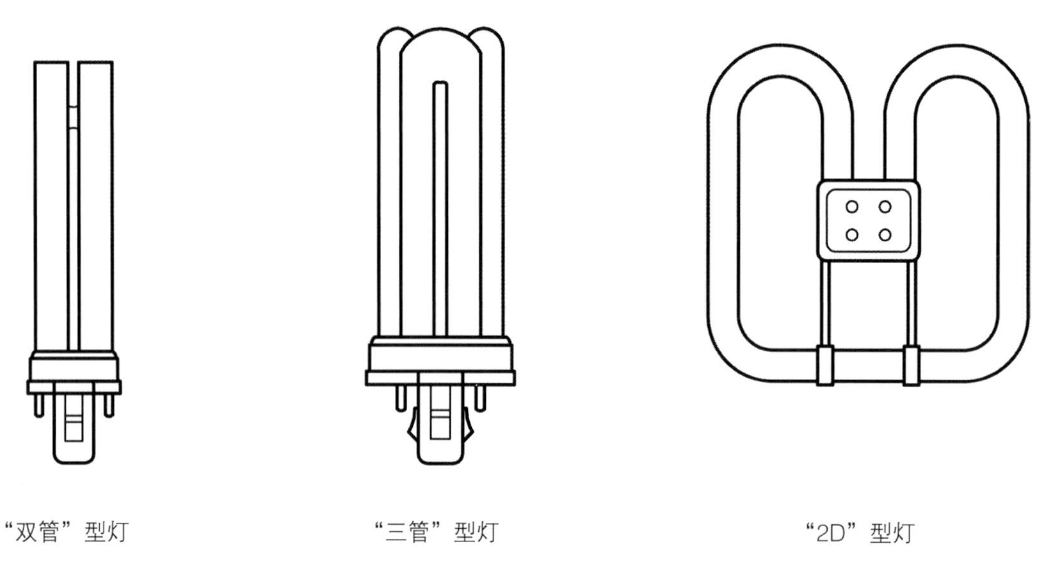

图 8.6　紧凑型荧光灯的常见形状

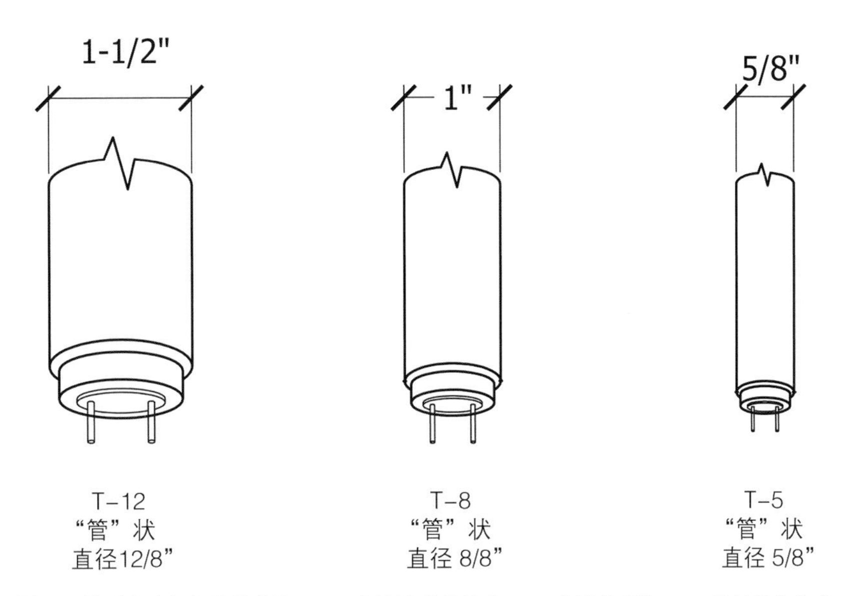

图 8.7　线型荧光灯的常见形状。T-12 是比较老的技术，T-8 是最常见的，T-5 是最新的技术

荧光灯是可以有效发出柔和光线的光源之一，类似于白炽光源所发出的漫射光线。荧光灯寿命很长。在使用荧光灯时，有必要明确两个性能，即它的色温和显色性，因为类型很多，在选取时需格外小心。

荧光灯最适合在宽敞开阔的区域使用，如教室或开放式的办公场所，这种区域一般需要均匀的漫射光。可以将荧光灯安装在架子上，向上照亮天花板或在凹槽中来洗亮墙壁。同白炽灯类似，这种体积较大的光源很难用作聚光照明。

高压气体放电灯
High Intensity Discharge（HID）Lamps

这种高功率、高输出、高效率的光源应用范围广，可以从路灯到重点照明。值得注意的是，它们都需要一定启动时间且不容易调光。

高压钠灯、金属卤化物灯和陶瓷金属卤化物灯都属于高压气体放电灯。在这里我们主要介绍金属卤化物灯和陶瓷金属卤化物灯，因为它们可以发出相对完整的光谱，适用于显色指数要求较高的环境。高压气体放电灯的工作原理是在金属蒸气环境中通电，产生电弧从而得到光能。正如卤钨灯是标准白炽灯的升级版一样，高压气体放电灯正是荧光灯的升级版本。但是高压气体放电灯不依靠荧光剂来转化光，所以色温和显色指数是由光源内部的金属蒸气混合物决定的，光能的转化过程都发生在光源的弧形管内。图 8.8 展示了高压气体放电灯的工作部件。

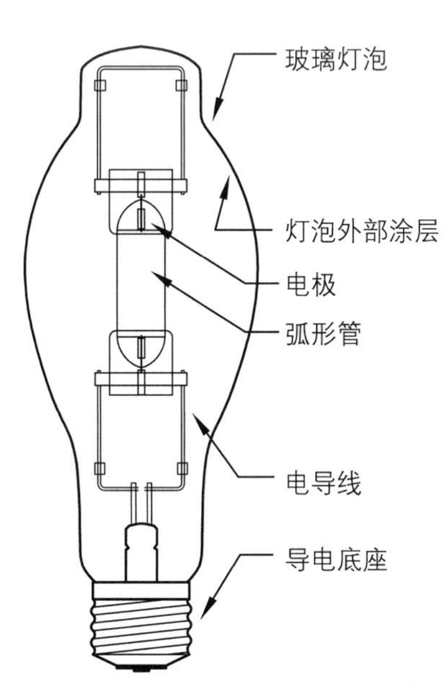

图 8.8　高压气体放电光源的工作部件

高压气体放电灯的性能：
The Properties of High Intensity Discharge（HID）Lamps：

最初成本：高；

这种光源将很多科技集成在一个很小的装置内，因此相对较贵。

运行成本：廉价；

和荧光灯一样，这些灯高效而且寿命长。

显色指数：70 ～ 90（从中等到良好之间）；

一般金属卤化物灯的显色指数为 70 或 80，陶瓷金属卤化物灯的显色指数能达到 90。除此之外，像高压钠灯和高压汞灯，它们的显色性相对较差，一般在 30 ～ 50 之间。

色温：从暖到冷（粉色到绿色之间）；

如果不考虑色温的数值，金属卤化物灯会发出偏蓝色和绿色的光，陶瓷金属卤化物灯会发出偏粉色或紫色的光。

镇流器和变压器的要求：需要；

高压气体放电灯的启动与运行都需要电子或电感镇流器。电子镇流器性能更高一些，可以提高效率并降低噪声。

调光：较少见；

随着技术进步，高压气体放电灯变得可以调光，但是成本非常高昂。

瞬时开启 / 关闭：不可以；

高压气体放电灯最大的劣势就是需要时间来预热，一般来说这个时间是 2 ～ 5 分钟。由于这个原因，它通常使用在允许启动时间较长的地方。

指向性：从好到非常好；

高压气体放电灯体积小（与发光原理有关）。许多光源都可以装入反射器，这与卤钨灯相似。由于体积小，所以很容易控制。

发光效率：优异（平均 70 lm/W）；

高压气体放电灯有很多类型，每种的功效都很好。

常见的高压气体放电灯形状

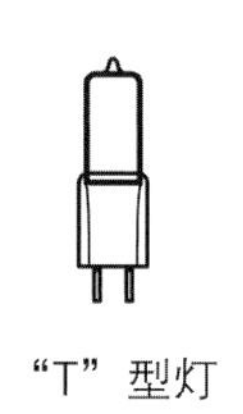

“PAR”型灯

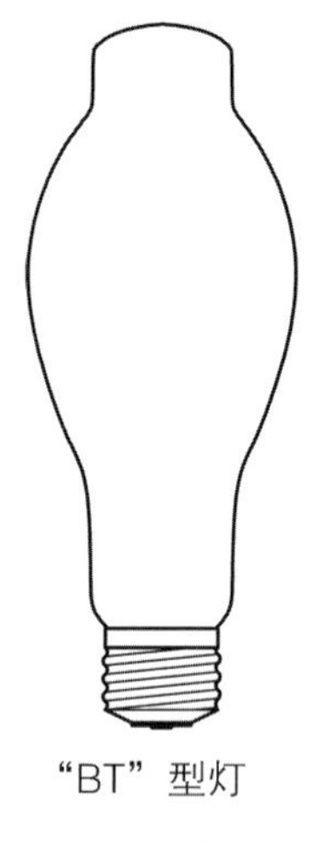

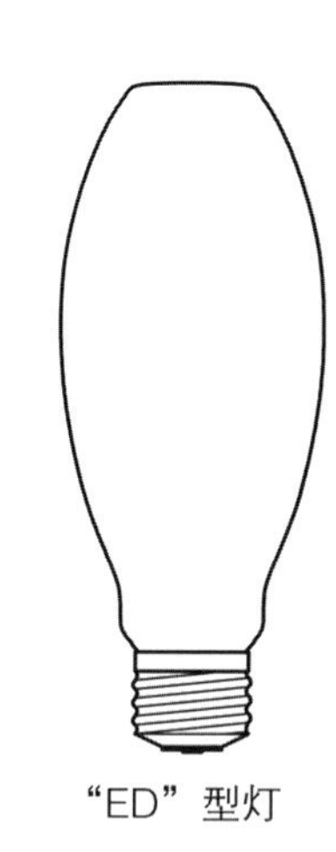

图 8.9　高压气体放电灯的常见形状

显色性稍好光源的功效会低一点，如陶瓷金属卤化物灯（70 lm/W）；但是如果不优先考虑显色性的话，光源功效会很高，例如高压钠灯功效可以达到 120 lm/W。

光源寿命：长；

在任何环境中，高压气体放电灯的寿命都可以达到 10000 ～ 30000 小时，即 10 ～ 30 年。

运行温度要求：无；

在任何温度下，高压气体放电灯都可以很好地工作。

发热量：相对较少；

高压气体放电灯效率很高，而且不会产生很多红外线辐射，但是功率大意味着容易发热。同时高压气体放电灯会产生一定数量的 UV 辐射，它的外壳可以屏蔽这些辐射，但是如果外壳受到损坏，就要更换这个光源了。

噪声量：有一些；

功率较大的高压气体放电灯的镇流器会发出嗡嗡声，但即使是小型的电子镇流器也会发出轻微的嗡嗡声。如果在需要特别安静的环境中，那最安全的方式就是避免使用这种光源。

高压气体放电灯的技术也在不断改进，主要针对陶瓷金属卤化物灯进行技术革新，让金属卤化物灯小型化，可以像“PAR”灯、“MR”灯和“T”型灯一样安装在小型的灯具里，并且具有很好的显色指数。陶瓷金属卤化物灯已经可以在宾馆、俱乐部和零售店等室内环境中使用。然而，依然需要预热时间并且伴随着噪声。

LED Sources
LED 光源

LED 光源，或称为“发光二极管”，是电光源领域最先进的技术。LED 以前主要作为例如录像机这种电子产品上的指示灯使用，而现在已经出现了含有红、绿、蓝三色全光谱的产品，并可以作为重点照明的白光光源来使用。LED 技术的原理是二极管通电后可以发出单一波长的光，与荧光灯的原理相同，为了获得更广的光谱输出，二极管需要与荧光技术配合使用，这些二极管很微小，以至于在阵列中它们可以发出不同颜色和特点的光线。

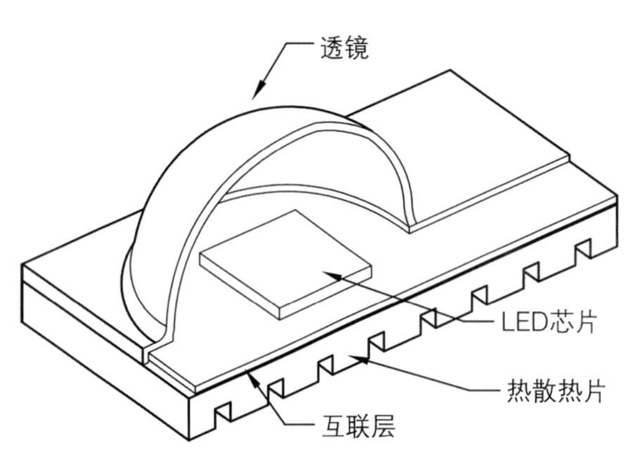

图 8.10　LED 光源的工作部件

LED 光源的一般性能[译注]：
The General Properties of Light Emitting Diode Sources：

最初成本：很高；

LED 光源是高科技产品，因此，价格很高。像市场上的其他产品一样，随着使用量的增加和普及度的提高，价格也会有所降低。

运行成本：廉价；

其光电转化的方式非常有效，随着 LED 全面进入市场，再加上极长的寿命，带来了很低的运行成本。

显色指数：70 ～ 90（从中等到良好之间）；

截至目前（本书原著的截稿日期为 2007 年），LED 灯的颜色饱和度和颜色的混合能力都比其他光源要好。但是如果计划将它们用于对显色性要求较高的环境中，就需要对它们进行仔细地审查。在选用 LED 灯之前，设计师需要亲眼看看该产品的实际显色能力。

色温：冷到暖（绿色到蓝色之间）；

LED 灯可以提供从 2800K ～ 5000K 的色温。为了对色温有把握，在指定 LED 灯之前，亲眼看一下样品是非常重要的。

镇流器和变压器的要求：需要；

LED 灯一般都是低电压运行的，而且大多数制造商都提供专用的电源或控制器。

亮度调整：可以；

LED 灯可以调光，但是与荧光灯类似，需要依靠专用的控制器或电源，而且必须符合制造商的标准。

瞬时开启 / 关闭：瞬间；

LED 灯可以瞬时打开或者关闭，不需要预热的过程。

指向性：非常好；

LED 灯本身就可以发射出定向光线，也可以利用透镜来控制光线，然而让 LED 灯发出均匀的漫射光比较困难，即便如此仍然可以通过技术手段来解决。

发光效率：高（平均 30 ～ 50 lm/W）；

LED 灯的功效介于卤钨灯和荧光灯之间。LED 的技术进步很快，所以伴随着效率的提高，它可以胜任任何照明工作。

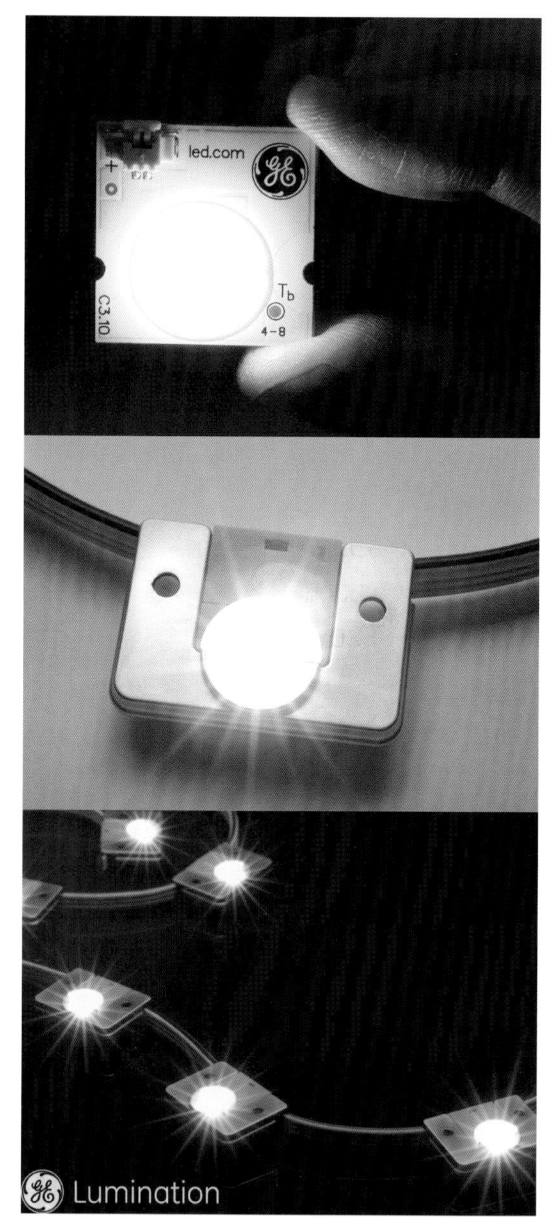

Images courtesy of GE Lumination
www.led.com

图 8.11　LED 灯的常见形状和封装

［译注］现阶段 LED 的所有性能都比该书写作的 2007 年时的产品有大幅提升，并且价格降低了很多。

光源寿命：很长；

大多数 LED 灯的寿命是 50000 ～ 100000 小时，相当于 50 ～ 100 年，这个理论时间比其他任何光源的寿命都要长，所以实际寿命只能让时间来告诉我们。

运行温度要求：无；

在任何温度下 LED 光源都能工作得很好，但是散热工作需要引起重视，因为在热作用的影响下 LED 灯的寿命会很快地减少。

发热量：相对较少；

LED 灯体积小、电压低，所以其产热量也较少。但是 LED 本身具有散热片的功能，可以散发其自身产生的热量。随着 LED 功率和体积变大，其产生的热量也会增加。

噪声量：无；

LED 光源和附属电子部件运行都非常安静。

LED 灯是否可以适合目标照明环境，需要事先拿到样品并对其进行研究才能做出决定。作为一种照明技术，可以在图表中列出所有可选择 LED 灯的显色性能和色温。在使用 LED 灯具之前最好亲眼看一下真实的产品再做决定。LED 光源发光效率高而且寿命长，而其主要缺点是存在成本高、功率低和总输出光通量低等问题，但是如果 LED 功率变大，难以散热的问题又会让 LED 灯具本身无法承受。LED 灯具一般以线型居多，常常用于在灯槽内提供间接照明使用，当然也可以作为筒灯和重点照明的定向光源使用。因为 LED 可以通过红、蓝、绿的单色光谱进行混光，所以很容易去替换霓虹灯或作为彩色照明使用。以截稿时间为止，白光 LED 灯已经进入了功能照明领域。

光源命名逻辑
Lamp Naming Logic

光源技术的一个非常有用的方面就是根据常见光源的形状和大小理解其命名的规则。

大多数光源用两三个字母后面加上两三位数字作为描述代码。一般来说，字母描述的是光源外形，数字表示尺寸。

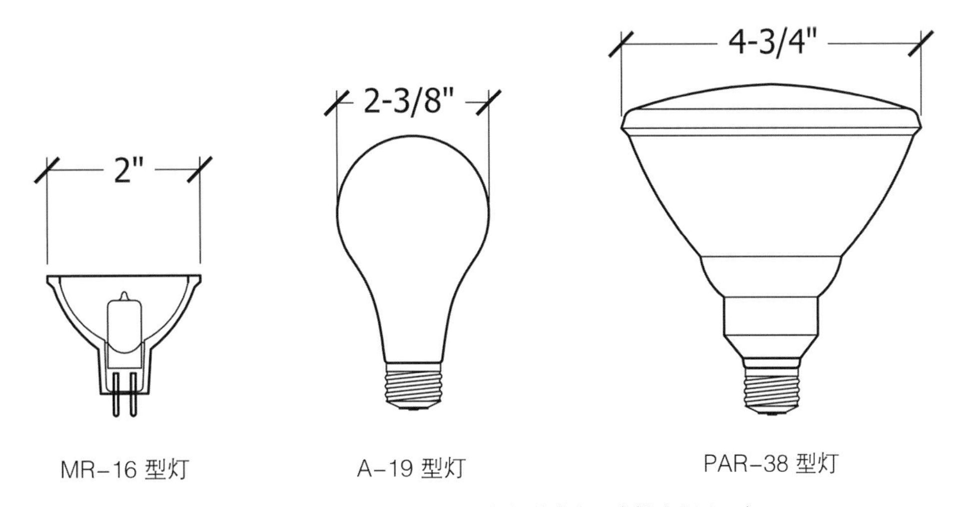

图 8.12　大部分光源名称以 1/8″的倍数命名，来描述光源尺寸

光源尺寸
Lamp Size

如果不要求具有完美的逻辑性，对光源尺寸的命名就非常简单。常见光源大小以两位数字来表示，这两个数字描述光源直径是 1/8 英寸的倍数。在这种逻辑规则下，我们常见的白炽灯泡的型号是 A-19，则这种白炽灯泡的直径是 19/8 英寸或 2 $^3/_8$ 英寸。这个逻辑规则适用于从小灯泡如 MR-16（直径为 16/8 英寸或 2 英寸）到大灯泡 PAR-38（直径为 38/8 英寸或 4 $^3/_4$ 英寸），事实证明这种描述方式是准确的。图 8.12 和 8.13 是这些光源尺寸与代码的例子。

光源外形
Lamp Shape

光源外形代码的描述方式会更灵活一点，不可或缺的是两到三个字母为开头的代码，相当于为形状赋予了文字说明，例如以下案例：

A 型灯，包括 A-19（常见灯泡）、A-21 和 A-23，A 代表“任意的”的英文单词“arbitrary”，这大概是因为 A 型光源的形状可以很不规则。

下面是“R”型灯泡，像 R-20、R-30 和 R-40。R 代表反射，英文单词是“reflector”，是指这些光源内部存在像镜子一样的镀银反射内面。

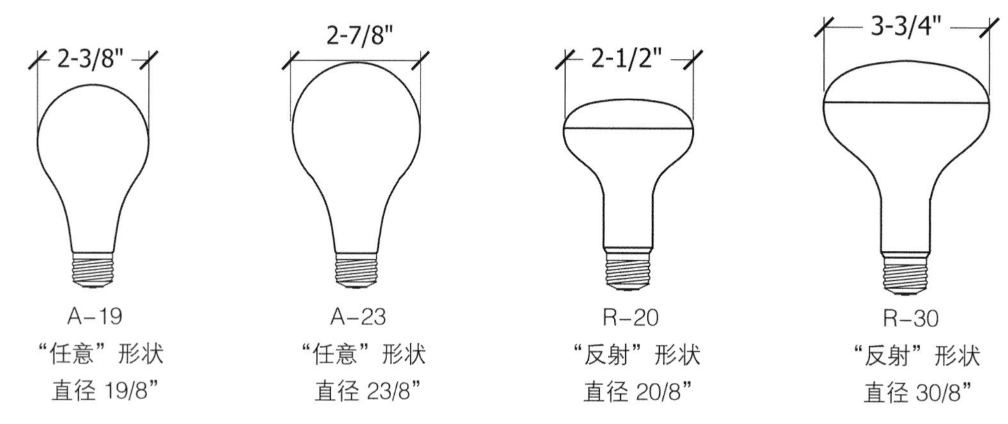

图 8.13　任意形状“A”型灯（左）和反射“R”型灯（右）的常见尺寸

接下来是“PAR”灯，如 PAR-20、PAR-30 和 PAR-38。PAR 代表外形呈现抛物线的形态，内部有镀铝的反射面，PAR 是这组英文单词“Parabolic Aluminized Reflector”的缩写。

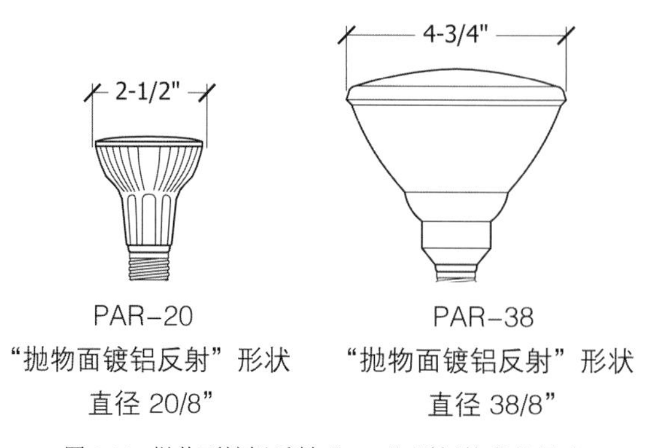

图 8.14　抛物面镀铝反射“PAR”型灯的常见尺寸

对于“MR”系列的光源，如 MR-16 和更小的 MR-11 及 MR-8，MR 代表多层反射罩“Multifaceted Reflector”，这种光源都经过精心的光学设计。

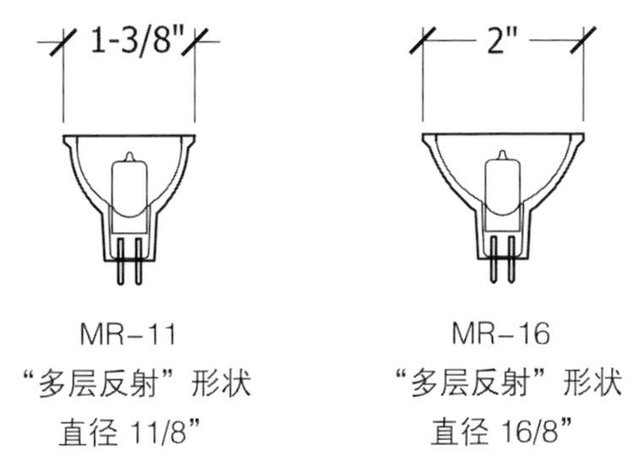

图 8.15　多层反射“MR”型灯的常见尺寸

T 系列灯的形状是像水管一样，是单词“tubular”的缩写，大部分是指线型荧光灯 T-8 和 T-5 等。特殊情况 T 型灯会使用体积更小的卤素灯或高压气体放电灯作为光源。

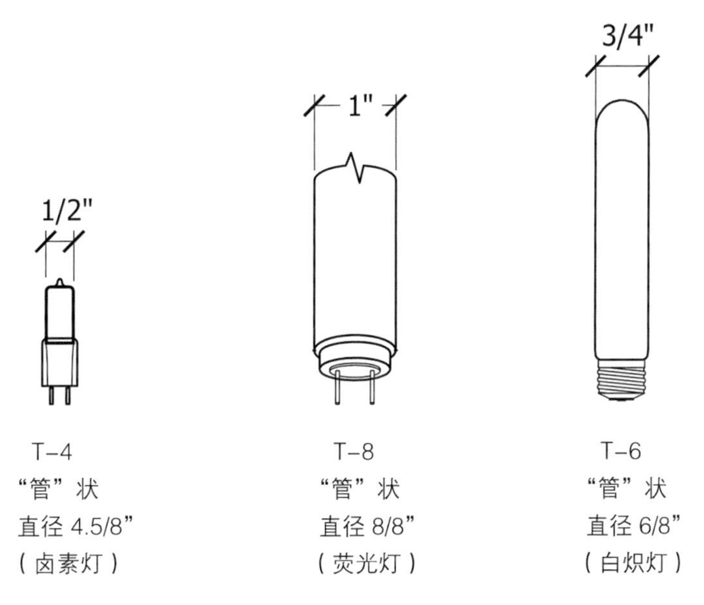

图 8.16　管状“T”型灯的常见尺寸

光源的名字和代码很多，但上面提到的已基本涵盖了建筑照明中的大部分光源。

光源显色指数和色温参数
Lamp Codes for Color Rendering Index（CRI）and Color Temperature

光源是照明装置的核心原件，在设计领域常常更关心灯具的性能及其富有艺术性的外表，但是每个灯具的核心其实是光源。或许与其让讲解灯具的文章搞乱了大脑，还不如花费更多的精力学习关于光源技术与性能的知识，这样会更有价值。与灯具技术相比，光源科技进步得更慢一些，而且光源的设计、出售和制造都有着固有的逻辑规律。

选用合适光源的关键是需要特别关注光源的色温和显色指数。一旦光源选择的思维跳出白炽灯和卤钨灯的世界，就会发现有各种色温和显色指数的产品可供选择。正如之前对这个问题的讨论，将光源的性能归结为两个重要的指标：

显色指数 / CRI（从 1 ～ 100）

色温（以 K 为单位）

幸运的是大多数电光源，例如高压气体放电灯和荧光灯都可以以三位数字的代码来描述显色指数和色温，一般这个代码都会贴在光源或其包装的右侧。

这组代码的第一位数字代表显色指数（CRI），例如三位数代码以 7 开始，那么这个光源的显色指数就是 70 多；如果代码以 8 开头，则显色指数为 80 多；9 代表显色指数为 90 多。我们期望能让荧光灯和 HID 灯的显色指数发挥更多优势，所以用以下方法形容不同显色指数：

7 = CRI 为 70 多：属于可接受的，但是只能用于对颜色表现要求不高的环境中。

8 = CRI 为 80 多：典型并且合理，运用于大多数日常环境。

9 = CRI 为 90 多：用于对于颜色要求高的环境，但相对较贵。

代码的后两位数字代表色温，以 K 为单位。表示方式如下：

28 = 色温为 2800K = 暖色（模仿白炽灯的颜色）；

30 = 色温为 3000K = 中性（模仿卤素灯的颜色）；

35 = 色温为 3500K = 冷色；

41 = 色温为 4100K = 冷色；

50 = 色温为 5000K = 冷色；

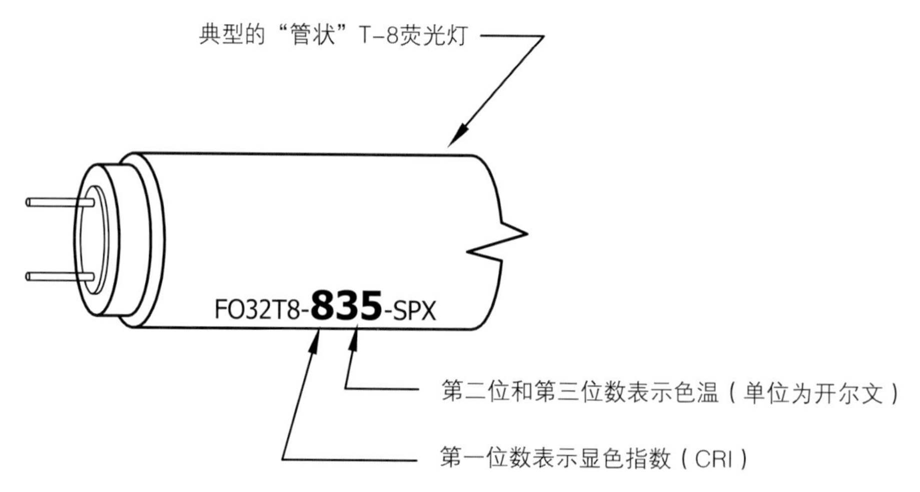

图 8.17　大部分荧光灯和高压气体放电灯产品上都标有一个表示显色指数和色温的三位数代码

当为所设计的环境选取一系列光源的时候，时刻保持对色温的思考是非常有意义的。一个品牌 2800K 的荧光灯与另外一个品牌 2800K 的荧光灯光色都有可能不尽相同，那更加肯定的是一个 2800K 的金卤灯不可能会模仿出 2800K 白炽灯的感觉。

光源功效估算
Source Efficacy Estimates

对光源的功效和效率的认识是十分有用的，但又常常被忽视。在一些照明设计指导中，会推荐用“瓦特 / 平方英尺”这个单位为空间选择合适的光源，但是这个策略是有缺陷的，这样做完全无视不同光源发光效率不同所带来的差异。这样的策略只会带来均质单调的照明设计，而不会让人喜欢。最合适的方法是光通量计算法，这种方法以“流明 / 平方英尺”为单位（我们将会在第二十章中讨论这种计算方法）。现在，我们将引入一系列基础的数据来勾勒出一幅有用的画面，那就是不同光源之间发光效率会有怎样的差异（输出光通量与输入电能的比值）。在常见的照明设计中，我们会使用四种光源，下面就提供这四种光源粗略的发光效率：

白炽灯效率 = 10 流明 / 瓦（lm/W）；

卤素灯效率 = 15 流明 / 瓦（lm/W）；

荧光灯和高压气体放电灯效率 = 70 流明 / 瓦（lm/W）；

LED 灯效率 = 30 ～ 50 流明 / 瓦（lm/W）；

这个简单的数据说明了为什么会倾向于使用高效的光源，同时也说明了为什么会用荧光灯替换白炽灯，因为它只用白炽灯消耗电能的 1/7 到 1/5。如果你记住了这四个数字，那将会成为以后估计、评价和计算照明效率的基础。

所有这些知识都将赋予使用者在对光源做出选择时具备良好的洞察力。值得庆幸的是，与灯具相比，光源更加直白。通过掌握显色指数、色温和效率这些基本概念，可以为完成照明目标选择最恰当的光源。

第二部分

照明设计

Designing Light

第九章　光的分布

Textures of Light

对照明的理解中经常忽略光的分布。同时设计师为了做出照明决策，在所需要具备直观而又便捷的基础知识中，光的分布是最有用的工具之一。这个工具可以让设计师对光的分布形态具备最直观的感觉，这样就可以将光直接绘制在物体表面上。之前介绍过光分布的基本形式，包括柔和的、漫射式的光线以及与之对应的将光聚于一点的定向光线。伴随着对不同灯具及光源是如何发射出各种分布形式光线的了解，我们就可以在设计开始时就做出正确的选择。

漫射照明

Diffuse Light

谈起漫射照明，是指光源发出朝向所有方向的光，就像是经过漫射表面反射后，光就朝向了所有方向。

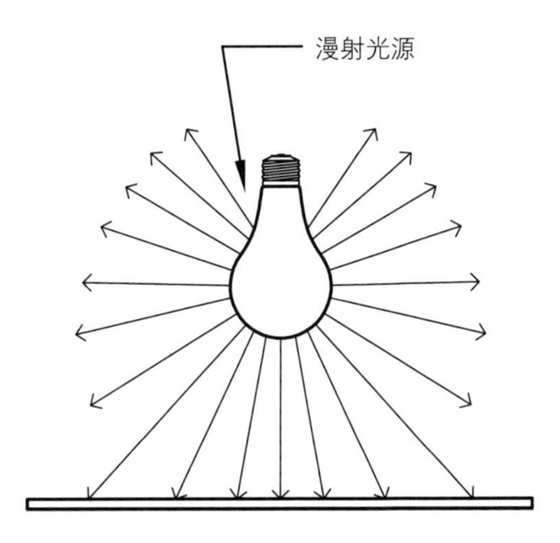

图 9.1　漫射光源向各个方向均匀地发光

通常漫射光是由大而亮的光源产生的，例如白炽灯泡、管状荧光灯。也可以通过在光源上设置像磨砂玻璃、亚克力板这样的材质增强漫射效果，比如装饰性吊灯和壁灯。

漫射照明可以填补阴影，因此会削弱对材质的表现。可以使用这种照明去渲染人像，这样可以让人更漂亮，也可以弥补皮肤的缺陷。柔和、漫射的照明也适合营造舒适亲密的环境，在这样的环境中可以满足人长时间视觉工作的舒适性。漫射照明可以提供趋于均匀的光线，这样会减少眼睛由于高对比度产生的适应性调节疲劳。漫射照明同样非常适用于工作面照明，在可以减少阴影的同时也会减少眼睛由于对比度引起的适应性调节疲劳。

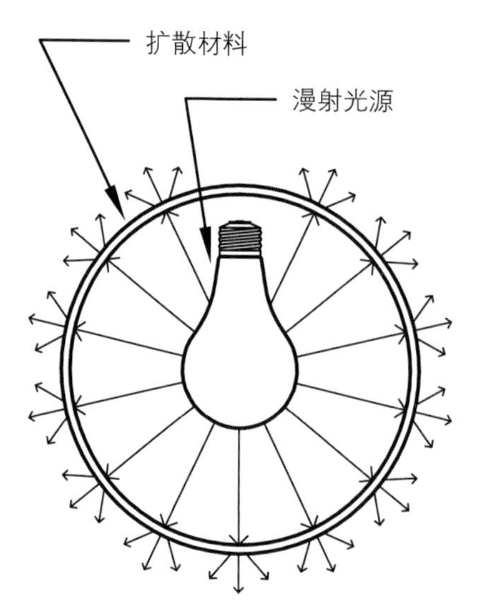

图 9.2　可以将漫射光源进一步扩散，发出更加柔和的光

但如果漫射照明是唯一的照明形式，就会变得枯燥乏味，缺少视觉焦点。当空间中充满了均匀的漫射光线，就会由于缺少视觉焦点而直接影响到空间的体验。漫射照明也会导致眼睛一种独特的适应性调节疲劳，这就是如果长期处于很小对比度的照明环境，眼睛会趋于增加调节工作以此来在空间中聚焦细节、增加视觉敏锐度，这个现象被称为“水下视觉”（underwater feeling）。

定向照明
Directional Light

定向照明是灯具和光源共同作用的产物，灯具可以将从光源发出的光加以限制，并将光线朝向单一方向发射出去。

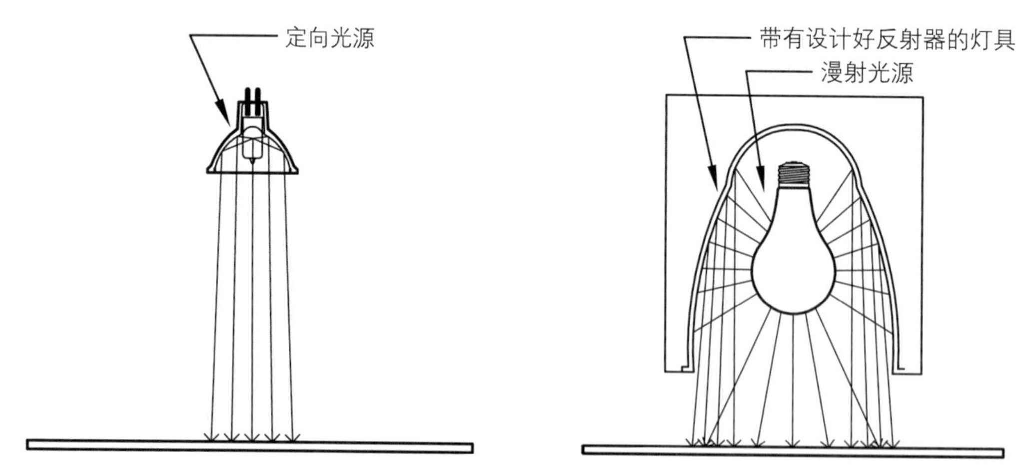

图 9.3　定向光源（左）和定向灯具（右）利用反射器和光学器件以一种可控的方式发光

定向照明的效果大多是通过灯具配光设计或者其本身形状来实现，可以投射出具有明显边界的光，例如椭圆形的、柱状的和扇形的光斑，在光斑的中间部位是最亮的部分，然后逐渐减弱为边界。在设计程序中，这些定向照明的灯具通常是需要首先考虑的，因为它们可以在具体的表面或者物体上形成一个光斑。从定

向照明灯具发出的光在物体表面会产生类似镜面的反射，因此，在明与暗之间就会得到分明的阴影，这样产生的对比度就可以反映材质的特征。

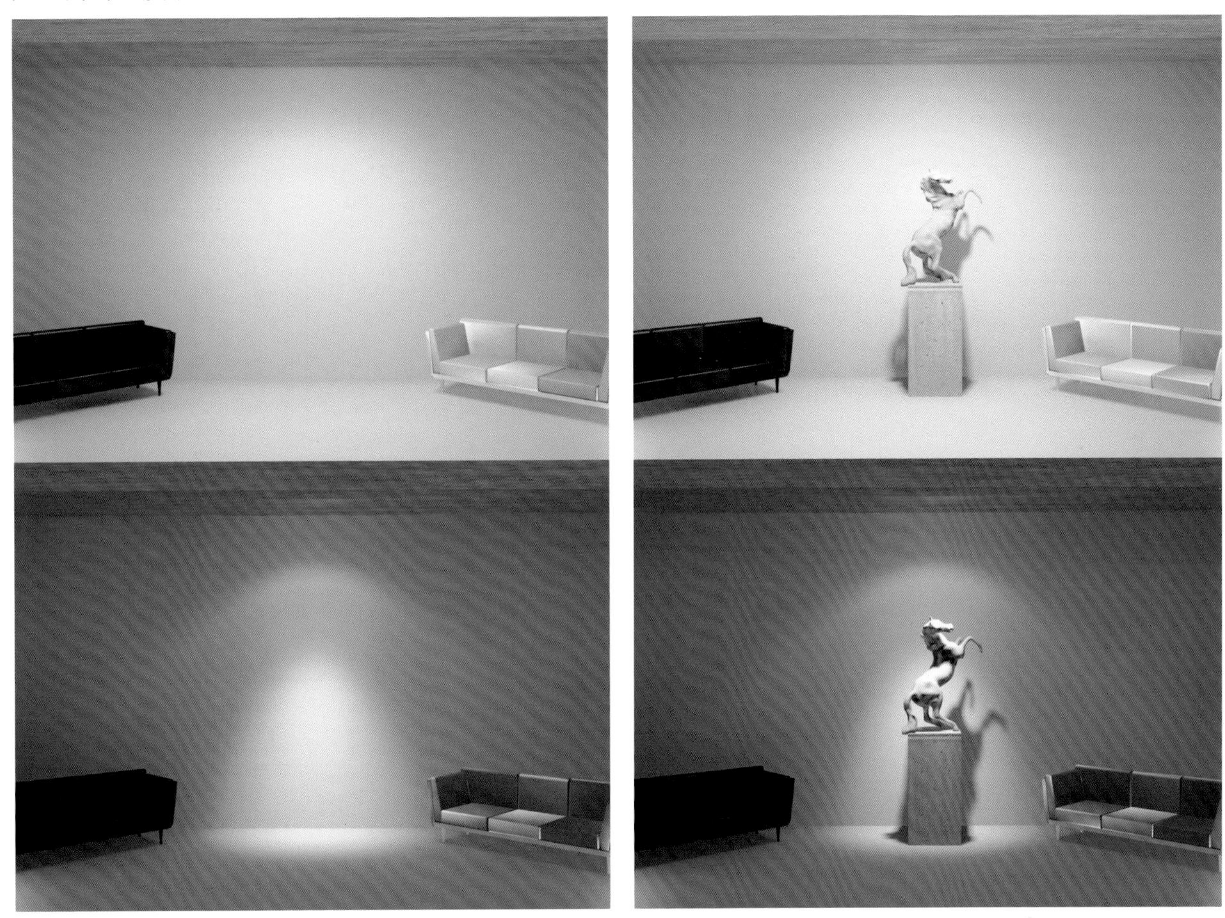

图 9.4　漫射光源（上）隐去了光的分布并限制了光的对比。定向光源（下）创造出了阴影、对比和视觉焦点

定向照明可以用来展示艺术品、物体和建筑的特征。通过定向照明可以让物体变亮，或者让材料和玻璃看上去光彩夺目。这样，物体或者表面就会比周边环境更亮，从而增加视觉兴奋点或层次。定向照明同样也可以创造较高的对比度，但是长时间在这样的环境中同样会使人感觉不舒服。当视线在明暗之间来回交替时，过度的对比度可以导致眼睛需要经常调节来适应这种变化。定向照明在多种工作面照明时都是不可取的，过度的阴影（经常通过人手来产生）会让我们在工作中难以集中注意力。

利用不同光的分布来设计
Spectrum of Light Textures

虽然分辨灯具可以发出什么样的光很简单，但这恰恰是对灯具及光源做出正确选择的基础。根据灯具发出光的样子，从定向照明到漫射照明，我们将光的分布分为四个类别。

非常定向照明
Very Directional Light

在“非常定向照明”这个类别中，包括使用自带反射器光源的灯具，像卤素灯（“MR”）灯具。这种灯具具有精确配光设计的反射器，可以准确地发出光线。这类灯具可以完美地展示艺术品和装饰品，但是所创造出的光斑和对比度并不适用于照亮一个社交空间。我们也可以使用卤素灯泡或者高压气体放电光源的灯具来完成这项任务，当然前提是采用精确配光的定向照明灯具。一些 LED 光源同样可以提供非常定向照明。非常定向照明的光线与太阳直射光类似。

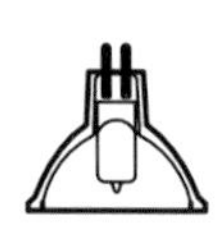

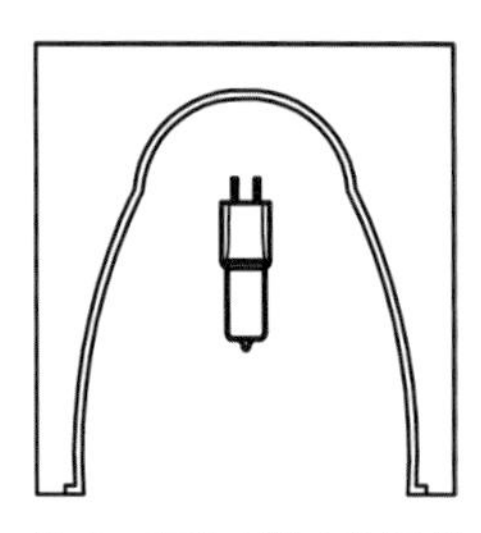

图 9.5　非常定向照明的效果（左）通常是由非常定向光源、带有精心设计好的反射器及小型光源的灯具（右）产生的

定向照明
Directional Light

略微柔和一些的定向照明，可以通过使用"PAR"型光源的灯具提供。这类灯具同样拥有反射器，但是使用的是漫射透镜和没那么精确的光学装置，这样就可以创造出稍微漫射的光线。"PAR"型光源是使用小型卤素灯和高压气体放电灯制造出来的。这种照明方式可以完美地展示艺术品、社交区域和建筑细节。对于一些需要创造均质照明的工作面也是可接受的。定向照明与未经遮光处理的天空光比较相似。

图 9.6　定向照明的效果（左）通常是由定向光源（右）产生的

漫射照明
Diffuse Light

为了得到柔和界限的光线，灯具使用反射器来获得自然的漫射光线。当使用漫射的白炽灯和荧光灯光

源并在这些光源周边安装大大的反射器，灯具就可以巧妙地发射出洗墙或者扇形的漫射光。也可以通过使用白炽灯的“R”系列光源来得到这样的光斑，这种光源会与普通白炽灯相比，其灯泡后方的玻璃上使用的是反射涂层。漫射照明不适合当作重点照明使用，但是可以为聚会区域和工作面照明提供很好的光线。这种照明发出的光线与柔和的天空光通过窗帘进入室内的效果类似，会讨很多人喜欢。

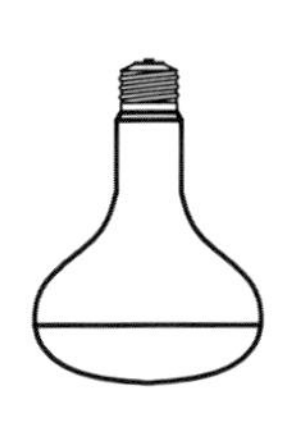

图 9.7　漫射照明的效果（左）通常是由漫射光源、带有精心设计的反射器及较大型光源的灯具（右）产生的

非常漫射照明
Very Diffuse

在非常漫射照明这个类型中使用明亮的全向光源，将其放置在漫射材质的灯具中，从而产生加剧光线漫射的效果。使用无任何反射器的白炽灯和荧光灯就可以得到这样非常漫射的照明，同时我们也可以利用漫射的灯具获得漫射照明，例如台灯、落地灯、漫射的吊灯和壁灯。这样的光线和全阴天所发出的光线一样。非常漫射照明可以将整个房间用均质的光线照亮，但是却无法当作重点照明来使用。

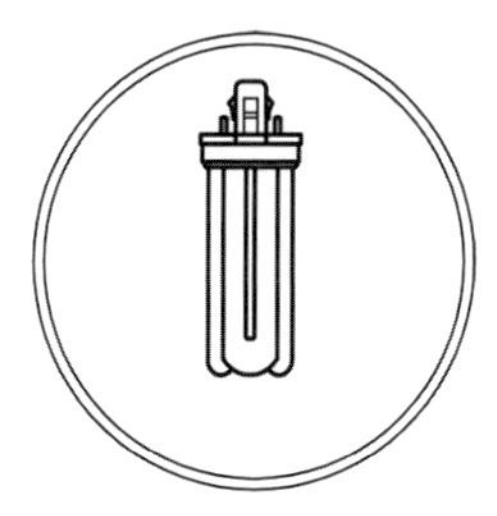

图 9.8　非常漫射照明的效果（左）通常是由带有漫射器及漫射光源的灯具（右）产生的

以这四种光的分布和直观感觉为基础，照明设计师已经具备去推敲一个空间内光环境构想的能力。一旦使用这些理念做出关于光分布的决定，你将惊奇之前在不使用这种方法的情况下，自己是如何完成这项工作的。设计师可以想象并描绘出漫射照明和定向照明，同时也可以辨别出不符合设计需要的光源和灯具。

第十章　光斑

Shapes of Light

在设计空间中，对光的另一个需要具备直观理解的元素就是光斑。光斑和明亮表面是在空间中表达视觉焦点的唯一方式。作为设计工具的光斑，理解它最简单的方式就是熟知以下三个类别：椭圆形光、矩形光和自发光体。

椭圆形与片状光斑

Pools and Pieces of Light

大多数定向照明都可以将不同形状的椭圆形光照射在物体表面。这些光斑在明与暗之间形成柔和或者锐利的边界。我们可以将其照射到一些特定的物体上，例如画作、雕塑、家具或者交流的区域。这种富有含义的照明方式确实可以增加视觉兴奋点，但是需要小心的是一定不要过度使用。圆形光斑带有人工制造或者做作的感觉，因为这种光斑在自然界中鲜有所见。如不克制使用，这些椭圆形光斑会给画廊、餐厅和其他环境带来一种“过火”的体验。

Image courtesy of Deltalight　www.deltalight.us

图 10.1　轮廓分明的光斑增加了空间的视觉趣味与对比度，但过度使用反而会形成视觉上的“嘈杂”

矩形和线型光斑
Planes and Lines of Light

通过使用大量连续布置的线型光源可以有效地创造契合建筑和材料长线条的线型照明效果。线型光源如果使用恰当，可以将建筑表面均匀照亮，并且可以增强材质与材料的质感。利用灯槽的洗墙照明在表面创造出的光斑是非常接近天光在墙壁和窗户上所制造的效果。人类天生对这类型的光斑有亲近感，因为这样的场景可以与自然天光和太阳光产生联系，所以也让我们更为习惯。同时，建筑中这些连续表面的矩形光斑可以更加突出空间形状。均质的光斑可以减弱强聚光灯带来的高对比度，也可以是避免过高对比环境中眩光的好工具。

Image courtesy of Deltalight www.deltalight.us

图 10.2 矩形和线形光斑能与建筑相协调，还会使人联想到自然光

自发光体
Glowing Objects

自发光的物体例如吊灯、壁灯、阴影灯（shaded lamps），阴影灯是指通过使用灯罩创造出阴影的灯具，例如一些落地灯和台灯。这些自发光的艺术品可以统称为“自发光”灯具（“self-luminous” sources），我们将这种灯具与创造椭圆形光斑和矩形光斑的建筑一体化灯具区分开。针对于自发光灯具最需要注意的是在使用这些灯具时一定格外小心：当将装饰品与自发光相结合会立刻吸引目光，这些发光的物体对于提示视觉动线和行动路线都很有作用。但是如果试图将它们作为主要照明灯具使用的话，将会毁了这个项目，导致最后的照明效果结束于一个过亮的装饰作品。一旦这些明亮的灯具吸引了人的目光，眼睛就会适应了这样的亮度，所以空间甚至整个项目都会因此变得更暗。将这些自发光灯具用于连接不同的重点照明表面是一个很好的尝试，这样的结合效果允许在满足较低的环境照度的前提下又可以为了视觉效果而使用装饰性灯具，从而可以避免这些灯具在空间中产生过度的亮度。

对光斑的选择多增加一份思考，就会得到更加契合空间功能与空间形状的灯光选择。现在我们可以决定应该增加什么类型的灯光来协调和强调空间中的几何形状、尺度和材质。在设计过程中时刻保持对光斑的思考，这样会对空间中的情感和情绪都有着深远的影响。

Image courtesy of Deltalight　www.deltalight.us

图 10.3　自发光灯具能发挥空间视觉趣味的作用，但也会使其统御空间而成为一个眩光的来源

第十一章　灯具安装位置
Location of the Light Source

照明设计的最后一个步骤就是决定光究竟来自于哪儿。因为现代流行趋势及技术进步导致了这样一个误解，那就是所有灯具都是安装于顶棚，光都是自上而下洒在地面上的，而这个想当然的认知是值得商榷的。需要花费时间调查研究光来源的所有可能，以此才能做出灯具安装位置的大致决定。在一些照明设计的成功案例中，很多都是由在顶棚安装的向下照明灯具来完成的，这主要是因为这种灯具可以有多种方法提供建筑一体化的照明效果。即使如此我们也要努力创新，解放思想来丰富光的来源。对灯具非常规的安装位置进行研究是一种很好的尝试，首要的好处就是可以避免使用流于俗套的顶棚向下照明。

从顶棚向竖直表面的照明
Light from the Ceiling onto Walls

对简单的向下直射照明可以做出的最简单调整就是，将顶棚的聚光灯具照射向空间中的竖直表面。这些来自于顶棚的光束经过空间中长距离的传播可以增强整体亮度，同时也可以发挥扩展空间及标识建筑界限的作用。

Image courtesy of Erco　www.erco.com

图 11.1　照亮垂直表面创造出一种突出的明亮印象

从地面向上的照明
Lighting from the Ground Upward

将灯具安装在地面上或楼板的凹槽内，通过洗墙或连续向上投光的方式来对天花和挑檐进行照明，以此来创造顶部光的边界。这个照明策略可以获得特别的照明体验，但是这种类型的光在自然界中并不常见，因为自然光的方向都是自上而下的。向上照明的光可以提供高度与垂直的感受。如果向上照明的光可以将天花展示出来，那就会在空间中创造更加亲密的感觉。

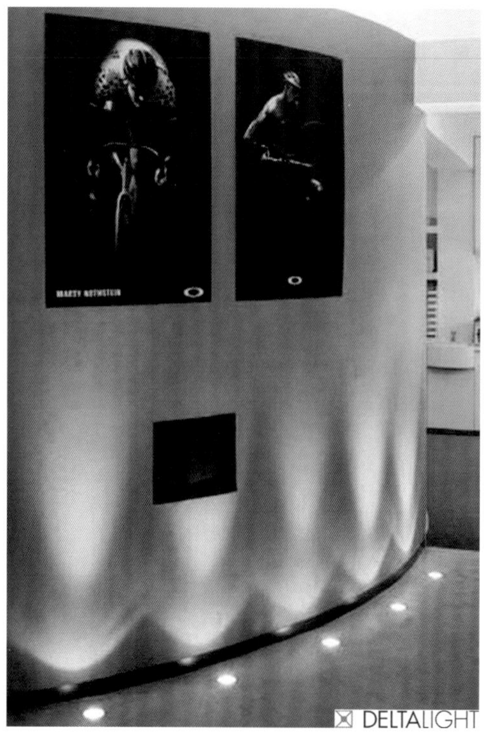

Image courtesy of Deltalight www.deltalight.us

图 11.2 从地面向上的照明立刻变得不寻常，而且创造出一个独特的环境

从墙向上的照明
Lighting from the Wall Upward

在墙体表面或内部安装灯具，发出的光向上照亮天花，落在天花上的光线就可以开启一个空间并增加这个空间的体积感知。一个明亮的顶棚可以模拟出明亮天空的效果并传达出开敞的感觉。在有些经常不需要工作照明的简单环境中，来自于被照亮天花的均质光线可以满足所有照明需求。

Image courtesy of Erco www.erco.com

图 11.3 从墙壁到顶棚的照明增加了一个空间的体积与高度

从墙壁表面向墙的背光照明
Lighting from the Wall Back onto the Wall

这种照明方式具有装饰性和功能性的双重功能，将光源藏于挡板背后并将光照射向背后的墙面，形成一系列有序的光斑。这种灯具安装方式不同于那些纯装饰性的自发光壁灯，它可以将周边的墙壁照亮。这种方式适用于那些顶棚和地面无法安装灯具的情况。可以将这种照明方式安装成一排或者组成图案，以此来产生长空间和走廊流动的感觉。

图 11.4 墙壁上的背光照明创造出明亮而且没有眩光的环境

光从灯槽和凹槽向墙壁和顶棚照明
Light from Slots and Coves onto Walls and Ceilings

这种照明方式是一种建筑一体化的线型照明形式，可以在空间中创造洗墙和明亮表面的效果。长距离地连续使用这种照明方式可以增强空间的几何感，一条长而清晰的线型光带可以展示建筑交接节点的结构，同样也可以很好地模拟出天窗的光洒在墙上以及窗户上遮阳帘的效果。

Image courtesy of Erco www.erco.com

图 11.5 从上向下的灯槽照明创造出垂直表面明亮的效果并使人联想到日光

悬挂的自发光照明
Suspended Glowing Sources

自发光灯具可以为空间增加光幕和视觉焦点。使用这种照明方式必须很小心地避免眩光和通亮的效果。这些灯具经常可以成为所有视觉焦点中最为瞩目的那个，要在满足了其他照明需求后再使用。在单一的环境中如果可以很好地使用自发光灯具，能够解决大部分照明的需求，但是更经常的情况却是被错误地使用，换来的只是吸引眼球并给空间带来黑暗的感觉。

Image courtesy of Erco www.erco.com

图 11.6 悬吊的自发光灯具发挥焦点的作用，但也可以向上和向下发出可控的光

向地面的低处照明
Low Lighting onto the Floor

将灯具布置于墙面的低矮处将地面照亮的效果，这种方式被称为“台阶照明”（step lights），常用来对楼梯进行照明。这种照明方式通常会将灯具内嵌安装于墙壁上，并且会让灯具尽量在贴近地面的位置。

Image courtesy of Erco www.erco.com

图 11.7 低处的壁挂区域照明保持光线向下照在需要光的地方

通过思考得到一个关于照明方式的列表，可以避免过度重复使用内嵌灯具换取单一乏味的环境。当然，一个复杂空间也可以完全通过顶棚安装的可调角度灯具来照亮，但是如果使用一些特殊的照明方式，更有可能获得一个独一无二的照明设计空间。除了以上介绍的这些灯具布置方式以外，还有很多其他方式来传递光线。但是如果可以让这些方法成为我们的直觉，那在设计的时候将更有可能使用到它们。

第十二章　从黑暗中开始照明设计

Building Light from Darkness

运用刚刚获得的关于光的分布、光斑和来源的直观感觉进一步扩展创意思维，以便在以后设计中可以考虑到所有可能的选择。如果在照明设计过程中都可以从这些方面来思考，就可以保证设计成果将支持项目的整体意图。建立这种直觉的方便之处在于不需要任何照明等级、计算与灯具技术的知识，仍可以简单地在环境中添加光以及规划光与表面之间的相互作用。只要可以想象出照明效果而且将这些想象与照明创意结合，我们就一定可以找到实现这些创意的方法。

现在可以得到关于光的控制参数的扩充列表：

光的强度：明亮—黑暗；

光的颜色：暖色—冷色；

光的分布：定向—漫射；

现在我们掌握了关于光的分布的含义以及什么类型的灯具可以得到这样的分布。

光斑：椭圆形光斑、矩形光斑、自发光体；

现在我们可以决定怎样的光斑可以契合空间中的建筑、表面和物体形状。

光的来源：光究竟来自何处?

运用超越了基本下射照明以外的方式进行思维，这样会有更多的可能来完成真正实现设计创意的照明方案。

从黑暗中开始照明设计
Building Light from Darkness

面对繁杂的设计过程，一个行之有效的经验是先不要急于开始设计，而是应先去体验空间，收集那些可以成为光载体的表面。这个过程可以分为两个阶段：将环境视为各种表面的组合以及按不同材质将这些表面分类。

将环境视为表面的组合
Seeing Our Environment for the Surfaces That Make It Up

一旦在直觉中吸收了所有所需的细节，我们就准备好开始进行有意义、有目的、与设计目标真正相关的照明设计。在环境中添加灯光的过程也是对建筑和周边环境了解的过程，需要将环境视为黑暗中的各种表面。从这点出发，赋予我们自己这样的能力：通过将光绘制在特定表面上来设计整个空间。

对空间功能和层次了解得越多越好，但是这种可视化的设计只能在墙壁、地面和顶棚上运用，通过这种方法将光布置于每个表面上，以此来精准地表达所有照明的作用是什么。所有精准配光的灯具都可以赋予我们控制力——将光精确投向需要它的地方，可以是墙壁、桌子、画作或者顶棚等任何应该出现光的地方。将空间看成是全黑暗的，就像一张空白的画布等待我们在上面进行照明设计。设计师可以想象在各个表面上绘制灯光就像用画笔和喷漆罐画画一样。空间中的表面逐个用这种方式被照亮，直到期望的照明效果呈现在我们面前。图 12.1 展示了在黑暗的环境中依次在各个平面上添加灯光的过程。

Image courtesy of Deltalight　www.deltalight.us

图 12.1　将一个空间视为由许多表面组成的集合并将光逐一绘在这些表面上的心理进程

将各个表面看成是各种材料组成
Seeing Surfaces for the Materials That Make Them Up

一旦在我们的心中建立了关于由各种平面所组成空间的图像，就可以进行下一个步骤：将这些平面附着上各种材质，这些材质就是我们将光的分布、颜色和强度等直觉附于其上的地方。

光的分布：对材料材质加以思考并决定是否展示它。对于具有肌理的岩石、构造物和木头，可以通过定向照明很好地表现，可以通过高角度的掠射照明，以一定的阴影来展示材质细节。针对有缺陷的墙壁或者材质，如果让它们看起来光滑一些，或弥补这些缺陷就可以通过在远处的漫射照明灯具来实现。

光的颜色：根据材质的颜色思考什么颜色的光源才可以将其表现出来。冷色的材质可以通过像冷色荧光灯、金卤灯和 LED 灯这样的光源来表现。温暖或颜色丰富的材质，像木头和暖色岩石可以通过白炽灯这样的暖色光源来表现。一定要记住：暖色的荧光灯常常只是看上去暖暖的，而它真是无法胜任展示暖色材质的任务。通过模拟获得所有这些光源在表现颜色上的能力极限。

光的强度：对各个材质照明的效果进行思考，并决定多大的光强是合适的。浅颜色的表面只需要较低的光强即可让它们看起来明亮并成为焦点元素。深颜色的材质则需要更强的光才能让它成为视觉焦点。而另外一些反射率很低的深色表面则完全不值得用光去照。

光彩夺目的材质应该常常需要特殊对待，这类材质不但可以反射光线还可以反射光源的样子，就像本身会发光一样。这样使用聚光照明来表现珠宝、玻璃制品和类似的物品是非常合适的。但是大面积的建筑玻璃或者金属表皮则可能反射那些不需要被看到的光源本身，所以或许处理这些表面的最好方式是避免照射它们。

这个将空间可视化的心理过程可以有效地梳理出照明的设计理念和创意，以此来增强照明效果。只需要很少的时间就可以将一个空间分解成各种材料和表面，这样会更容易使灯光契合细微的特征。这个贴心的方法可以让我们更好地完成照明设计，对每个表面做出回应并最终完美地契合最初的设计意图。

第十三章　开发照明创意

Developing Lighting Ideas

在考虑何种设计流程和决策机制更适合照明设计的时候，一条更加清晰的道路就开始展现在我们面前。如果过度使用这种方法，将导致照明设计过于复杂。但是如果谨慎使用，那结果会截然相反，将会得到独一无二的照明设计，并且空间中的材料也可以支撑这个目标，而这一切都会成为真正优秀设计的基础。

下面以一间普通的住宅卧室为例。如果可以根据现有知识决定空间中的哪些表面需要被照亮，那我们就可以快速得到需要考虑的照明层次。可以使用“五个层次”中全部或部分层次来指导设计，可能需要考虑引导性、情绪和重点照明这些层次 或者只考虑工作照明这个层次。

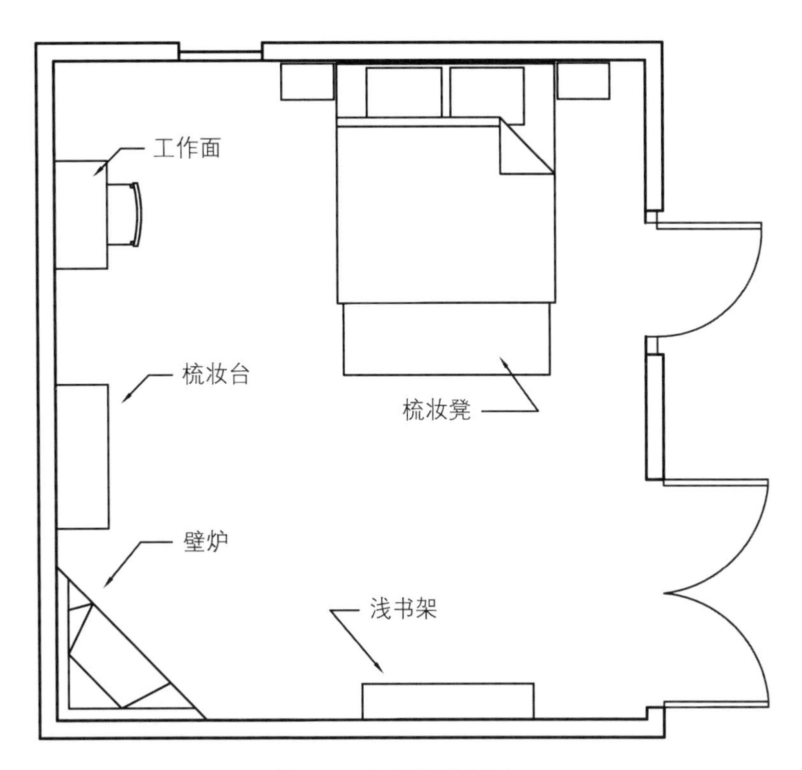

图 13.1　一间典型的住宅卧室

这个卧室空间中需要照亮的地方：

对床背后墙上的绘画进行重点照明，以此来提供竖直焦点；

对工作面和脸部渲染的照明；

对书架重点照明，以此来看清书脊上的文字并且突出书架；

重点对床尾梳妆凳进行照明来配合穿衣。

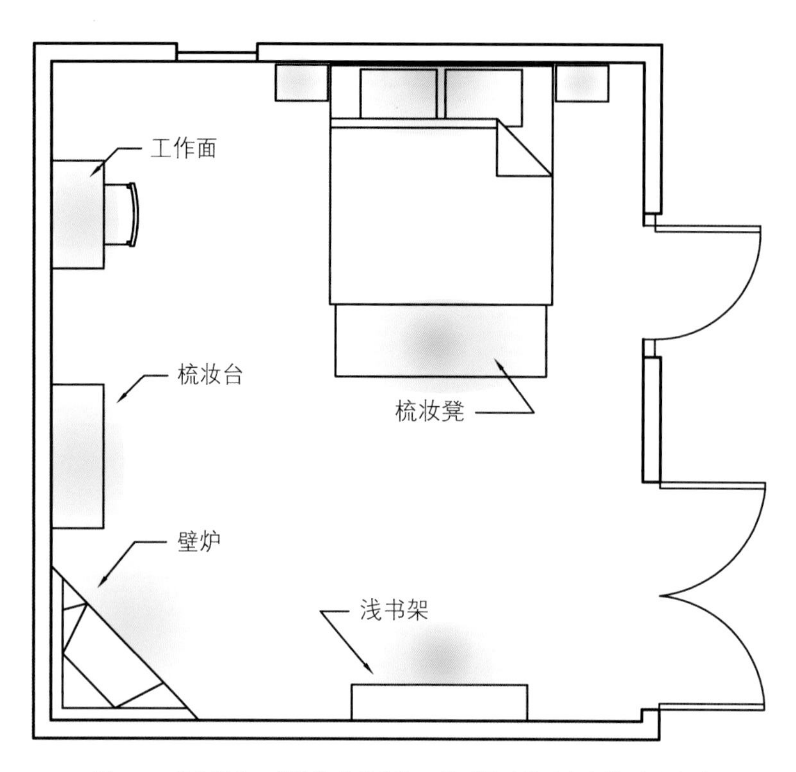

图 13.2　该空间的一种渲染呈现方法，从而显示数目众多的照明选项

现在对所有已经介绍过的照明方法进行思考，最常见解决这些问题的方法是：只在房间正中放置一盏灯。

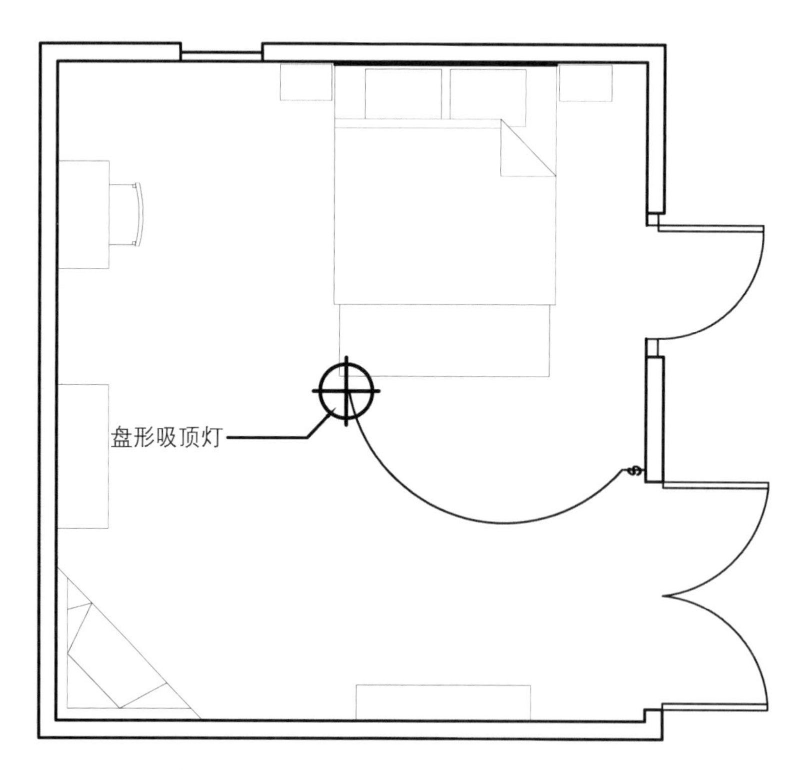

图 13.3　一种典型的具有经济头脑的照明解决方案

这个照明设计实现的方法可以是只简单地使用一个内嵌筒灯，而这种方式可以满足上面的这些照明要求吗？几乎不可能，这样的结果只是一束光照射到黑暗房间中间的地面上。

这个照明设计实现的另一个方法是使用一个圆形的装饰性吸顶灯。而哪种照明方式才是我们所需要的呢？或许都不是。但是值得探讨的是在这个方法中，之前提到的那些表面上都有一定数量的光照射在上面，因此这种通用的方法或许是适合的照明方案。

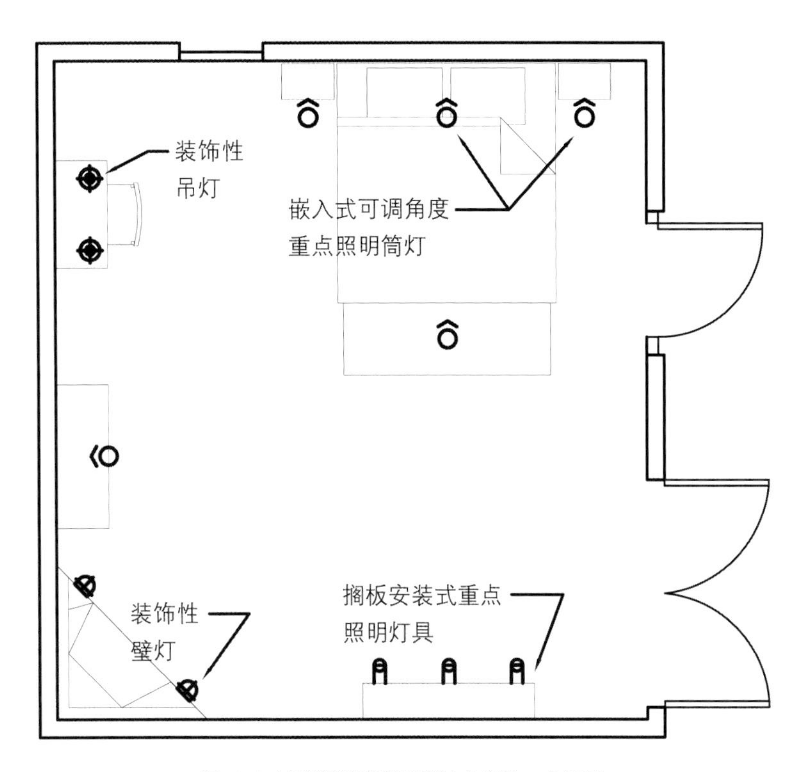

图 13.4　该空间过度照明解决方案的一个例子

现在，如果我们尝试去满足之前所有的照明需求，那该如何布置灯具呢？

接下来我们将展示照明设计过程可以是什么样子的，但是当然有理由去说这样的过程可能会过于复杂或者有点矫情。照明效果、费用、耗电量、安装和维护方式在这个设计过程中都会得到全面考虑。除此之外，照明方案对于当前的空间布局和用途可能会过于特殊和个性化。在卧室这种空间中，照明方案可能需要更通用和灵活一些。

将多用途和功能性综合考虑后，我们得到了很多种解决方案，从这些解决方案中做出选择是件容易的事。

如果带着照明效果和已经确认的灯具布置方式开始实验，那我们必然可以将对照明的决策升华为完美的方案，而这也将支撑接下来的设计。

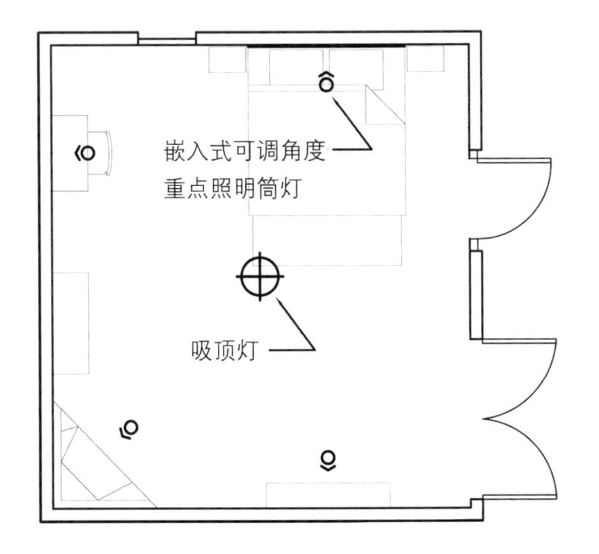

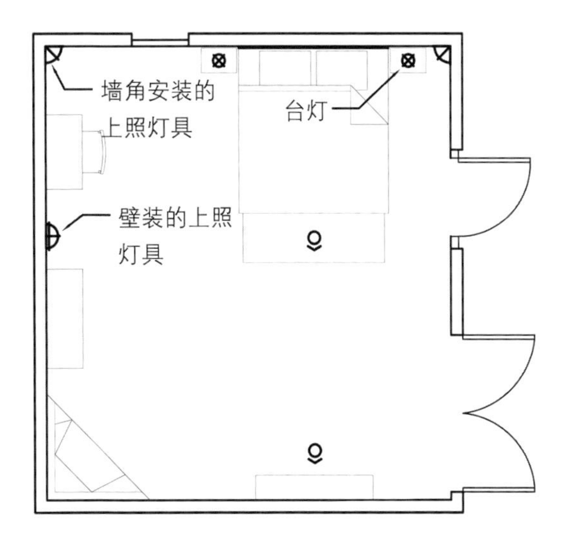

图 13.5　该空间中以节俭方式设计照明解决方案的两个例子

我们刚刚经历了为一个非常普通而又使人难以理解的空间进行设计的过程。而这个设计过程可以适用于所有环境，无论大小。依赖于直觉和流行的头脑风暴阐述照明目标，并利用设计方法去完成这个目标。无论设计的空间和环境多复杂，照明设计只需简单地回答：哪儿亮？什么样的光？如何照亮？

如果仔细审视以上的所有步骤，我们将会有机会依照以下步骤进行设计：

对空间进行思考，将房间看作是表面的集合。

先确认每个物体，再将光附着于这个物体上。

对照明的五个层次（导引性、情绪、重点照明、建筑细节和工作）进行思考。

对光的参数（强度、颜色、分布、光斑、来源）进行思考。

对所有灯光传递方式的可能性进行思考。

自始至终，我们都需要思考真实世界中关于效率、经济性、维护方式、灵活性以及其他现实性的问题。接下来可能要带着成本、灯具与光源效率这些问题去解决照明问题，但是直到回答了光将照向哪儿之前，我们的照明方案都是不完整的。设计时心中只有光，而不是执着于熟悉的灯具和熟悉的灯光布置策略，这样不管项目如何改变我们都可以应对自如。明确了光属于哪儿便赋予我们解决投资和工期改变等问题的信心，否则可能会毁掉一个好的照明设计。

随着设计理解的深入以及对设计环境熟悉度的加深，我们所有的需求就是结合光将设计考虑周全，而灵感会完成接下来的工作。

这个方法将在不具备很多照明灯具知识、照明等级和复杂计算的前提下给予我们极大的信心去探索所有照明创意和目标。

第十四章　确定照明设计理念

Identifying Concepts in Light

在典型的空间中钻研使用具体的照明方案之前，值得在更宏观的层面上探索照明设计理念。照明设计的效果依赖于设计师如何去运用自身的照明知识，而不是在常规空间中使用通用照明方案的图集，接下来将在本章节中展示各种照明理念，这些理念可以在很多不同类型的空间中使用。做出设计决策的信心来源于经验和对照明的熟悉程度，或者来自于对每种可能性的思考。对于经验和熟知程度方面没有任何的捷径，但是接下来的视觉概念能够帮助建立这样的基础，这个基础可以增强设计师的能力，对大量的照明选择进行调研并将这些选择概念化。

对于大多数设计师来说，目标并不是尽可能掌握每个照明知识细节，而更加具有实用性和针对性的目标是视觉效果与交互性。

设计师必须有能力预见照明效果。

（这是我们可以按照视觉概念实现照明效果的原因。）

设计师必须要有沟通能力并可以描绘出他/她的愿望。

（这就是我们为什么要强调照明语汇及图像交流的能力。）

如果设计师可预见照明效果并且可以成功地与他人描绘照明目标，那么其他顾问和专家就可以帮助其实现照明目标。

这里展示的效果图和各种说明就是为了契合这种理论。通过提供关于照明功效的视觉概念可以解放设计师，让其只需决定将这些概念适合于设计的哪个部分。

“照亮一面墙并照亮一个物体”
“Light a Wall and Light an Object”

这个基础概念甚至可以在最简单的空间中实现，适用于任何尺度及任何建筑形式。把光照射在大面积的立面表面上，以此赋予空间一个明亮的性格，可以帮助定义空间的情绪和建筑特点。将光照射到物体上会创造视觉焦点，同时也可能会提供工作面照明，并在空间中提供组织和引导动线的作用。图 14.1 和图 14.2 展示在同一空间中常规照明手法与遵循这个策略而得到的照明效果对比。

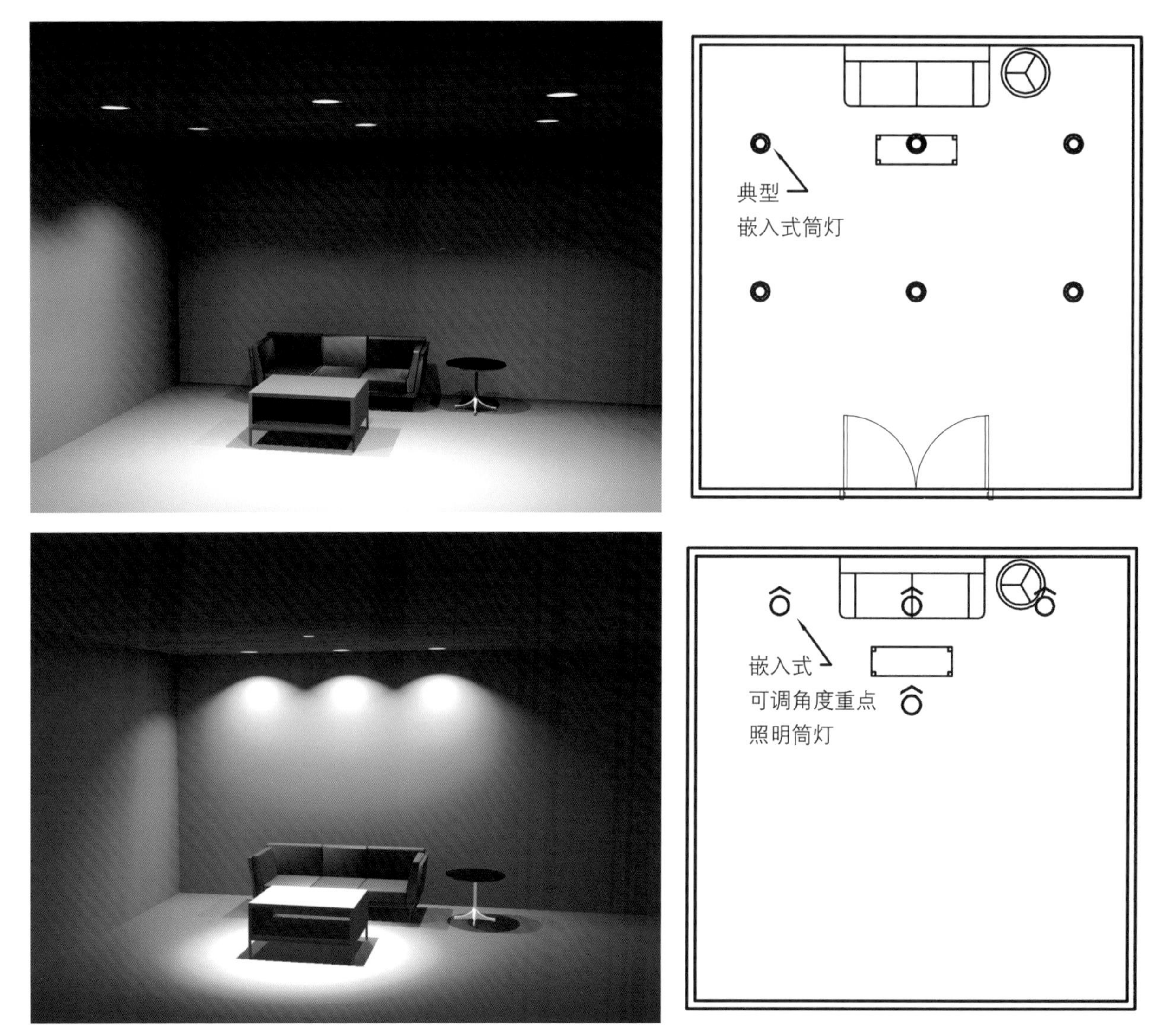

图 14.1　一般设计（上）是在座位区产生平质的光。照亮垂直表面和焦点物体（下）创造出感观上的明亮度与视觉趣味

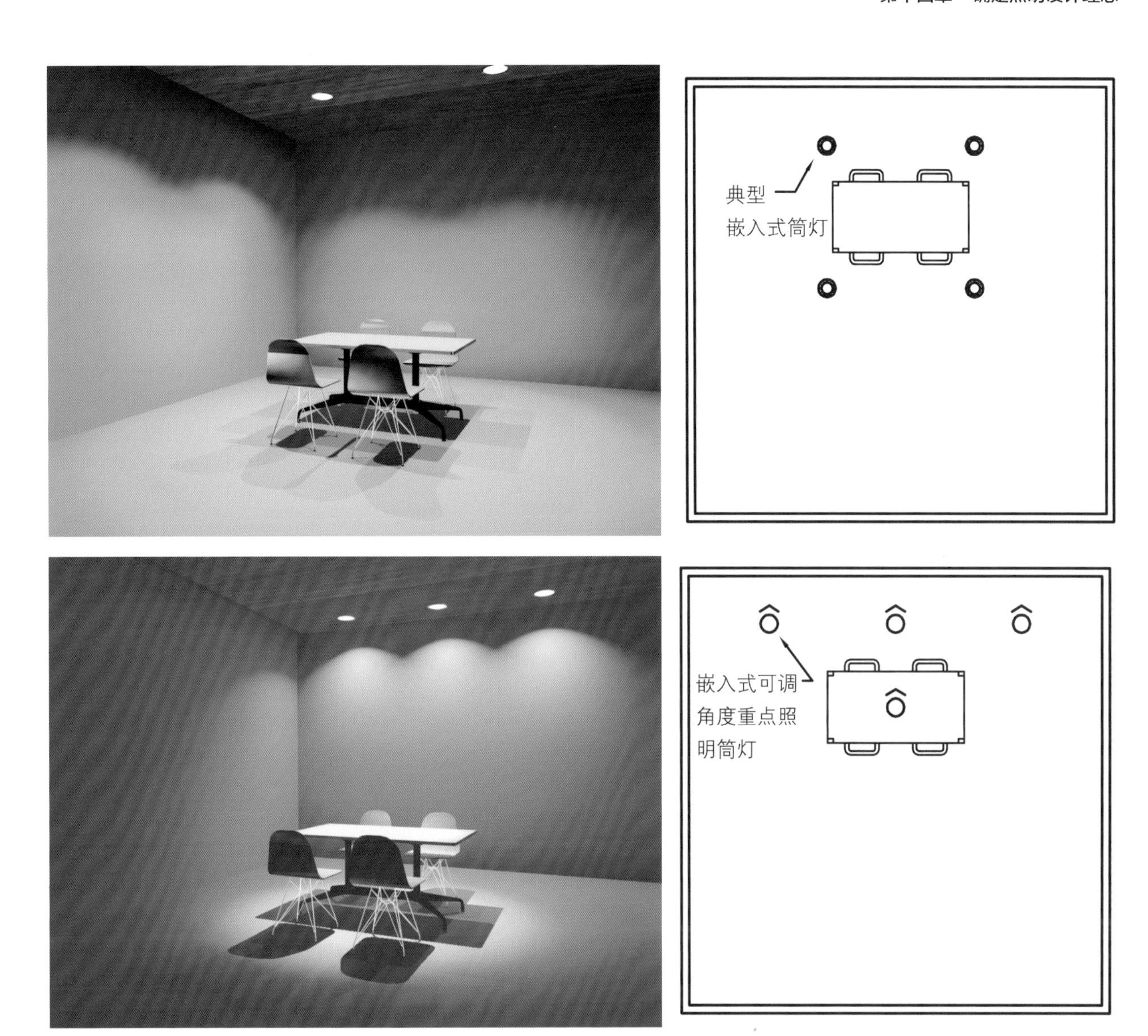

图 14.2　应用于就餐区的一般设计（上）。一种使光更集中的方法（下）创造出对比与气氛

将光布置于边沿
Move Light to the Perimeter

改变空间效果最简单的方法之一就是将光照射在墙壁和其他竖直表面上。当我们采用“骨感”的照明策略——只在房间中间布置一组下射筒灯，只需稍稍改变这个策略就可以达到更好的效果。不假思索地将灯具布置于中间部位会导致照明效率低下，而只是简单地移动这些灯具的安装位置，就可以照亮更高位置的竖直表面，以此传递出明亮的感觉。这个看似简单的移动却带来了极大的不同，而这也是在使用相同灯具的情况下，由于使用方式不同而带来截然不同的空间感受。

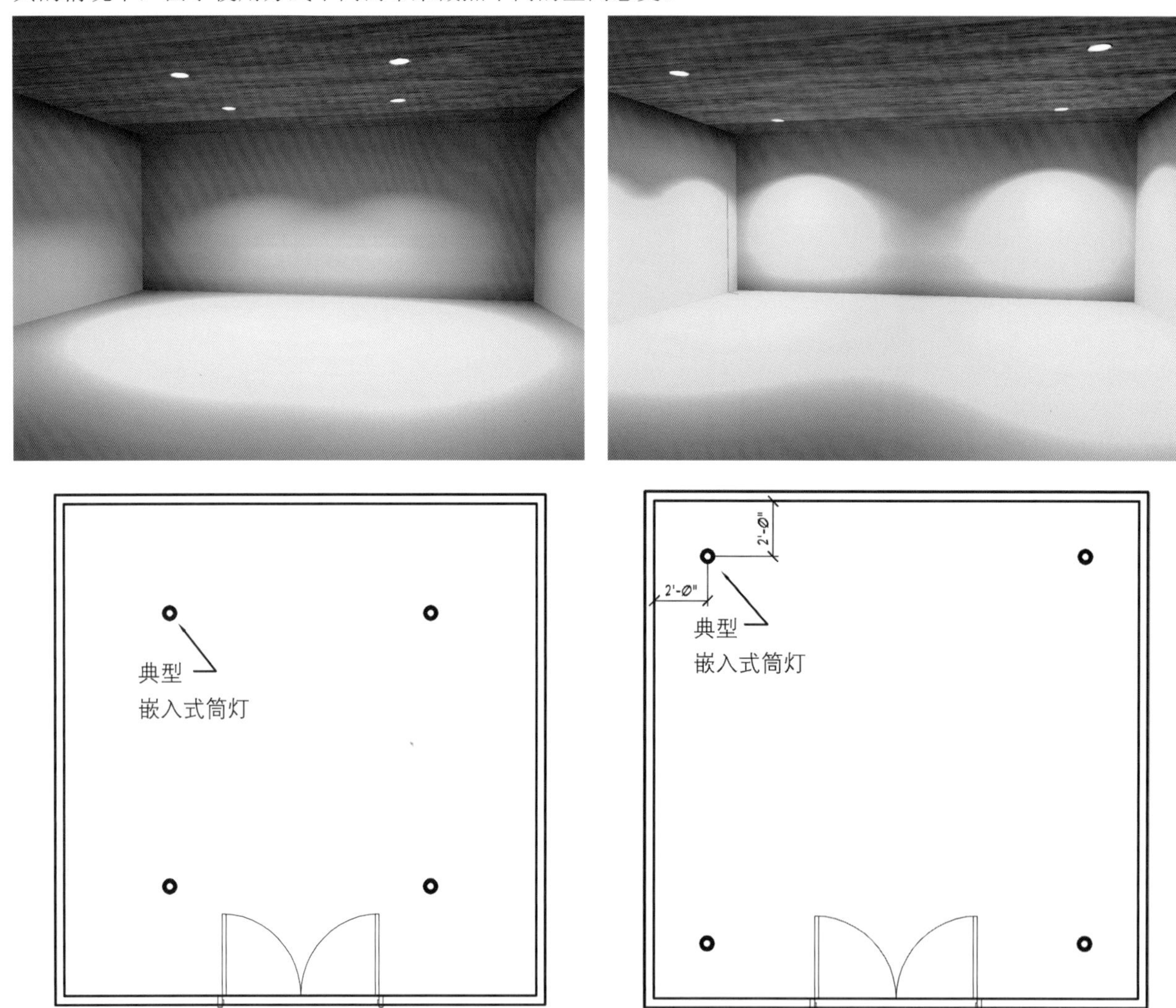

图 14.3　直接向下的光（左）可以创造出一种类似于洞穴的效果。等量的光施加到垂直表面上（右）可以增加感观上的明亮度

大厅和走廊的导向性照明
Choreographing Halls and Corridors

通道也经常会遭遇轻率粗心的设计，在中间位置放置一排向下照明的灯具。这些灯具在深色地板上浪费了大部分能量而对于空间组织或者创造明亮的感觉作用很小。如果使用灯光去照射竖直表面，就可以兼顾创造视觉焦点并且利用明亮的目标来定义路径。我们以后可以试着去选择不同的表面，通过将它照亮来创造氛围和效果。但不变的是，对光最好的使用并不是在地面上。走廊尽头的一束光经常比整个走廊都排列着向下的照明筒灯更会吸人眼球。使用非对称照明或者使用单侧线型灯槽洗墙照明会得到什么效果？将走廊的墙壁照亮，创造连续光斑以此鼓励人在走廊中移动。

Images courtesy of Erco and Deltalight

图 14.4　一个被照亮的目标和一个被照亮的表面是使一条走廊具有吸引力和功能性所必需的

向上对出挑和雨棚的照明
Uplighting Walls and Canopies

在空间中，并不是只有在墙壁和竖直面上才可以得到很好的照明效果。同样可以通过在空间中使用向上的洗墙照明，通过照亮天花和雨棚的方式来渲染情绪和氛围。明亮的天花可以让人感到安全，也可以扩展空间，获得明亮的空间环境。这种方式常常可以使用很少的灯具就得到戏剧性的照明效果。

Images courtesy of Deltalight　www.deltalight.us

图 14.5　直接向上照在一个挑檐或顶棚上的光创造出一种包容的光环境

灯槽、凹槽和遮光板照明
Slots, Coves and Light Shelves

过去的 20 年真正是顶棚内嵌灯具向下照明的时代，在这个设计趋势下，会过度使用这样一个概念：扇形和椭圆形光斑是最适合空间的光斑形式。然而，越来越多现代建筑的体形看上去会更适合使用线型光源。空间的视觉感受趋于杂乱，通过使用线型光源对这种大型几何元素进行照明可以将无序的空间有序化。

大面积简洁的几何型光线可以带给设计同样简洁、高效的感觉，就如同现代建筑的性格一般。利用灯槽、凹槽和遮光板进行照明都会带有建筑一体化的特征，这样的照明方式可隐藏光源，以此创造出大型发光的形体，可以定义空间明亮的感觉。

Image courtesy of Deltalight　www.deltalight.us

图 14.6　通常用池状光来处理的空间，在改用线型光和平面光时，会呈现出全新的感觉

穿过玻璃进行照明
Lighting through Glass

可以认定玻璃是透明材质，我们并不能将这类材质照亮。光线会直接穿过玻璃或是被反射回去。因为这些特性，如果无法透过玻璃看到任何物体，那么这时它只是一面镜子，而这也将得到以下两种重要的结论。

第一，若将灯具布置于靠近玻璃的位置，这样的照明设计将是毫无价值的，因为通过反射可以直接看到灯具中光源的样子，所以需要避免此类设计。第二，对玻璃进行照明的最佳方式是将玻璃背后的表面和物体照亮，而不是单纯地照亮玻璃。这个结果告诉我们也可借助室内照明将玻璃外面的雨棚和遮光板等载体照亮，以此来吸引注意。

装饰性灯具照明
Supplementing Decorative Fixtures

但愿，通过以下讨论我们可以让结论更加清晰：装饰性自发光灯具绝不是一个可以单独使用的照明工具，它不能满足建筑一体化照明设计的视觉要求。装饰性灯具确实在照明工具语汇中占有很重要的地位，但是，它们更容易因为自己的明亮而让房间有黑暗的感觉。要让这些装饰性灯具充分发挥它们的优势，就在它们周围使用更多的定向照明灯具。在聚光照明灯具存在的时候，我们就可以在低亮度水平的环境中自由地使用装饰性照明灯具，根据喜好增加生动的视觉效果与情绪氛围。

图 14.7　使用聚光照明会解放自发光灯具，使它更好地为装饰服务

Image courtesy of Erco　www.erco.com

功能化装饰灯具
Functional Decorative Fixtures

为了可以不在装饰性灯具周边使用聚光照明灯具，有必要明确区分自发光灯具和带遮光板的装饰灯具（直射光向后将临近的表面照亮的灯具类型）。自发光灯具的眩光带来的是过于“引人注目”而无法体现空间的整体性。装饰性灯具所发出的光线与聚光灯一样，都可以将建筑表面照亮。所以所有的自发光装饰性吊灯、壁灯和落地灯都可以通过安装遮光板，在减少眩光的同时将光线投射到空间的表面上。

Image courtesy of Deltalight www.deltalight.us

图 14.8 装饰性灯具（如图中所示的线型吊灯）可以设计用来为工作面及其周围环境提供功能性照明

本章展示的这些照明理念对于照明设计师来说只是一个开端，以后将总结出更多其他可以高效提高空间氛围与体验的方法。一个将自己的才智全部奉献给设计和环境的设计师，将会为业主献上一台富有创意和理念的光影演出。设计师可以通过一个很有用的练习来不断丰富自身对于照明创意的储备，那就是在体验空间的时候指出可以使用哪些光以及对现有照明如何改进，可以增强空间中光的交互作用。

在设计领域没有什么是绝对的，照明设计更是如此，但是在这一章中所展示的画面和技巧应该可以引起设计师对一些问题更深层次的思考，如什么样的选择是可行的？现在很多空间中都使用的照明方法是否合适？

第十五章　一些功能场景的照明设计

Lighting That Works

随着对照明科技和设计熟悉程度的加深，我们会从周边环境的照明和设计中汲取更多知识。花费时间和精力调研周边优秀的设计，思考怎样的设计元素可以支撑事物正常的运转。接下来介绍的每个场景中都存在一些照明元素，这些元素都在设计中扮演着重要的角色。照明设计界中有个说法是“好的照明可以令空间瞩目，而不好的照明则是令其自身瞩目”。这句话告诉我们建筑一体化灯具的力量，同时也警示我们那些装饰性照明元素以及有强烈照明含义的元素可能带来的危害。

创造可预见效果最可靠的方式是综合利用一些在之前设计中成功使用过的元素。但是设计师必须确定正在进行的设计是其想要的，并具有相当的实现度，而不是仅仅因为这是一种常规使用的方法。

接下来在这些场景的照明设计案例中，都有对这些场景照明效果发挥关键作用元素的介绍。这些介绍主要描述的是经过全面思考，可以满足每个空间需求与目标的照明要素。

博物馆 / 画廊空间

Museum/Gallery Space

Image courtesy of Erco　www.erco.com

1. 椭圆形光斑能够增加照明等级，并可以将视觉焦点从一个物体转移到下一个。
2. 线型的漫射灯具将整个天花照亮。
3. 聚光灯将竖直表面和画作照亮，以此提供重点照明。
4. 漫射光向上照明展示出拱形屋面系统的体量和形状。
5. 直接照明、重点照明和漫射照明组合在一起提供了长时间舒适的光环境。

高端零售空间
High-end Retail Display

Image courtesy of Deltalight www.deltalight.us

1. 安装于房间最中央、集合了漫射与聚光照明的灯具提供了舒服的漫射光以及为了视觉焦点而提供的重点照明。

2. 嵌入天花中的可调节聚光照明灯具能够提供投射于展示品上的光线。

3. 在每个展示架中的矩形光斑定义了空间的界限并创造了明亮的视觉感知。

4. 展示架中的线型光带定义了空间的深度和形式。

当代高端餐饮 / 酒吧空间
High-end Dining/Lounge

Image courtesy of Erco　www.erco.com

1. 向上的光线和反射表面定义了入口，同时顶棚的深色材料和向下的直射光提供了更亲密和更矮尺度的用餐空间。

2. 内嵌装饰性灯具向下发光提供了天花上闪烁的效果以及用椭圆形光斑来获得氛围照明和工作面照明。

3. 明亮的竖直表面可保持空间的明亮感，所以我们可以更加自由地将光照射在需要它的地方。

第十六章　将天然采光引入照明设计
Designing with Daylight

设计师需要做出光照在何处以及光与建筑会发生怎样互动的决定，而当我们讨论这个决策重要性的时候，其实也是在讨论如何可以像控制人工光一样地控制天然光。对于天然采光设计需要牢记的关键部分是作为一种光源它的强度是巨大的。正因如此，对天然光的错误使用会给项目带来难以估计的伤害。也正因为这个原因，在设计过程中首先要学习如何加以控制。

有大量的文献探讨太阳光的优势以及技术层面的问题，同样也有大量文献讨论其哲学性的一面。

在这里我们将聚焦于那些直观感觉以及行之有效的基础知识。同时在这里也会展示一种基本设计程序，这个程序可以鼓励设计师思考并获得全面的设计元素和正确的决策，这些都将引领成功的天然光设计。

我们可以使用并控制天然光，而且它理应获得与人工照明同等的重视。我们首先应该从可预见的效果以及天然光可以表现何种表面和物体入手，在进行天然光设计时要像人工光一样了解所要设计的空间。

自然采光的优势
Obvious Benefits of Daylight

自然采光系统主要是思考会带给设计的好处。为了可以真正获得这些好处，我们要全面考虑自然采光系统与人工照明系统的结合。

首先，使用天然光意味着不使用电力或者其他化石燃料就可以获得光。可持续性、最小运行费用和环保理念会给每一个项目都带来巨大的优势。自然采光不消耗任何电能并且不需要更换光源，而且也可以在得到光的同时不产生任何热量，这意味着可以减少空调电能的消耗。而人工照明无法避免地会放出热量，这都需要空调系统为其降温。

太阳同样也是一个特殊的光源一直伴随着人类。因为人类长时间与天然光和偶尔获得的火光相处，就很容易想象到为什么我们对天然光有如此特殊的偏爱。天然光将人类与自然界联系在一起，并让我们体验到祖祖辈辈曾经真实经历过的生活。一点自然光就可以治疗抑郁，帮助合成维生素 D，还可以提升我们的精神和能量水平。某些形式的天然光具有让人可以深度放松的特殊能力。

天然光在一年或一天中都具有活力且富于变化。这方面的优势在于可以让我们保持自然节律并激发活跃的思维。而枯燥的人工光源最令人沮丧的地方就是静止和不善变化。天然光天性活跃，所以即使是很弱的强度都可以对周边环境的趣味性和刺激性产生巨大影响。天然光如此动态、变化，对于刺激丰富的精神状态十分有效，所以很多人工照明系统都在光斑和光色方面努力去模仿一天之中天然光的变化。

天然光的韵味
Flavors of Daylight

为了可预见自然采光的效果，并与照明设计相融合，有必要将天然光分为两类系统：功能型和聚光型。

功能型天然光就是将自然光小心地引入设计中，去服务于工作面或定义空间功能。这个类型的自然光大体上呈现为漫射、均质的形态，并可以长时间提供舒适的视觉功能。

Images courtesy of Deltalight　www.deltalight.us

图 16.1　通过漫射和遮阳来控制天然光（左），将天然光变成了一种用于解决照明挑战的工具。太阳光直射构件（右）有益于创造情感影响及视觉趣味

聚光型天然光则表现得更加戏剧化和引人注目，可以带给人们某些情感的影响并创造视觉焦点。这些特征可以融合到高等级设计的空间中，在这些空间中氛围是第一位的。

这两种类型的天然光通过截然不同的系统实现，并且在环境中呈现出完全不同的效果。这两个类型可以同时出现在设计中，但是当预想设计效果时，认清设计目标并分辨出二者的不同是很重要的。

天然光的组成（自然光的分布）
Components of Daylight (Textures)

设计师应该具备另一个基本的直觉就是：由不同途径获得的天然光特征是明显不同的。天然光进入空间的方式各有不同，所得到的光分布形式也各不相同。就像聚光灯发出清晰的椭圆形光斑与球形吊灯发出柔和漫射光不同，根据天然光的分布可以分成三种类型：直射太阳光、散射天空光和漫射太阳光。

直射太阳光用作功能照明使用时，哪怕少量的太阳直射光都会给设计带来极大的影响。太阳直射光线会过分明亮，可以导致眩光和无法接受的对比度，同时也会带来热辐射和紫外线辐射，这对物体和织物等都具有破坏性。人类是可感光生物，太阳光直接或者反射进入眼睛都会因为强度过大而伤害我们的视觉系统。

散射天空光是太阳散射光，是经过大气层散射后的产物。天空光在一天之中、一年之中或根据天气和大气条件的变化都会呈现不同的形态。从清晰的蓝色晴天到柔和的全漫射阴天，大多数天空光都会被我们的视觉系统所适应，可以维持长时间的光线品质。（毫无疑问，天空光长期统御着人类的历史）。

漫射太阳光是将太阳光引入室内空间后经过一些漫反射材质反射作用后得到的光线。太阳光经过有颜色或者磨砂的材质反射，就会让我们得到多种多样的光源。

建筑物选址和布局
Site Layout and Massing

太阳和天空是动态变化的，这需要我们在项目早期就要思考如何获得天然光。认识如何使用天然光的首要步骤是通过自然采光思考建筑朝向和窗墙比例的各种可能。

太阳光的空间几何特征对设计工作影响巨大，却很少有关于它的设计原则。核心就是自然光以及由投影朝向所产生的相互关系。

在建筑选址和布局的时候，必须要考虑天然采光。一栋建筑外形的宽高比和形状可以很大程度上影响附近区域其他建筑的采光质量。同时也必须要认真对待自然光引起的眩光，而不能只简单地考虑观景因素。在决定建筑朝向和基地位置的时候，视线、阳光方向和阳光阴影都应该一并研究。

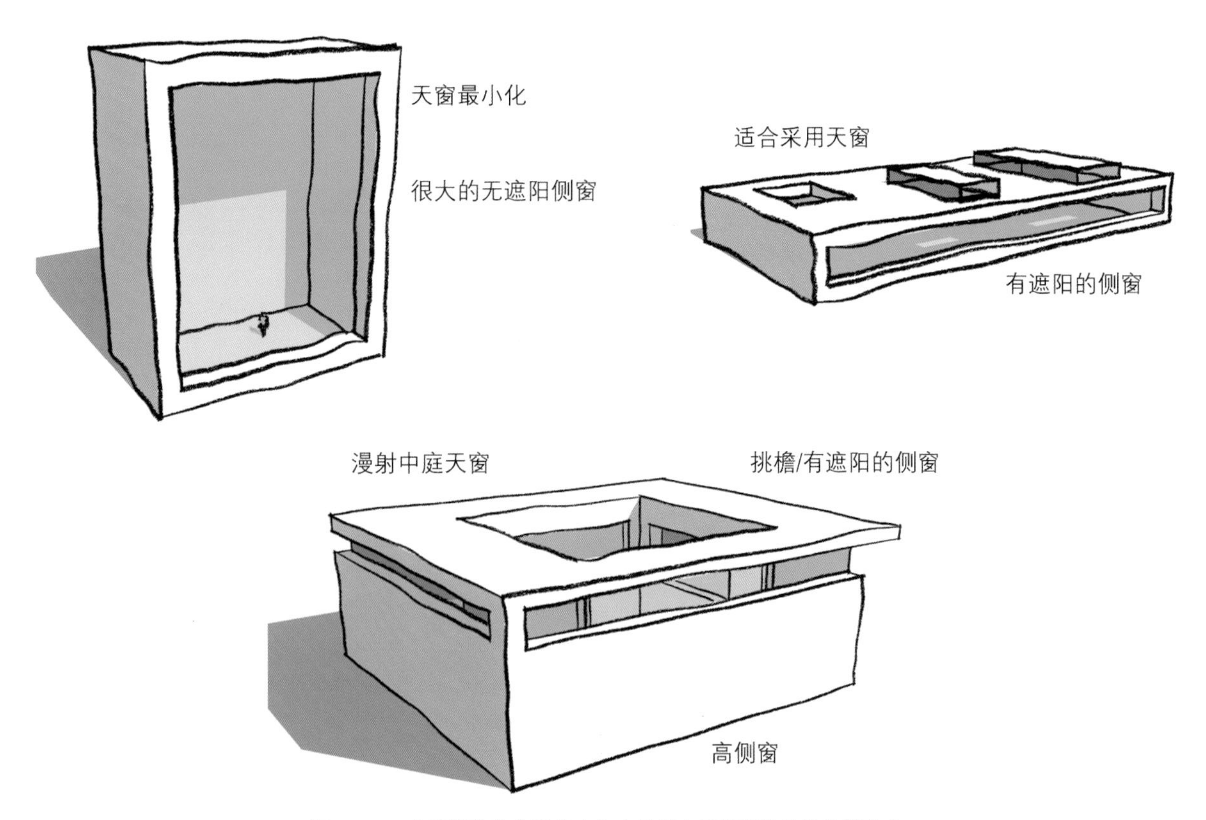

图 16.2 一个建筑物的体形将会决定其适合采用获取天然光的形式

纬度

Latitude

离地球的南、北极越近，太阳高度角就越低。抛开太阳空间几何学知识不说，我们可以很自信地说赤道地区的太阳在一年的大部分时间都在建筑的正上方，而在两极地区人们无论如何也看不到太阳高高挂在天空的情景。

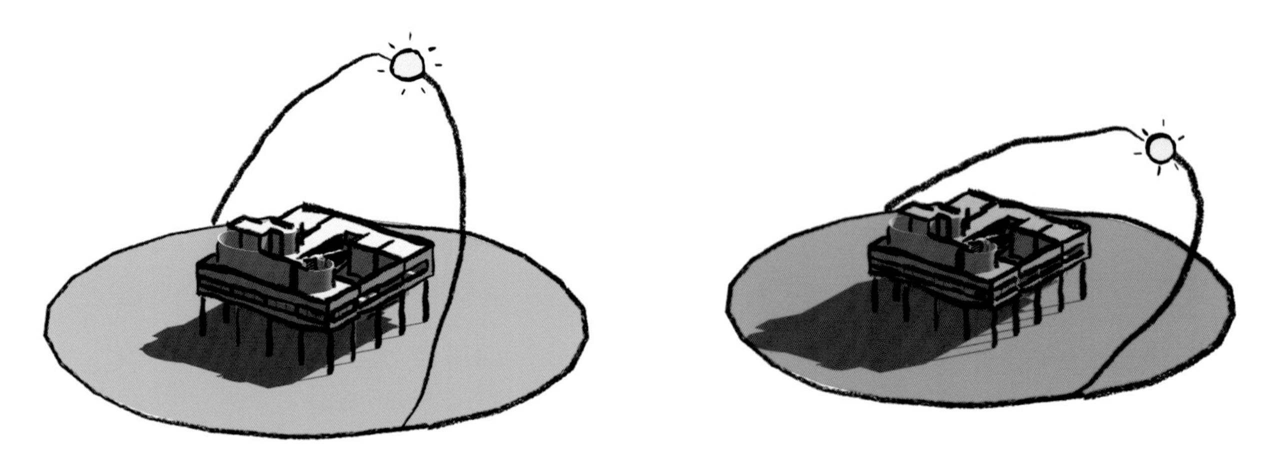

图 16.3　夏季高纬度地区（左）太阳高度角增大、阴影缩短。冬季低纬度地区（右）太阳高度角减小、阴影伸长

朝向

Cardinal Orientation

太阳东升西落，面朝东、西两个方位的房间在每天早晚都有可能暴露于太阳的直射光之下。

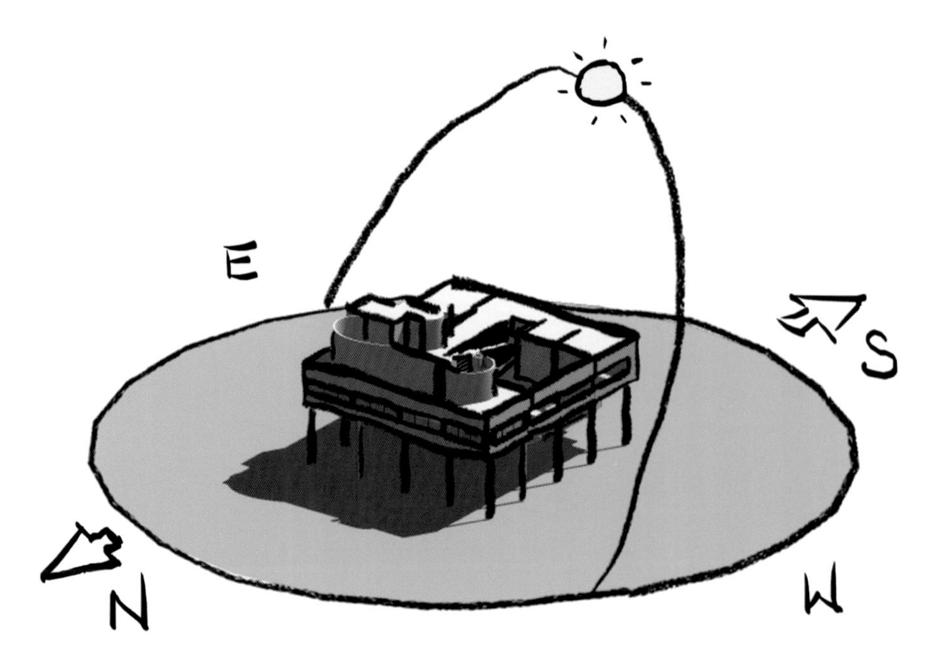

图 16.4　北半球，太阳将在南向天空中沿弧线运动，在北向投射阴影

太阳在一年中各个季节都有着规律性的动态运动。在夏天的那几个月太阳会出现在天空中更高的位置，而在冬天则会低一些。这意味着通过思考可以设计出有效的悬挂遮阳装置，这个装置可以在一年中的各个季节都可以有效地遮挡阳光。

图 16.5　一个设计良好的挑檐可以遮挡夏季高太阳高度角时的阳光（左）并让冬季低太阳高度角时的阳光照入室内（右）

北向采光 / 南向采光
North Light/South Light

生活在北半球意味着太阳将一直沿着南侧天际线在天空运动，同时北侧朝向的空间将只能接受到漫射天空光。（这个原则在南半球是完全相反的。）

开始时就确定项目位置和基本方位图对整个设计都十分有帮助。当设计师在建筑中采用某些采光技巧或者检查一些潜在问题时，这份方位图会是一份很好的指南。

这同样可以帮助设计师在绘制建筑立面图时参考太阳高度角并为建筑遮阳设计创造机会。对项目所在纬度的全年太阳高度角进行调查研究，从而理解一年中太阳运动轨迹的变化。

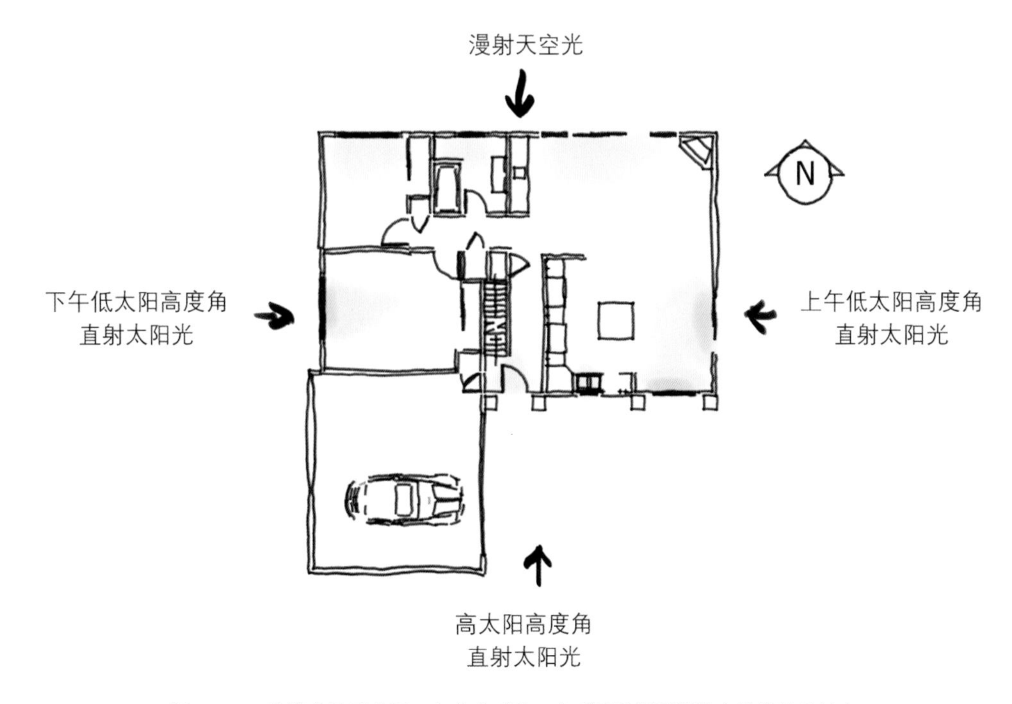

图 16.6　一张简单的示意图：在北半球的一个项目希望采用什么类型的天然光

当这些工作完成并真正进入自然光系统设计阶段时，就要花费更多时间来思考太阳位于所有位置时自然光照明系统的设计方法和原则。观景并不是唯一需要考虑的条件，此外还需要思考每个太阳高度角时阳光对建筑的影响。从早晨到夜晚、晴天到阴天、冬天到夏天这种思考都要贯彻到底。因为大多天然采光设计都针对某一个角度或者一年中的某一天，只有这个时刻太阳和建筑物才能达到完美的统一。

天然光系统
Daylight Systems

接下来在自然采光的设计阶段需要决定，何种类型的光才能满足设计意图，包括光强、光色、分布和光的指向等方面，这些参数与人工照明是相同的。自然采光系统可以归纳为两个基本类型：侧向采光和顶棚采光。这需要通过对项目的技术方案和几何形体进行判别后，选取合适的采光系统，再对其进行控制、改造与改进。

侧向采光系统
Side-light Systems

侧向采光是指阳光通过外墙上的玻璃窗进入空间的情况。大多数案例中侧向采光系统都是唯一采用的方案，这可以非常有效地将太阳光引入室内。如果从侧窗进入的是太阳直射光，那有必要考虑使用一些漫射技术方式，例如带颜色、磨砂或灼刻玻璃。侧向采光系统安装于高处时才是最有效利用光的方式，这样可以照亮天花、墙壁以此来传递光能。侧向采光系统同样可以根据几何学进行设计，这样一年中不同的太阳光和天空光就可以提供不同的采光效果。这个系统也可以将顶棚和遮阳板结合使用。图 16.7 至图 16.11 展示的就是不同的侧向采光系统对光利用与控制的模式。

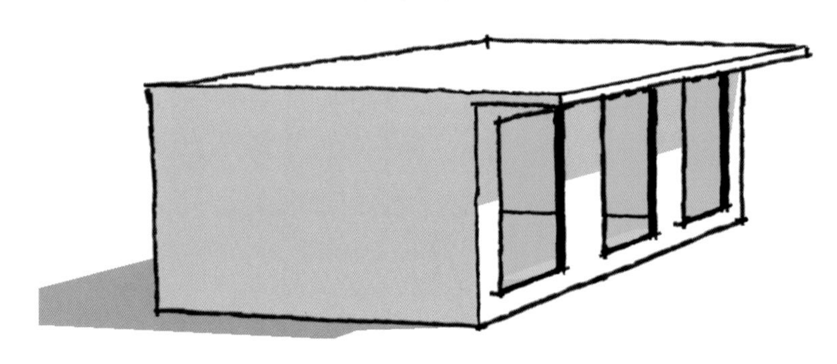

图 16.7　侧向天然光采光系统：挑檐遮阳

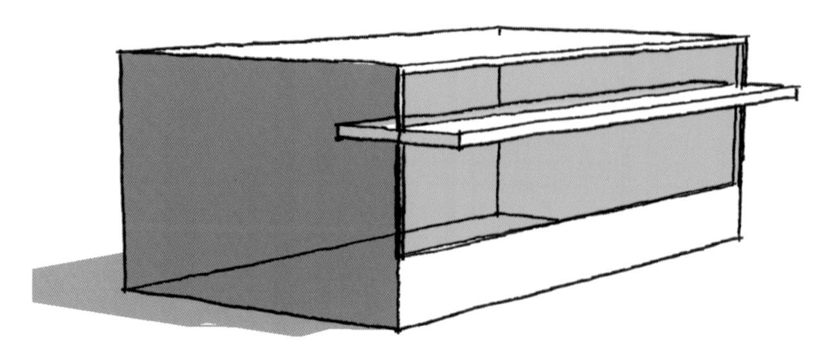

图 16.8　侧向天然光采光系统：反光板

图 16.9　侧向天然光采光系统：遮阳高侧窗

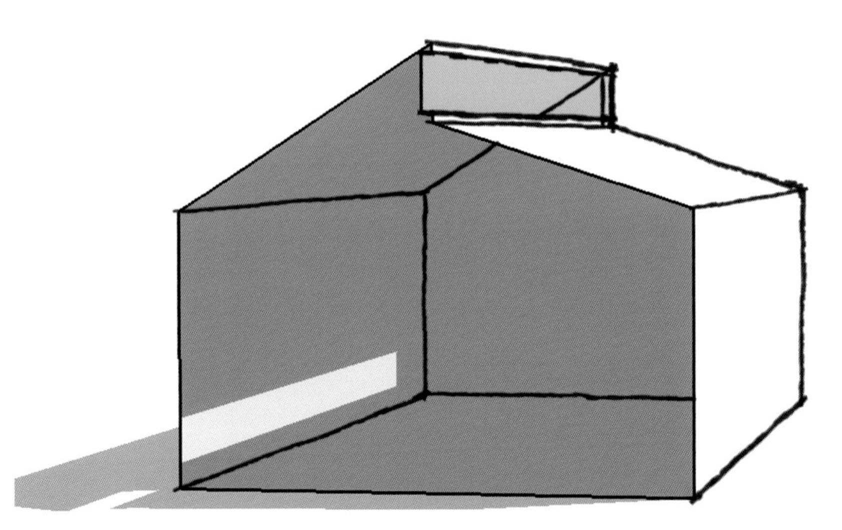

图 16.10　侧向天然光采光系统：纵向天窗

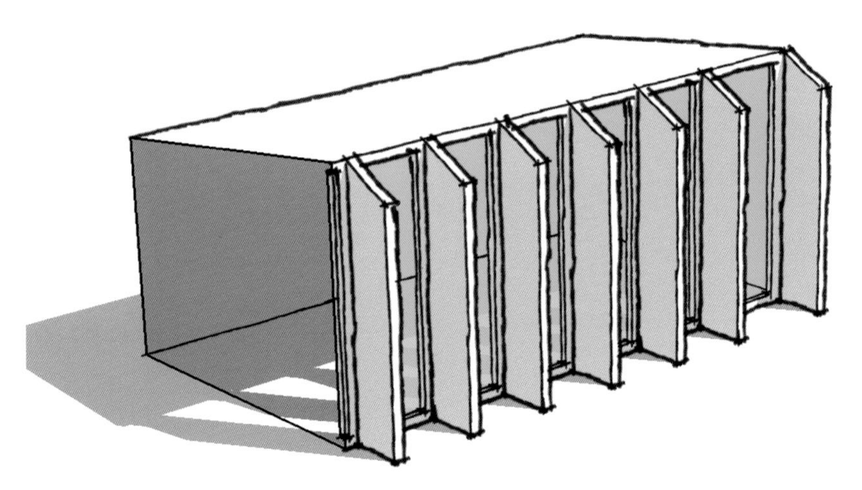

图 16.11　侧向天然光采光系统：垂直遮阳

顶部采光系统
Top-light Systems

大多数优秀的设计空间都会采用太阳光从上向下照明的方式，这样的方式可以不用考虑建筑朝向及周边其他建筑的情况。来自顶部的太阳光可以形成与常用内嵌式灯具类似的光斑。而高强度的太阳光可以很容易集成在线型灯槽和透光的面板结构中，减弱至可以利用的程度。这种顶部采光系统与侧向采光系统的使用原则是类似的：

直射太阳光应该经过控制和漫射后再使用；

天空光更受欢迎也更容易使用；

对太阳轨迹和漫射材料的研究有利于高效地使用太阳光。

图 16.12 至图 16.14 展示的就是不同的顶部采光系统对光利用和控制的模式。

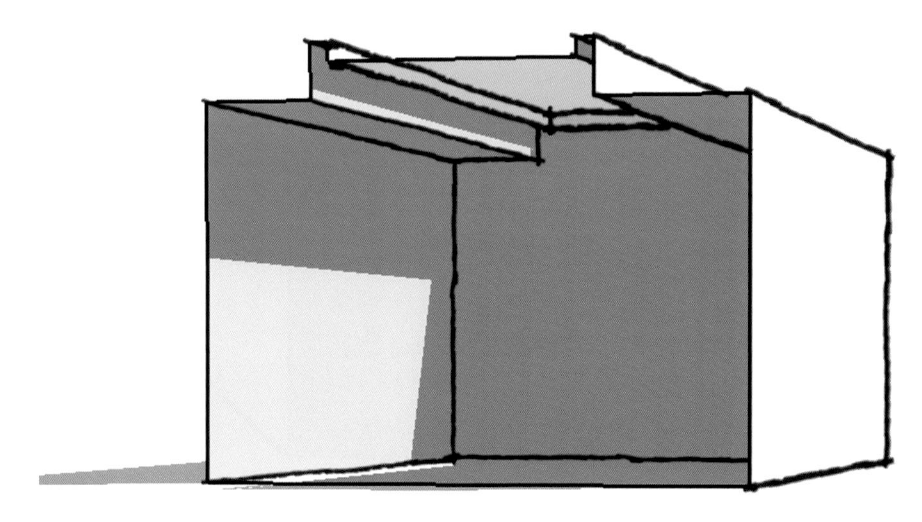

图 16.12　顶部天然光采光系统：天窗

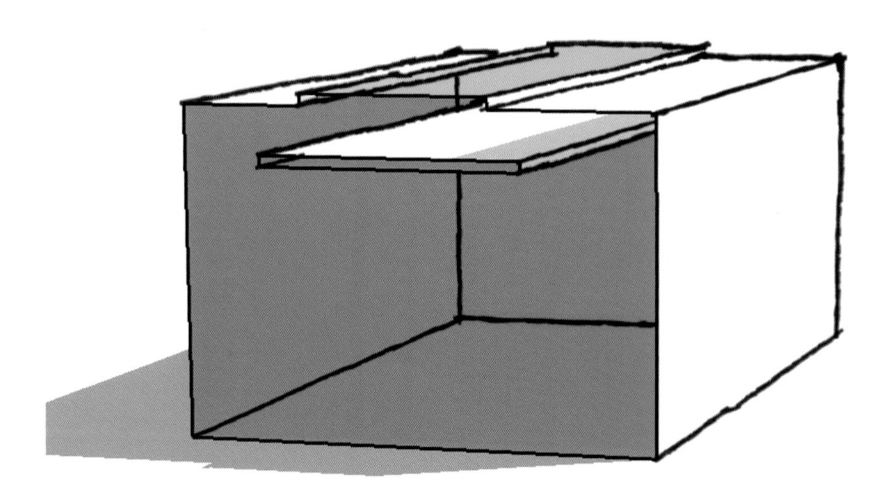

图 16.13　顶部天然光采光系统：反射天窗

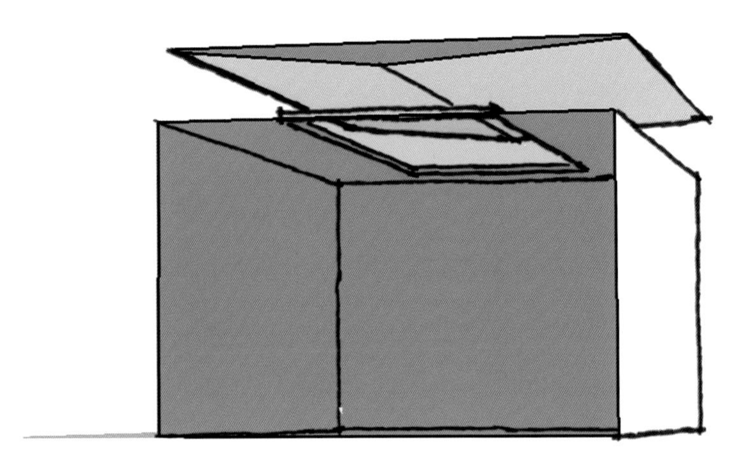

图 16.14　顶部天然光采光系统：遮阳天窗

自然光控制技术
Light Control Techniques

利用自然光的最后一个关键就是要理解可以改变自然光质量的技术。

漫射材料
Diffusing

漫射太阳光可以通过使用半透明亚克力、磨砂玻璃和其他半透明的材质来实现。这种处理方式可以得到和全阴天天空一样的柔和、均质的光。

染色材料
Tinting

染色是一种可以减小透明材质透光率的简单做法。染色片和滤光片有很多不同的颜色可供选择，并且这些镜片常常是单向反射的。在很多案例中使用染色所得到的混合效果就像是通过灯具向外面展示一个模糊、暗淡的陌生世界。

复合材料
Fritting

复合材料是透光材质的另外一种形式，可以在材料中间灼刻或嵌入一些线条。好的复合材料利用几何学原理减少特定角度的光传递，可以当作小型遮阳板或百叶来使用。而差一些的复合材料只起到漫射材质和类似棱镜的作用。

将天然光用于功能照明
Daylight at Work

当然很多情况下，空间中需要的是原始、无控制的天然光照明。当天然光被当作重点照明使用时，挑战也伴随而来，需要精确计算才能确定什么类型的采光系统效率最高。天然光因为可以节约能源被大力宣扬，但是同时它也可以为设计提供很多感情色彩和体验感。在一些奇妙的自然环境和设计空间中，都会因为使用天然光而让其变得更优美。天然光因与我们灵魂的关联赋予其强大的力量，而这个特点也可以将一个原本无趣的环境变成具有动态的体验感。

天然光与人工光一体化设计
Integrating with Electric Light

无论天然光在功能层面还是精神层面的作用如何，都需要考虑如何才可以替代人工照明或如何与人工照明协调使用。在设计过程中，需要思考如何才能模拟出人工光与自然光相互协调的效果。这样才能让人工照明可以模拟出一模一样的自然光，随一年不同时间以及不同天空情况所呈现的效果。研究确定了遮阳、开槽、遮光板和扩散光幕的节点，并在节点中考虑同时安装人工光和天然光构件。也需要研究确定如何才能让两个系统一起和谐地工作，产生统一的光强、光色和光斑。

光强：

成熟的控制技术允许我们对天然光自动做出回应，以此来减少人工光系统的能量消耗。光电感应器可以向人工照明系统发送信号，降低人工光系统输出强度，它也同样可以激活遮阳系统从而减少过多的太阳光进入室内。如果设计目标是利用天然采光来减少或替代人工照明，那就需要对光电感应器、调光器和时钟控制器等技术有所了解。

光色：

在协调使用天然光和人工光的过程中，也需要认真思考色温对空间的影响，因为天空光和太阳光的颜色是时时变化的。天空光可以由晴朗早晨的蓝白色转变到全阴天的紫红色再到落日的粉色。直射太阳光则可以在明亮的暖色与灿烂的橙色之间变化。而这两种形式的天然光都有一个共同的特点，那就是可以映衬出人工光光色的不自然。这主要是因为来源于太阳光的各种自然光都具有完美的显色能力，它可以映衬出人工照明系统的缺陷。所以当人工照明与自然光同时出现的时候，人工光看上去会非常不自然。另外因为天然光的光色富于变化，所以不建议设计师试图让人工光的光色去匹配天然光；光色只是照明需要考虑的一个简单因素而已。

光斑：

天然光和人工光集成在一起所形成的光斑同样需要引起我们的注意。天然光所呈现的是远距离、干净的大面积光斑，而线型人工光源则可以很好地与其融合。当然，天然光同样可以提供干净的直射光斑与贝壳状光斑，这种光斑可以通过导光管的小孔或类似装置获得。

利用天然光的关键在于控制，这个理念扩展后就变成了如何才能做到控制。几乎任意人工光源都有与之对应的天然光形式。设计师的职责只是简单地调查每种可能性，并进行深入思考后做出抉择。

在第三十章会有一些利用天然光时常用的节点大样。

天然光的危害
Hazards of Daylight

自然光拥有如此的力量和魅力，但同时也请记住如果使用不恰当，也会带来很多直接的伤害，所以设计师最先应该想到的是不恰当使用会给空间造成的那些危害。

热效应
Heat Gains

太阳直射光除了会提供过度的光强之外，还一定会伴随大量的热。现在有了低辐射玻璃和一些涂料，可以透射可见光同时隔绝掉伴随的热量，但是这些材料并没有得到普遍使用。所以，如果想使用直射太阳光，就会得到热；或者你可以选择使用昂贵的高科技材料。

眩光和对比度
Glare and Contrast

太阳是高亮度光的来源，它制造出的光强会比最亮的人工光源大几百倍。直射太阳光不适合作为工作照明，只是因为它太亮了。作为重点照明时，太阳光依然会导致眩光和过高的对比度，让人类的视觉系统无法接受。如果不慎重考虑材料的反射性能、颜色和空间的照明标准，那么天空光和漫射太阳光也会导致同样的问题。

对艺术品、织物和其他材质的伤害
Damage to Art, Fabrics and Other Materials

太阳光和天然光谱中含有大量紫外线，紫外线可以对染料、墨水、颜料和有机材料产生伤害。即使用遮阳阻挡了所有的光线，也会有少量紫外线进入室内而产生持续性的伤害。

由窗而入的过多太阳光
Excessive Window Light

天然采光的窗户是没有必要作为观景窗户使用的，而反之，为了观景而设置的窗户却需要得到我们自始至终的关注，因为那些窗户也是可以引入自然光。一直以来，窗户主要用作观景功能，而不考虑从这些窗户进入的太阳光所产生的危害。天然采光系统应独立于观景用途的窗户来设计，反之亦然。侧墙开窗确实可以同时为了观景和采光这两个功能服务，但是需要对其进行仔细地研究和思考。

天然光是一个可控的元素
Daylight as a Controllable Element

天空光和太阳光利用的基础就是对其可控制、可预测，这样才能作为光源使用，这样才能真正满足五个层次的设计，达到引导照明、创造情绪、重点照明、展示建筑细节与功能照明的要求。

设计与使用天然光系统的关键在于控制。即使最简单的侧窗采光都需要考虑使用漫射窗帘、遮阳百叶这样的控制手段。天然光的控制不容许出错也不能被忽视。和其他光源一样对自然光的敬畏感可以让设计师在利用它的过程中保持信心。天然光其实就是一种光源，我们可以有很多种简单的方式使用它。

不像其他人工光源，可控制自然采光的产品很少。好的天然光引入使用通常是独一无二的并需要经过大量实验来完成的。如果遇到一个你喜欢的方法，记得做好笔记、绘制草图，将这些自然采光系统收集起来，以备下次需要的时候可以拿出来借鉴。

我坚信天然光所拥有的独特性格和视觉表现，值得设计师为此花了很长时间学习如何将天空光和漫射太阳光引入到照明环境中。自然光这种强大的亲和力都会驱使我们试图设计一些人工照明系统去模仿自然光的效果，例如强度、配光和光斑等。这样做的同时也可以发挥人工光和天然光集成设计的优势。尽管对天然采光进行一体化设计时需要格外小心谨慎，但是设计师请记住：即使很少量的天然光都可以对环境产生深远而积极的影响。

第十七章　图表工具：渲染和灯光图纸

Graphic Tools: Rendering and Light Maps

之前提及的预想设计效果并不是设计师唯一应具备的能力。为了完成照明设计，设计师还必须同样有能力为其他设计师说明这些照明创意并获取他们的反馈。交流构思对于攻克挑战、得到反馈、协助以及通过创新性思维及最重要的解放思维去创造都是必要的。对设计师来说，用图像化的表达方式是从其大脑中将设计构思挖掘出来并引入设计过程最快、最清楚的方法。

“画出你的光。”

人们常常将光视为照明的产物，因此，照明设计往往开始于一个空间的平面并用一些符号代表灯具，但这个过程会不可避免地产生重复、静态的解决方案。那些小小的圈圈和正方形符号并不能向所有人解释光在空间中的作用。在设计过程中，我们应发誓决不使用这种直接在图纸上绘制灯具符号的方式进行设计。

表达照明理念的第一步是利用图形方式表现光。依照我们对光的设想以及光来自于哪里的设想来绘制光。选择各种表面和物体，如果希望这些亮起来，就将它们画亮。记住：照明设计无非是在那些合适的表面上使用合适的光。如果可以养成通过画出光的习惯来表达构思，我们就能够沿着更为完整的设计道路前进，这样会产生更多的灵感和创新设计。

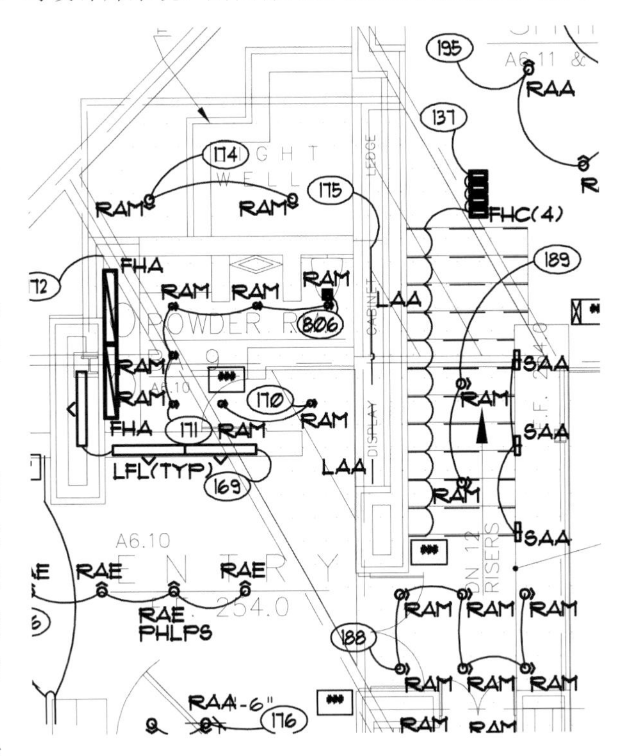

图 17.1　一张施工图上的灯具符号对于描述该空间的外观、感觉或功能来说基本没什么帮助

只需要一支简单的黄色铅笔便可以在建筑立面图、节点详图、平面图和透视图上画出照射在各种表面、物体和空间中的光，可以先打印出图纸然后在它们上面绘制出我们的构思，也可以将光绘制在我们自己的手绘稿上。设计师要养成随身携带一支黄颜色铅笔的习惯，这样当在脑子中形成构思时，就可以运用黄色铅笔来进行交流而不是很多的语言和手势。当照明设计师在平面图和草图上绘制出光，其他专业设计师、顾客和同行都会眼前一亮，理解并赞赏你的想法，要知道这是交流照明构思最好的工具了。这是第一个步骤，我们把这一表达照明想法的步骤称为“灯光地图”（Light Mapping）。

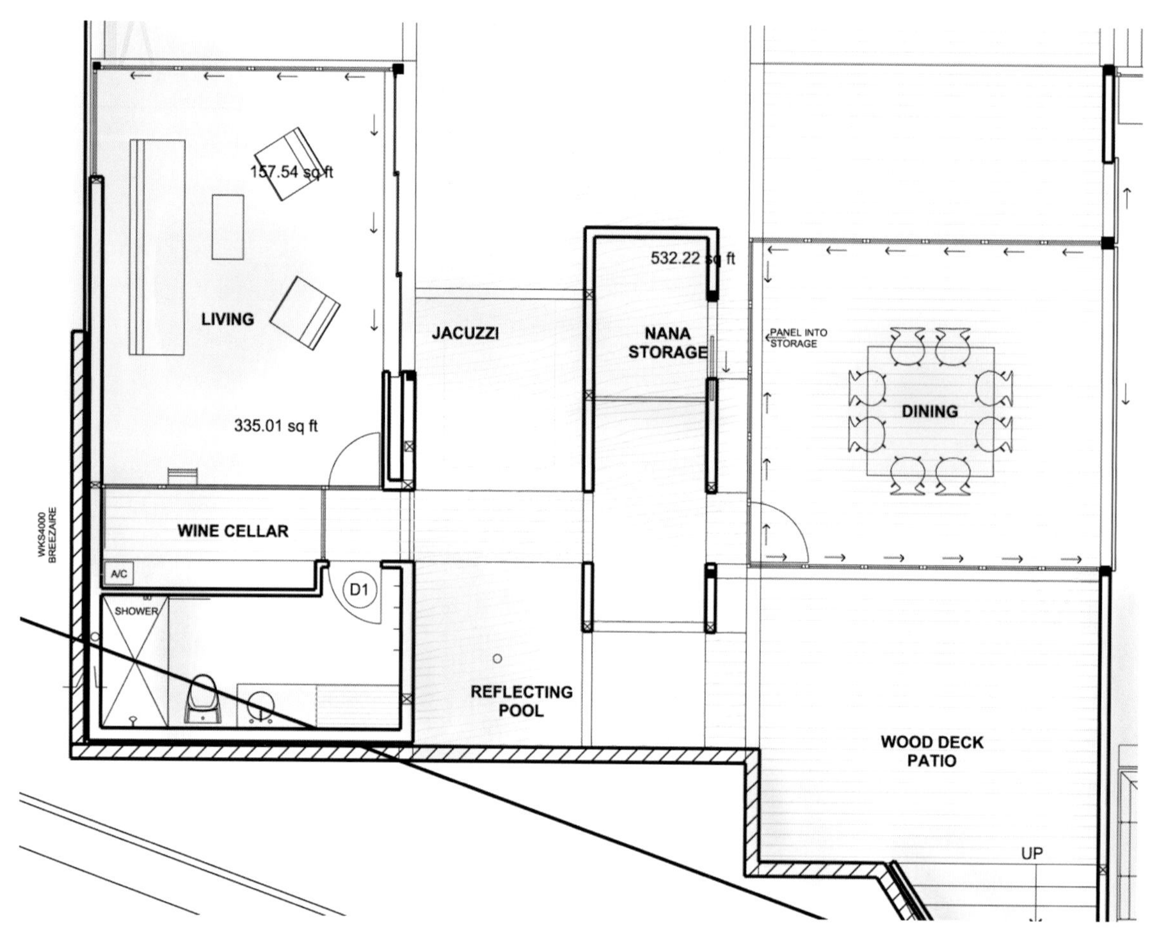

图 17.2　一个当代住宅灯光地图详例

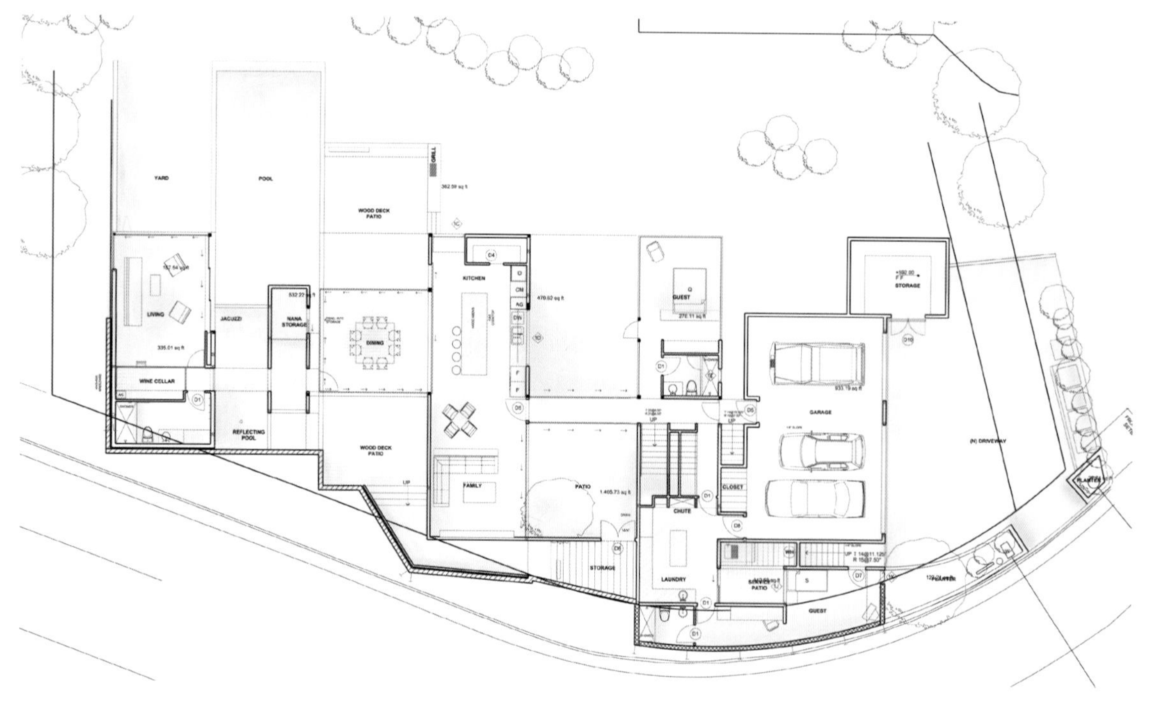

图 17.3　一个住宅整个楼层灯光地图示例

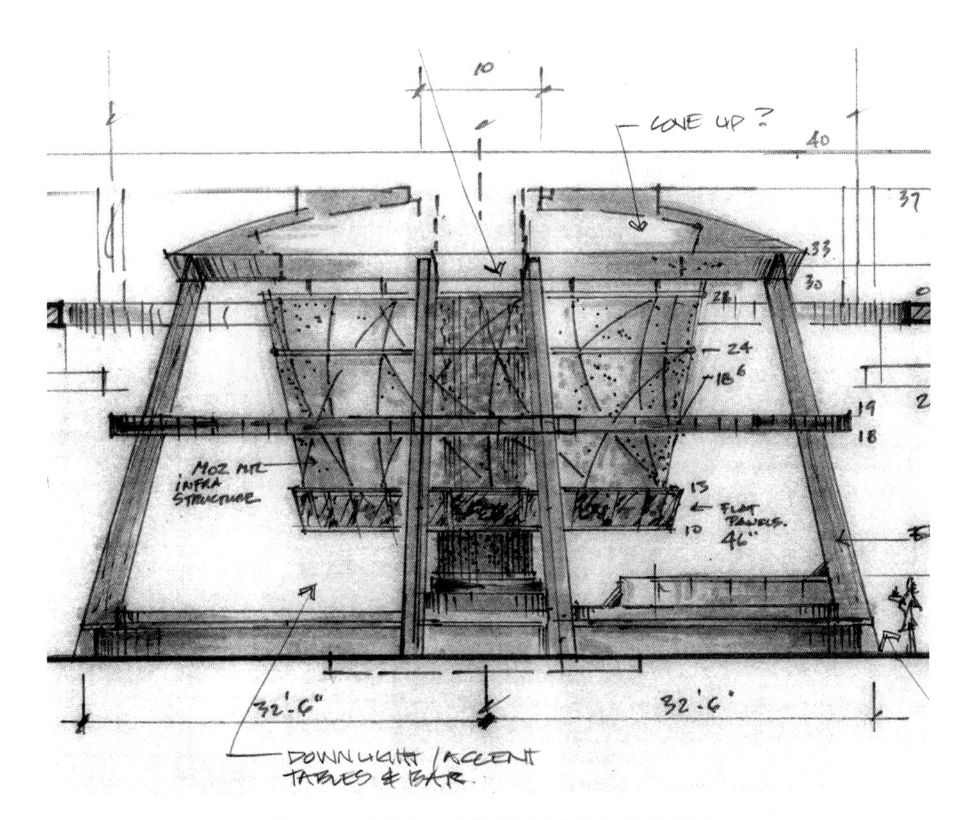

图 17.4 一家赌场中央酒吧区域立面灯光地图示例

在设计过程中，一直都应该围绕着对整体环境这一维度进行解读。最好的练习方法是在开始照明设计之前将一切可以了解项目的材料都钉在展板上，在设计师周边展示出来。这样可以允许设计师在全维度下渲染表现照明构思并理解所做出的照明决策和概念的后果。

创建灯光地图
The Light Mapped Plan

来自于灯光地图中最基本的形式是那些简单的建筑和环境信息，设计师在这些可用的信息基础上绘制灯光图形。将一切信息在所有立面图、节点图和透视图上绘制出灯光地图后，再将目光放在创建平面的灯光地图上。平面灯光地图可以在平面图、家具布置图或者顶平面图的基础上绘制出来。这个简单的、图表化的工具将有助于交流照明构思也将当作照明路线图来继续服务，在进一步设计或者布置灯具时使用。当我们去应对照明挑战和辨别灯具位置和形式的时候，一个好的灯光平面地图将使困难迎刃而解。在创意至上的世界里，有足够的时间去创建各种灯光地图，按照我们的认识，这些地图可以分别根据设计的五个层次去绘制。

成功创建灯光地图的关键：
The Keys to Success in Creating a Light Map：

只考虑灯光因素，不虑及实用性、可实施性、灯具位置或者灯具本身。

考虑灯光的质量和光来自于哪儿。

把注意力放在表面和物体上以及光照在它们上面所形成的效果。

增强灯光地图的效果
Adding to the Impact of a Light Map

当开始将光的信息在平面的两个维度上去表现的时候，势必要解放思想并保持构思新颖。我们可以增加渲染的技法，例如额外的颜色和图案去表现不同光的形式，可以通过图形区分直射光、漫射光、向上照亮顶棚的光和不同颜色的光都十分有帮助。图 17.5 图解了一些表现灯光类型的方式。建立灯光地图的图例常常是很有必要的，这可以帮助解释不同的灯光形式。

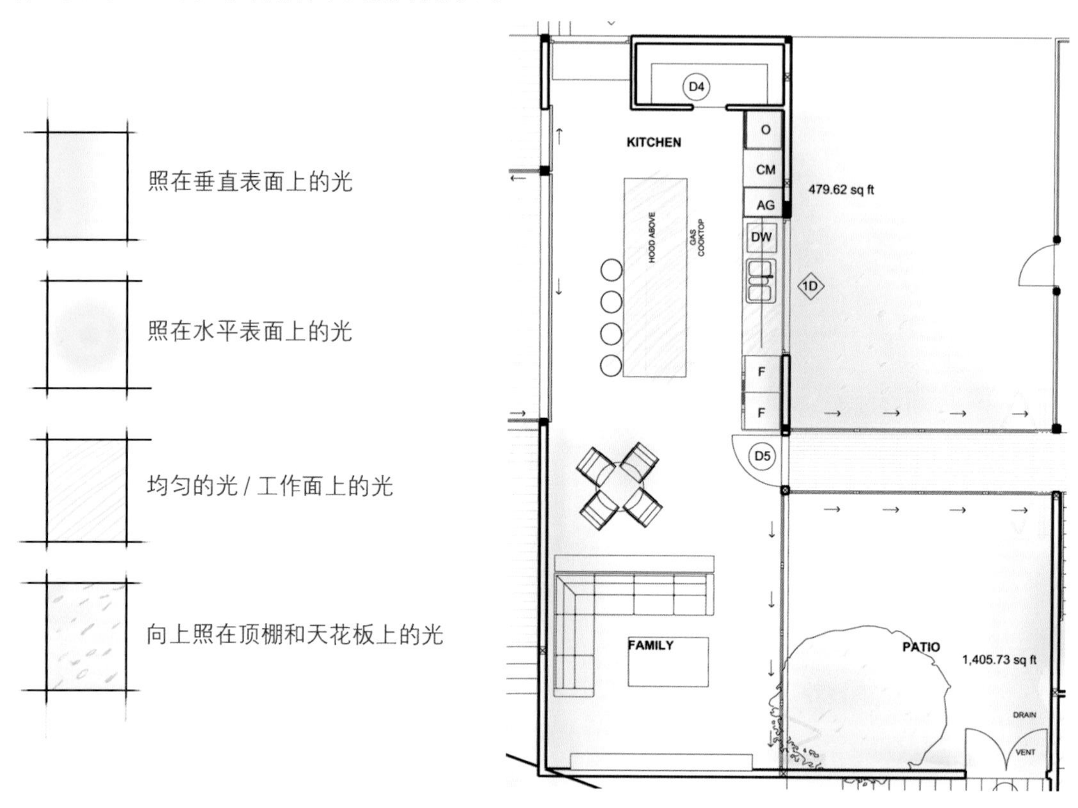

图 17.5　一个用于阐明灯光地图（右）中所用颜色和图案图例（左）的示例

用简单的工具：一支黄色铅笔、一支橙色铅笔以及一些富有想象力的图案。设计师可以在平面图上诠释出富有价值的灯光理念。

正如从前面附图中所看到的那样，在图中可以真实地展示出光所照射的范围，更确切地说是哪些表面接受了光。灯光平面地图可以成为了一张特殊的“照明设计”（Lighting Events）地图，可以在这上面逐一辨别出一个又一个明确的照明概念。

描述光的参数
Describing Light

为了创建真正可以独立诠释信息的灯光地图，可以对“照明设计”绘图增加文字说明。形容灯光不需要去学习诗文和溢美之词，只需简单地阐述光在干什么，注释得越好，就越少依赖专门图形。对灯光的描述就像建筑笔记：需要包含足够多的细节才能将参数讲清楚。然而，即使简短的描述也比根本没有描述的含混不清要好。应该以做出描述为荣，不要羞于展示它们。在设计中有一条规则：“出现疑问，做出笔记”。

我们要将这个指导思想作为创造灯光地图和图表时的一个座右铭："当陷入疑问时，就应该增加解释性描述"。

为了在一个灯光描述中包含有分量的信息，建议在一个好的描述中考虑包含以下内容：

光的颜色、分布和强度；

光对氛围有怎样的影响；

光是怎样在表面之间相互反射的。

如果灯光描述中可以包含这些信息，那对于其他设计师来说将更容易理解这份灯光地图，也将更容易处理照明创意并选择理想的灯具，让创意得以实现。一份有效的照明描述性术语表可以在附录 C 中找到。

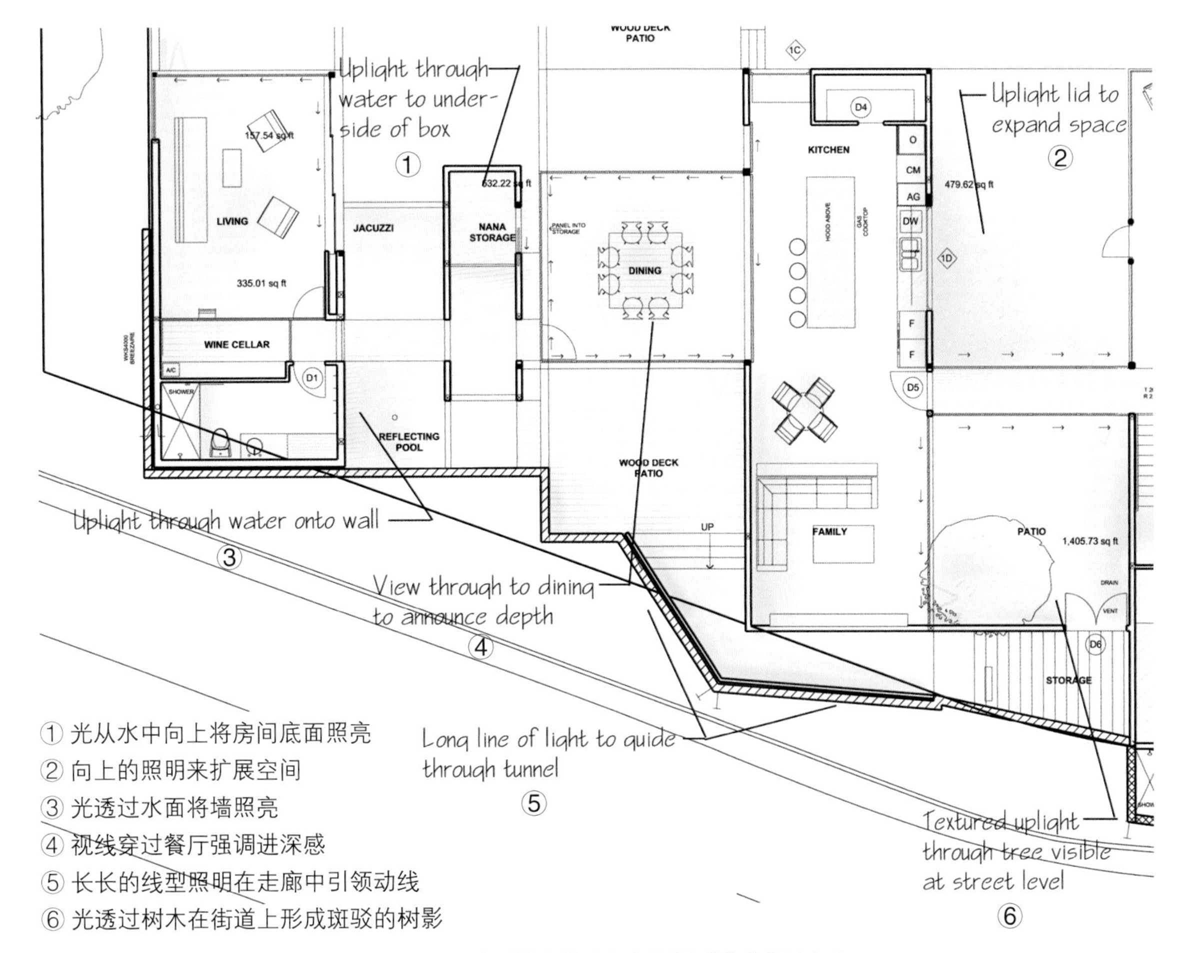

图 17.6　照明意图描述是明确照明设计挑战的关键步骤

对于研究环境来说有一个很好的视觉练习，那就是在遇到好的照明设计时，想象如何将它表示成一份灯光地图。这个想象与分析的过程可以真正展示创意，也可以获知哪些明亮表面可以定义空间属性。图 17.7 和图 17.8 展示了照明场景和与之对应灯光地图的样子。虽然在设计中我们很少这样，但是真是个很好的练习。

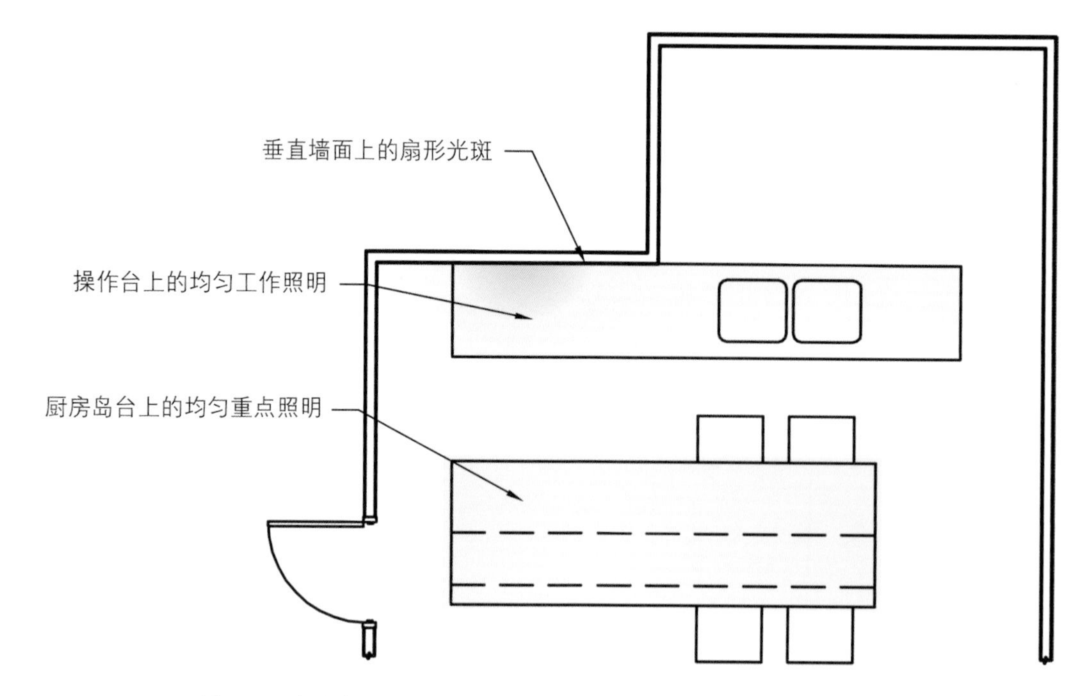

图 17.7　一间当代厨房（下）可以被很快地在一张灯光地图（上）中表现出来

Image courtesy of Deltalight　www.deltalight.us

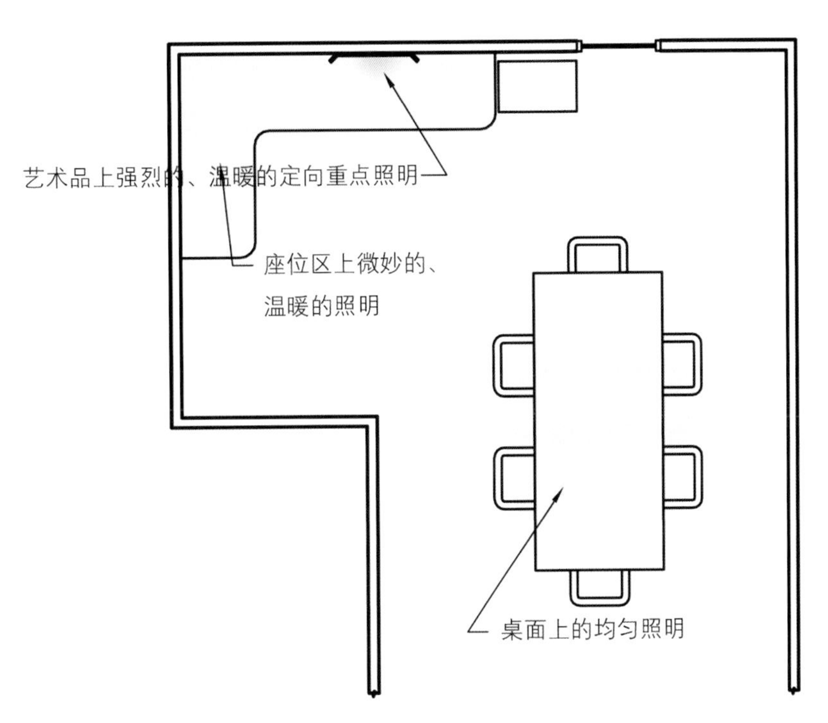

图 17.8　一间起居室（下）可以被很快地在一张灯光地图（上）中表现出来

Image courtesy of Deltalight　www.deltalight.us

在创建灯光地图的时候请记住，我们应该按照之前得到五个层次的顺序来进行绘制：

1. 运用灯光来设计空间体验；
2. 利用灯光来影响情绪；
3. 运用灯光实现重点照明；
4. 利用灯光来展示建筑细节；
5. 运用灯光完成工作照明。

在设计过程中，设计师会发现有些光对空间的各种贡献会贯穿五个层次。如果我们谨慎而又有目的地添加每一处灯光，那每个地方都会有适合的光线为其服务，也会得到最好的照明效果并最大限度地满足功能需求。

灯光地图的绘制程序
Light Mapping Choreography

建立灯光地图的第一步是利用光来为一个来访者规划体验路径（第四章中五个层次中的第一层）。灯光地图中对引导性设计所提供的便利是无与伦比的，因为图纸可以提供整个项目大尺度的全局观。引导性层次可以快速而简洁地布置灯光，只需在空间中将少数大面积表面或者物体照亮，就可以创造出不同的照明目标，以此来驱使人在空间中运动。可以进一步通过增加标记的方式明确路线规划的意图，同时这种标记也可以认为是人在空间中的位置，以此来展示人与空间的互动关系。图 17.9 以蓝色的锥形代表这些标记，展示了引导访问者注意力及其动向的目标。这个创建路径的过程有助于辨别空间中哪些载体应该被照亮，通过吸引人的视线来鼓励他们在其中穿梭游走。

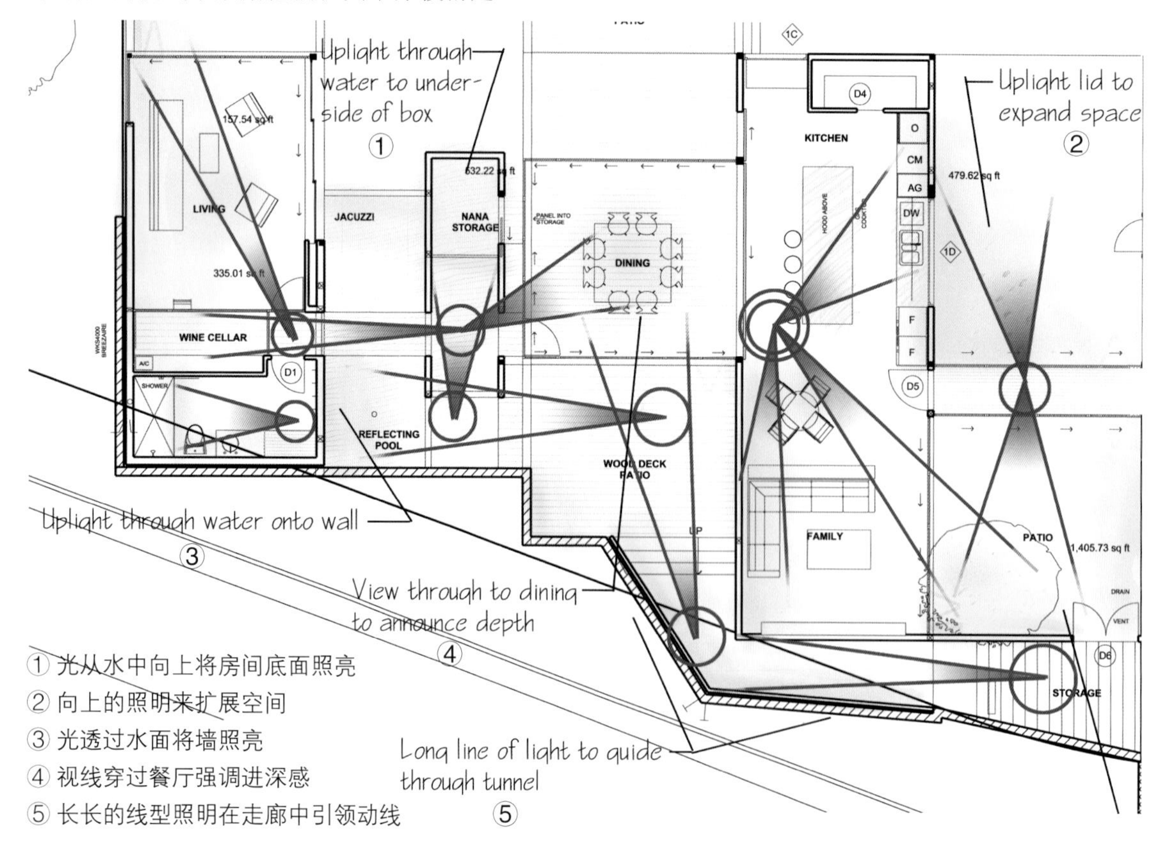

图 17.9　视角和描述解释了我们打算如何用光将参观者从一个空间引导到下一个空间

一旦设计师对为空间引导性所增加的灯光描述感到满意的时候，就可以继续回到灯光地图中去绘制完成剩下的层次。考虑获取可以用来增加照明效果的那些物品、建筑特征和表面。从整体上思考一个接一个空间的感情氛围，判断是否每个空间都应该给人冷静、放松、无聊、冷酷等感受。花费时间回顾之前所制定的关于光的所有参数和设计策略。设计师对根据需求做出的决策关注越多，那灯光地图和描述说明就越有深意。

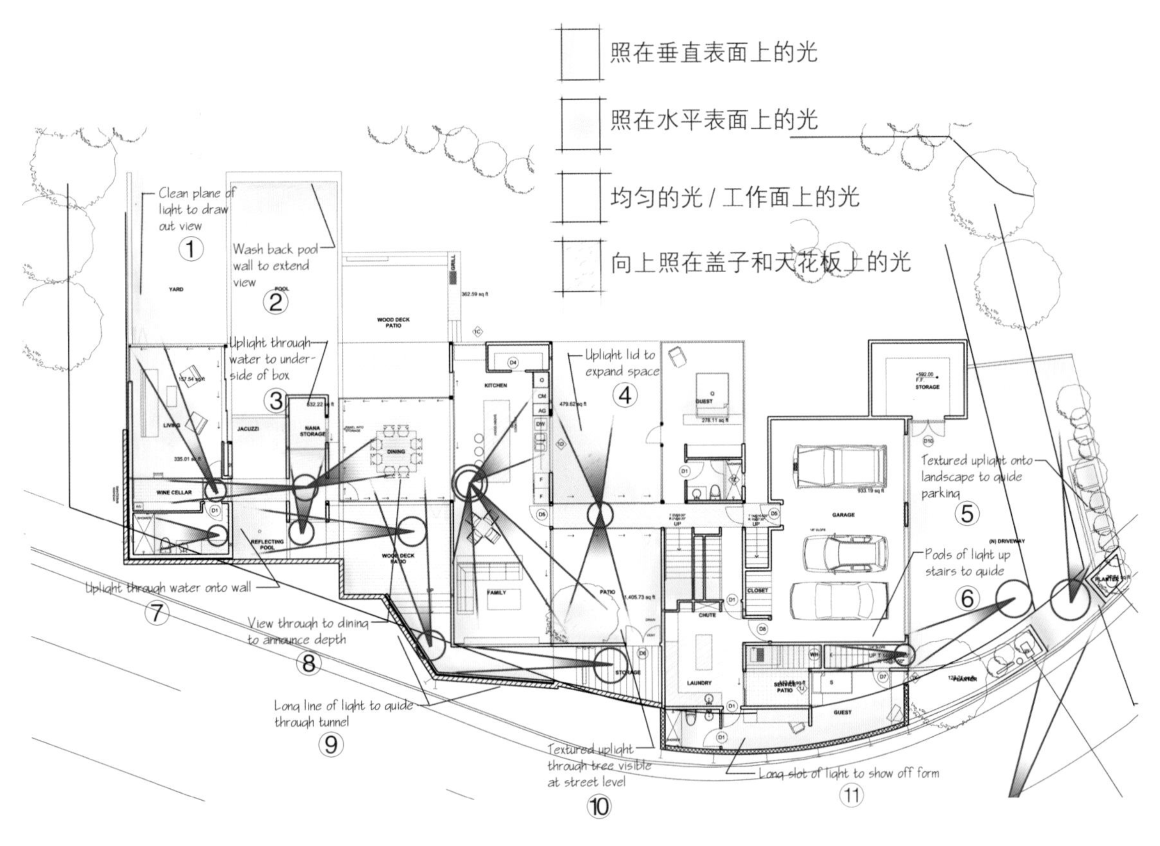

① 简洁的光带可以吸引向外的视线
② 将泳池的内壁照亮来扩展视线
③ 光从水中向上将房间底面照亮
④ 向上的照明来扩展空间
⑤ 向上的植物照明引导车辆停靠
⑥ 台阶上椭圆形的引导光斑
⑦ 光透过水面将墙照亮
⑧ 视线穿过餐厅强调进深感
⑨ 长长的线型照明在走廊中引领动线
⑩ 光透过树木在街道上形成斑驳的树影
⑪ 长长的灯槽展示出入的路线

图 17.10　一张完整的住宅楼层灯光地图

灯光地图的目标是与人交流照明创意，并可以创建一份有助于更容易地做出照明决策的视觉地图。如果灯光地图从头至尾都可以用直白简练的图表来表示，那么它就可以很好地支撑继续深化设计，并且可以让设计师快速地布置灯光，创造出灯光场景。

第十八章　光的单位和度量

Lighting Units and Measurements

在这一章之前，我们已经成功探索了照明设计的概念与应用，这些都不需要掌握照明科技和光的度量系统。为了可以有理有据地表示照明效果和照明方案，有必要了解光的等级和光是如何传递视觉的基本认识。为了可以进行这个讨论，首先必须了解照明科学和照明量度的基本知识。这可以让我们恰当地使用工具和策略，更准确地与他人交流照明创意。

在设计中讨论光强等级的时候，总是提及英尺-烛光这个单位。英尺-烛光是灯具向空间表面发出光多少的量度。英尺-烛光这个单位实际上是指一只普通蜡烛发出的光照亮距离它 1 英尺远处物体的效果。然而我们从来没有真正关心过什么是 1 英尺-烛光，但是不管什么照明等级，好像都是通过英尺-烛光来表达的。接下来就从这个最基本的单位开始讲解。

关于流明的全部知识

It's All about the Lumen

光源发出一片片的光，或者说至少大部分的科技与研究都是这样描述的。科学家将这些小片的光称为“光子”（light photon），并且他们详细研究了这些光子与现实世界相互作用的所有方式。

在照明科学中，我们并不只是关心光通常的那些属性，光对人类视觉系统的影响也是所关心的内容。人类视觉系统对某些光要比其他光更敏感，所以量度一个单位光能量的依据是光对人类锥状和杆状细胞影响的敏感程度。将这些根据人类视觉敏感度修正过的光强叫做“流明”（lumens）。流明是所有照明研究的基础，并且为了保险起见可以一直以流明的方式谈论光。我们研究流明与环境相互作用有三种常规方式：

一定流明的光将表面照亮或者引起表面“瞩目”的现象；

一定流明的光从一个表面发出或反射出的现象；

一定流明的光以特定角度和特定强度从表面或者光源发出的现象。

当讨论照明效果的时候，基本上是在说照明强度以及多少流明作用在单位面积之上。照明科技一个不方便的地方就是因为衡量光相互作用的方式不同而给它们起了不同的名字。图 18.1 展示了以流明为单位的光从光源发出后照射于表面到反射进人眼过程中的三种方式。

图 18.1 中照度（illuminance）和出射度（exitance）是度量照明强度的方式，特别针对每平方英尺流明数量的量度。不同之处只是在于一个光是照向表面（照度），另一个是光从表面发出（出射度）。

然而，亮度是更加深入的衡量方式，它反映的是特定角度的光强。

为了完全理解这三种衡量光的方法之间的细微差别，接下来我们将详尽地进行阐述。

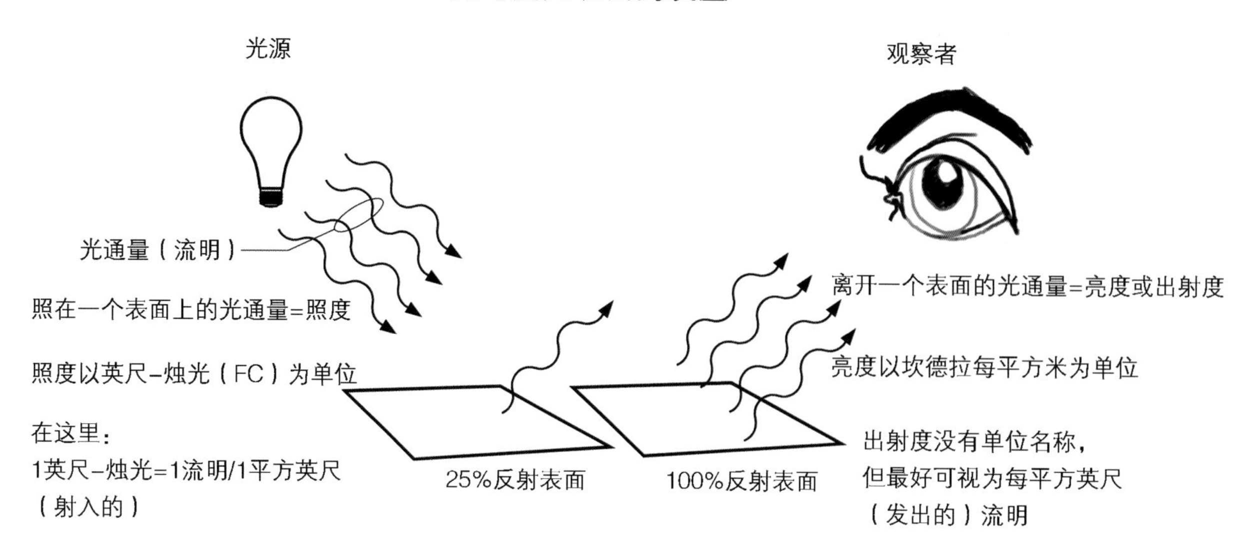

图 18.1　我们考虑的光与简单表面相互作用的两种常见方式

照度：
Illuminance：

照度是光照射在表面上多少流明的量度。

照度用英尺－烛光（FC, foot-candles）来表示。

1 英尺－烛光相当于 1 流明的光均匀地照射在 1 平方英尺的表面上。

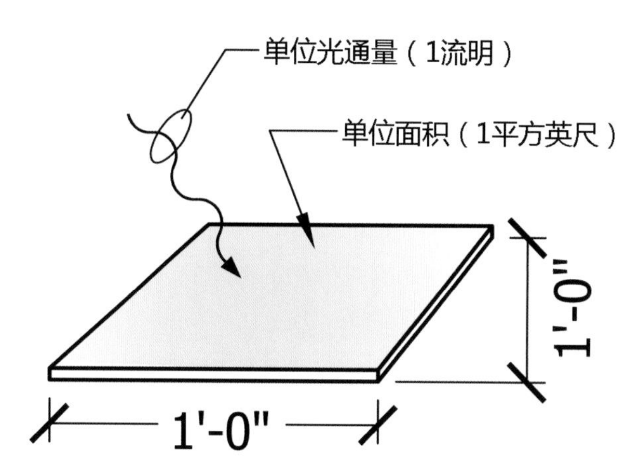

图 18.2　1 英尺－烛光的图解（照在一个简单表面上的光密度）

出射度：
Exitance：

出射度是从表面或者光源发出流明数量的量度。

出射度并没有任何衡量的方法，只能简单地对所有离开表面或光源发出多少流明进行统计，并且不提供任何关于出射强度、角度的信息。表面反射的出射度是照射在表面的照度乘以表面的反射率。如果一个表面的反射率是 50%，那这个表面的出射度就是照在这个表面照度的一半。如果是光源，出射度纯粹就是光源创造并发出的所有流明数。

出射度极少用来当作照明等级来使用，但是对它的理解有助于想象流明与表面和物体相互间作用的情景。

亮度：
Luminance：

亮度是指表面或者光源向特定角度发出光的流明数量。这个衡量标准可以用来展示观察者是如何体验与解释当表面远离光源的过程中，表面亮度逐渐减小的现象。

亮度用通过 1 平方米面积的烛光数量来衡量和表达，单位是 CD/sq.M（candles per square meter）。

为了可以理解亮度是什么，有必要弄清楚坎德拉的含义。

坎德拉是发光强度的单位。这个单位可以有效说明有多少光从表面或者光源发出。1 坎德拉表示在 1“球面度”方向均匀分布 1 流明的光。1“球面度”是球面上的弧形区域的一部分，1“球面度”的区域表示任何球面上 2π（2π 或者 6.3）的大小。当一个球体变大，1“球面度”所切割的面积就呈指数倍增长。

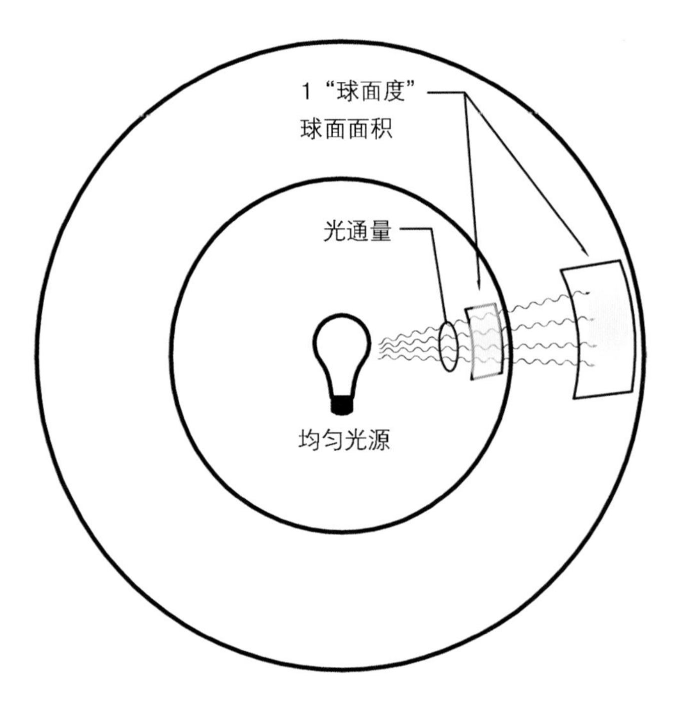

图 18.3　发光强度的图解（一个光源发出的光密度）

图 18.3 表示两个不同的球体被同一球面度切割出的区域。当光从光源以球面向外发射的时候，无论区域大小，穿过每一个立体角的流明数量是相等的。虽然没法直观地看到，但是用坎德拉描述发光体十分有效，例如聚光照明的灯具向前发射的光要多于向后。理解坎德拉的价值在于可以计算聚光照明灯具的中心光强在物体和表面某一点（这一点只是被这个聚光灯具照亮）上的照度等级。

坎德拉的含义意味着发光强度的价值可以通过不同角度上看到光源或者表面发出不同强弱的光线得以展示。这就是发光强度，人眼可以基于它来感知并判断光源和表面的亮度。

虽然我们已经巧妙地定义了这三个物理量间的相互关系和它们的单位，但是在大部分的重要与常规的设计中照度表达方式还是英尺－烛光。这种光的表达形式更容易衡量物体上光的强度并理解所创造环境的对比度等级。照在物体表面上的照度独立于表面的颜色和反射比，所以单独照度数值无法显示物体看上去会怎样。一个黑色和一个白色的物体，并排摆在桌子上，可能会通过它们上方的灯具获得相同的照度。但这两个物体却呈现截然不同的样子，这都取决于它们的反射系数。要成功预测一个场景的照明情况，就必须要讨论其中物体的反射系数（反射系数值和颜色）以及在这些物体上的照度等级。这给了我们足够的信息以便想象在场景中放入物体后可能呈现的样子。如果同时了解材质和它们的反射率，我们就可以估算它们的亮度，这就可以更接近于现实中物体最终展现出的“亮度”。然而所有这些光的度量方式都是没有价值的，因为它们并不能客观展示各个表面究竟有多亮。亮度是观看者的自我判断并且由观察者的适应性和环境的对比度来决定的。

在关于光量度的三个参数中，所讨论的其实是流明在物体间的相互作用，所以如果所有这些参数都失效了，最终用流明形容总是可行的。

第十九章　理解照度水平

Understanding Illuminance Levels

绝大多数有关照明的定量研究和讨论都是围绕照度（落在物体上的光）的测量和计算。因此，将使用英尺-烛光（照度的单位）来表示“落在”物体表面上光的等级。

照度等级的直觉

Illuminance Level Intuition

在已经出版的丰富著作中，包含了一些不同类型视觉工作所需的照明等级列表，并且一些设计师也会将这些指南作为设计的基础。这样会导致只着眼于满足功能照明，而无视空间照明的整体效果，最终则会得到非常单一的照明体验。

因为针对设计使用了更全面的方法，所以我们可以将注意力放在培养不同照度等级所产生效果的直觉上。虽然指南中的照度等级确实仅仅是针对具体功能表面，但是设计师可以很好地利用它们，去完成一个空间中有很多相同照度等级表面的设计。技术上说这是关于照度级别指南的滥用问题，但是对于设计师，这非常有助于自由地交流照明意图。当设计师用一个“平均”的照度等级来定义整个空间时，就必须要考虑对比度、重点照明以及区域内更高和更低的照度水平。

在这里收集了一个关于照度水平的列表（单位：英尺-烛光）可以帮助设计师直观地感受不同照度水平对于设计的含义。当你思考每个空间的类型，闭上眼睛并想象整个空间使用均质照度进行照明。对这些空间照度水平的想象就可能在下表中找到。记住这并不是一个建议的列表，而是用于想象的参考。

设计空间	照度水平
满月光	0.1 英尺－烛光
室外停车场	1 英尺－烛光
朦胧、浪漫的餐厅	5 英尺－烛光
舒适的客厅	10 ~ 15 英尺－烛光
住宅中的书房	20 ~ 35 英尺－烛光
教室 / 开敞型办公室	50 ~ 70 英尺－烛光
实验室 / 考场	100 英尺－烛光

用高于 100 英尺－烛光的照度水平照亮整个室内空间的情况并不常见。一旦开始着手处理这些更高水平的照度，经常就是所指的适用于局部小区域照明任务的光。我们可能提供 200 英尺－烛光的照度在手术台或者重点物体上，但是不太可能将整个空间用这个照度水平照亮。

在一幅灯光地图中添加照度水平
Adding Illuminance Values to a Light Map

在设计和讨论照明的时候要时刻牢记这些照度水平，这将为空间基本的照度水平提供一切所需的直觉知识。

随着对这个简短列表的熟悉，设计师就可以开始为具体表面和整个房间添加照度目标。在设计的逻辑发展过程中需要将照度目标在灯光地图中标示出来。照度水平最好用于形容表面，但是也可以用来提供人在整体环境中感受到的亮度印象。这可以在对设计的冥想漫步中来使用，挨个房间检查所期望的整体亮度。

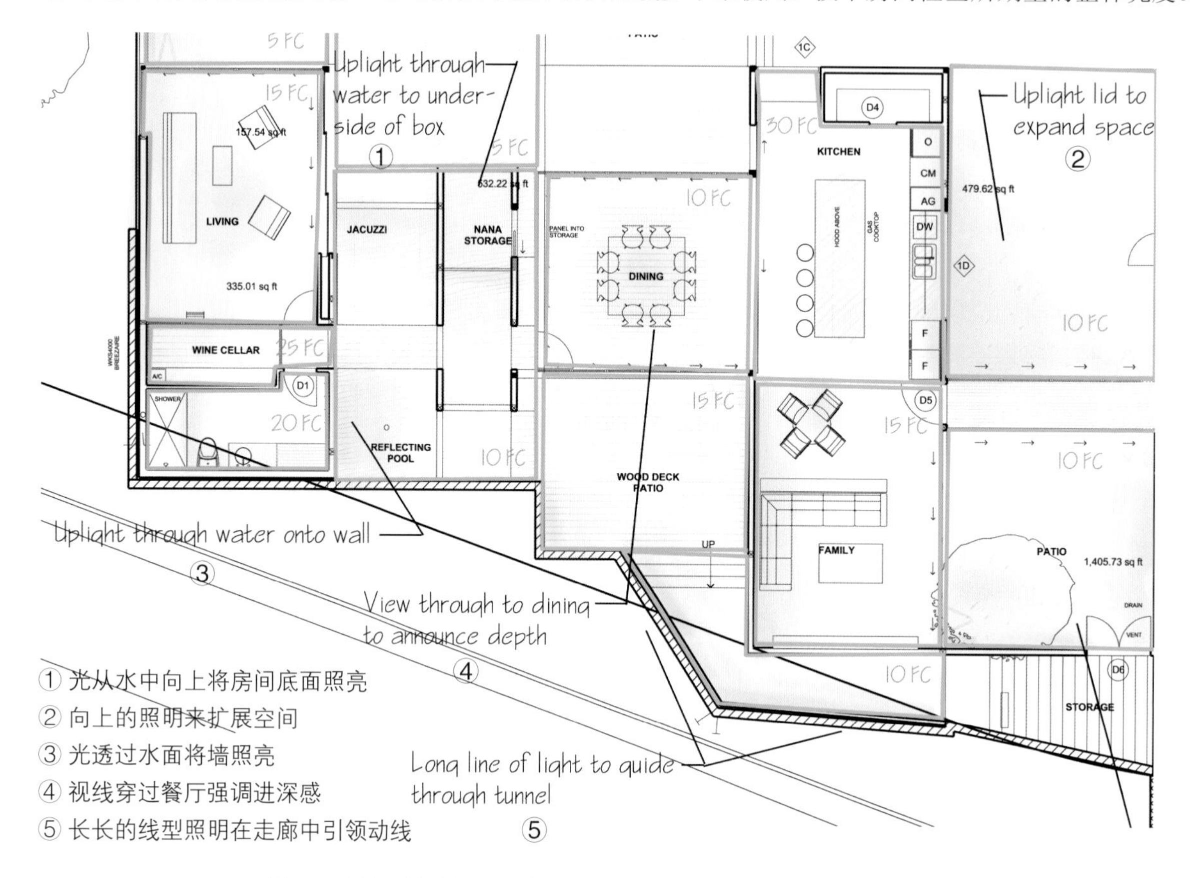

图 19.1　添加环境照度水平目标（图中用绿色表示）有助于完善设计目标

在住宅环境中，这个过程操作起来十分方便。对于这样的空间，没有什么繁重视觉工作的需求，保险起见使用 5 ～ 35 英尺－烛光之间的照度作为整个房间的目标值。可以参考上面的表格，表格中涵盖了居住环境中大部分情感和环境所需的照度水平。这些照度水平同样可以服务于需要整体亮度的地方，比如餐厅、画廊、酒店或者博物馆。而对于更多以功能主导的空间，像开敞办公区、教室、市民和会议场所，平均照度水平应在 35 ～ 55 英尺－烛光之间都很常见。当视觉工作是照明设计项目中关键所在的时候，设计师则需要查阅更多技术性资料来指导具体工作表面的照度水平。

上面的照度指导只是个粗略的简表，更详细的照度值则需要更多的研究和工程经验。为了设计师可以对各种照度值的视觉感受具备基本的理解，这些数值已经足够。

十分重要的是意识到房间的照度等级对于整个项目来说只是参考目标，所期望的是添加到空间中的所有具体功能和重点照明可以通过内部反射来满足这种照度等级。正确的设计程序并不是先创造整体照度等级，然后再增加重点和功能照明。

我们先给具体表面、物体、功能和重点照明定义照明目标，再实现照明效果。只有在完成了这个照明目标之后，才去提高整体照度等级或者增加明亮的感觉。

当在灯光地图上标识了照度等级目标之后，设计师会发现他们的照明设计将更容易实现。

为视觉焦点照明
Lighting for Visual Interest

如果设计师首先热衷于在环境中引入互动和感情色彩，那就要更加注重表面和物体的重点照明，这就必须让这些表面和物体从周边的环境中跳跃出来。当将光画在这些物体上来引起注意的时候，有助于在这些物体上定义具体的照度等级来确保设计不偏离目标。

现在我们对照度等级的含义有了基本的理解，之后将针对重点与特征照明介绍一个有用的拇指法则（经验法则）。我们将这个法则叫做“2 倍”对比度法则（“2 times” contrast rule），并且在以后创造重点和视觉焦点时会常常用到这个法则。它基于视觉科学，告诉我们一个物体必须是其毗邻表面亮度的 2 倍，才能因为更亮而引起注意。当想让一个物体更“受欢迎”或者成为焦点元素而服务于整个空间就将这个物体或表面照亮，通过使用高于周边环境至少 2 倍的光照在重点物体上来实现这个简单的视觉原理。这个方法只需用足够的光照射在物体上，同时忽略这个物体的反射和颜色，虽然方法简单但这是个好的开始。这个规则有更复杂的运用，需要将物体颜色和反射率一起来考虑，但是对于设计过程来说，大可以放心地依靠这个宽泛的原则。大体上来说，越多的光照射于一个表面，就会得到更突出的焦点效果。

对比度原则的另一个极端限制条件就是不要创造过高的对比度，这样可能会导致出现眩光。避免不舒服的眩光和过高的对比度，就需要避免一个物体的亮度超过周边环境亮度的 5 倍。

所以，“2 倍”对比度原则就变成了“2 倍～ 5 倍”原则。我们所说的在空间中创造视觉焦点，就是要将物体照得比它周边的环境亮两倍，但是不能超过 5 倍。只是简单地通过照射一个物体，让它的亮度是周边环境的 2 ～ 5 倍。

这个原则的效果同样可以写入灯光地图来进一步明确设计意图。在每个空间中创造焦点元素的过程就和辨别这些物体与表面一样简单。因为设计师已经决定了这些空间的环境亮度需求，通过“2 ～ 5 倍”对比度原则已经得到了照度值。逐一对空间设计进行冥想漫步来辨别物体并且将它们用重点照明照度等级标注出来。

以一个餐饮功能的房间为例，设计意愿是一个 10 英尺 - 烛光的很暗空间。使用 2 ～ 5 倍原则，可以看到重点照明物体的照度水平是 20 ～ 50 英尺 - 烛光。2 ～ 5 倍原则发挥作用前要求我们先要建立环境亮度等级。这就是为什么我们要深入关注空间整体的照度水平。这两个简单的步骤：先定义一个空间的环境亮度，接着再以此为基础进行重点照明设计，既快速又有效率。

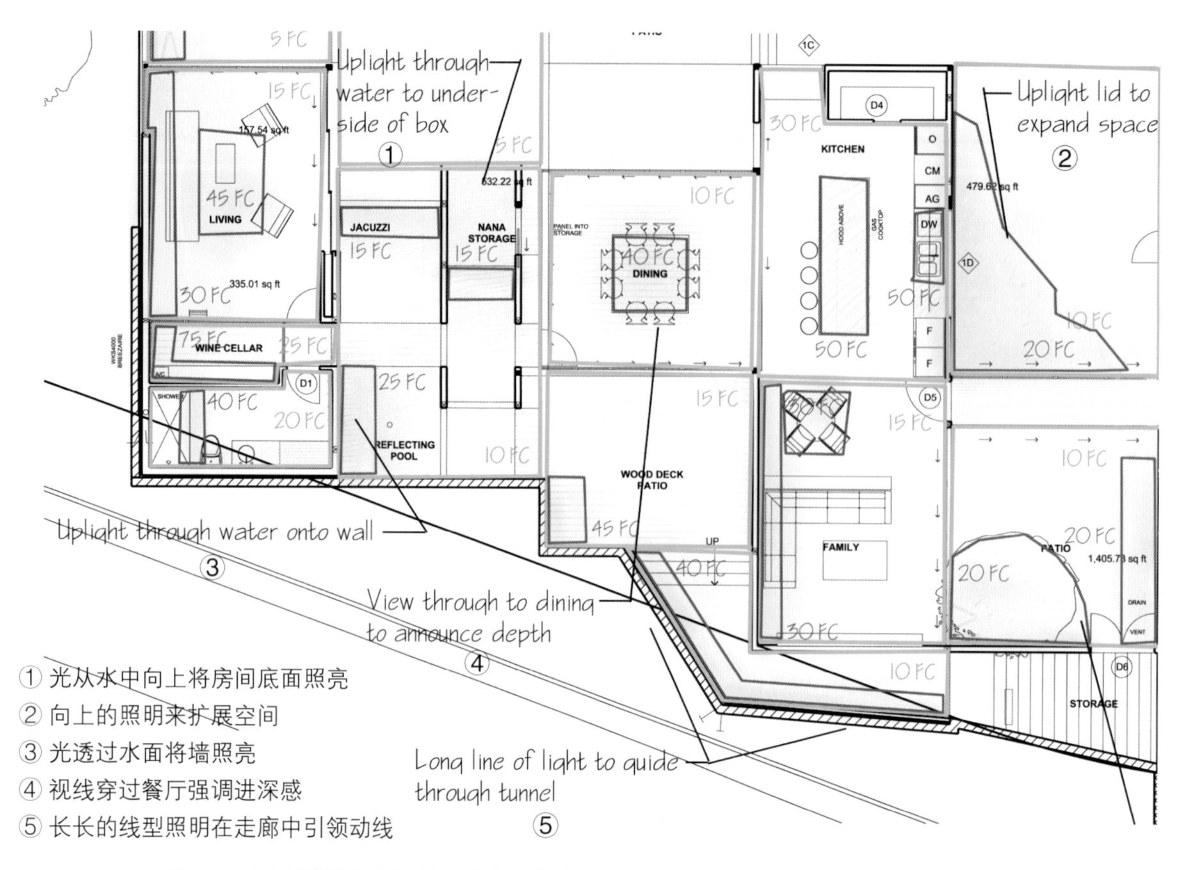

图 19.2　建立环境照度水平目标（绿色）使设计师可以返回去确定光照水平提高的区域（粉色）

稍后会再讨论如何真正实现这个效果，现在只是简单地在灯光地图中添加更多的信息，以便可以更容易地锁定并选择照度信息。

IES 照度法则
IES Illuminance Level Criteria

为了具体功能或特别的效果，应该从北美照明工程学会（IESNA，Illuminating Engineering Society of North America）出版的全套系统文件中找到合适的照度等级目标。IESNA 是一个致力于研究光以及光对人类视觉影响的科学机构，IESNA 已经发表了大量关于功能照明照度水平的研究报告。

照度等级是描述照射在物体上光的数量。照度等级不能用来计算反射或者从表面发出了多少光，所以这个特性没法形容一个表面、一个物体或者空间的实际照明效果。

照度等级列表对于功能照明极具参考价值。在功能照明需求下，照度发挥着首要的作用，因为设计功能照明时都是已知各表面反射率的。如果知道了这些材料的反射率，则十分有助于确定这些表面的照度值，这样投射在工作面上的光就可以产生一定的对比度。例如我们阅读的时候，纸张上的黑色文字很容易让我们识别。而当我们在阅读时，使用更多的光，白色的纸就会反射更多的光，同时黑色的文字依然不会反射任何的光线，这样，这两者之间的对比度就会持续增加。这就是 IESNA 提供繁多照度参考表的基础。IESNA 出版了一本不同工作对应不同材质的交叉计算表。表中每一项工作内容与不同的材料交叉提供了不同的组合，并在组合中提供了推荐的照度等级。IESNA 的网站（www.iesna.org）提供了相关著作的下载。

IESNA 认为有很多因素都会决定照明载体的选择。IESNA 选择照度方式的另外一个显著特征就是，建立在对空间的评估以及对所有视觉表现问题的思考上，这些问题包括色彩还原度、均匀度和眩光。这都有助于设计师发展自己的照明关注列表，就像图 19.3 中展示的这些问题。对每一项的重要程度进行打分——从 1 到 10，并且可以在表中添加更多的你认为有价值的项目。

照明设计问题清单

- ☐ 合适的对比度/明显的重点强调
- ☐ 合适的光亮度/光源可见
- ☐ 准确的显色
- ☐ 环境的外观颜色
- ☐ 情感氛围
- ☐ 物体和表面的塑造
- ☐ 视觉工作面表现
- ☐ 系统控制和调光
- ☐ 采光集成/控制
- ☐ 眩光反射/镜面材料
- ☐ 对频闪的敏感度
- ☐ 对眩光的敏感度
- ☐ 节能/高效
- ☐ 维护问题
- ☐ 发热问题
- ☐ 噪声问题
- ☐ 光照均匀度水平（减少阴影）

图 19.3　每个项目中都应考虑到的照明问题清单

IESNA 照度选择方法可以真正帮助设计师避免严重的照明错误，而且确实可以作为视觉功能照明（五层次系统中的第五层次）的指导方法。

对于视觉效果、美学、情感和空间组织（五层次系统中的其他四个层次），直觉和经验将比具体数字更有用处。这就是为什么我们要在深入到量化之前，花费那么多精力来建立对光的理解和直觉。照度数值在设计意图中是一个受人欢迎的信息，但是它们依然只是一幅大画面中的一部分，而这幅大画面还是以视觉和照明理念的图形表现为基础的。

记住先想象照明效果，然后再将效果描绘和形容出来。只有当设计师觉得需要进一步计算时，才去指定目标的照度等级。在灯光地图中添加这些数值，以便明确意图而且更容易地选择与布置灯具。如果局限于一个具体工作或者重点照明等级，而对设计并没有帮助，那就不值得在这个上面花费时间。

第二十章　照明计算

Lighting Calculations

在开始照明计算之前，必须回顾一下设计中需要照明计算的原因。利用照明计算可以解决与照明相关的关键设计挑战。如果计算可以帮助设计师选择灯具，并且这些灯具所营造的照明效果也是随后所需要的，我们欢迎。但是重点是不要过于依赖计算，因为它仅仅是良好照明直觉与经验知识的补充。除此之外也不要假设设计中的每一个照明元素都会从计算中获益。

只有当想要获得具体照明等级时，照明计算才可以帮助我们选择光源和灯具，同时照明计算也可以协助我们在一个具体照明场景中预测照明效果。

我们将介绍两种照明计算方法，以便可以在两种场合下都可以提供帮助：流明计算法和点计算法。

流明计算法（lumen method）用来计算大空间和开敞空间的平均照明等级。

点计算法（point calculations）用来计算点光源照射在物体和表面上的照明等级。

这两种方法涵盖了照明设计范围的两极：广阔的空间照明和微小的点照明。

要理解照明计算的使用方法，就必须先研究计算及衡量光的具体方式。

在这两种计算方法的案例中，将使用照度去衡量照明等级，照度就是落在表面上光的量度。在特殊情况下，照度是指衡量 1 平方英尺面积上有多少流明，这就是英尺－烛光的定义，照度的单位。1 英尺－烛光是 1 平方英尺的面积上有 1 流明的光。

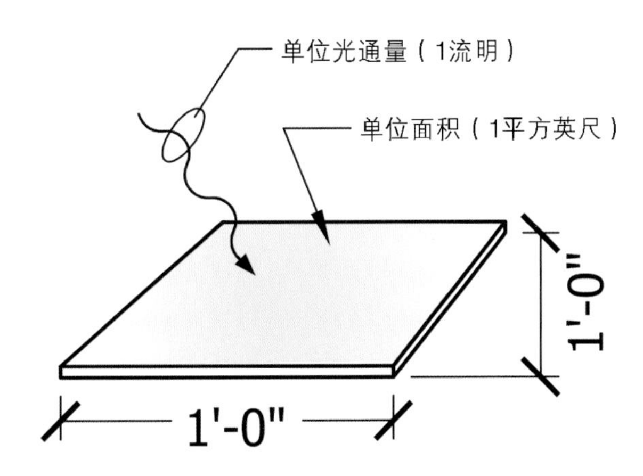

图 20.1　照度为 1 英尺－烛光等于 1 流明的光通量均匀分布在 1 平方英尺的被照面上

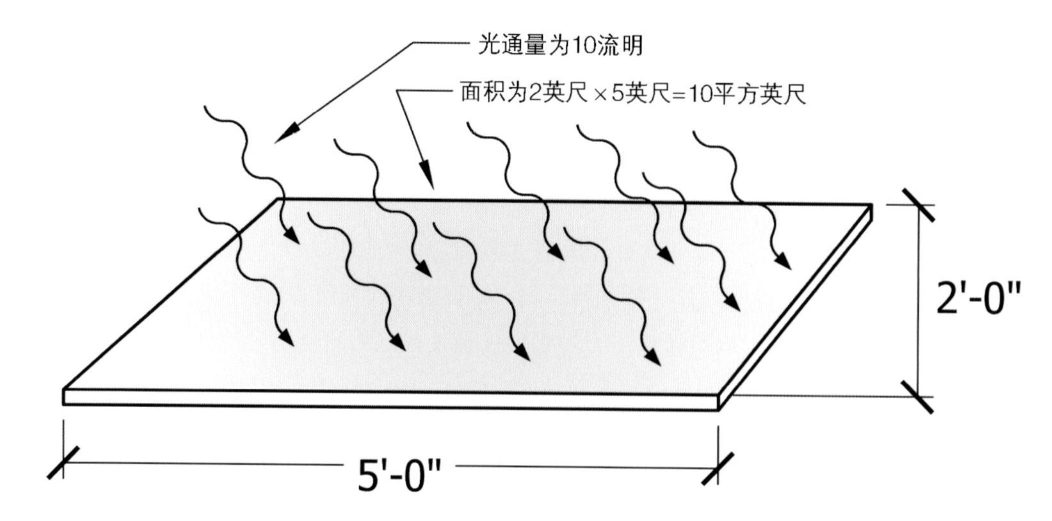

图 20.2　照度为 1 英尺 - 烛光也等于 10 流明的光通量均匀分布在 10 平方英尺的被照面上

大空间、开敞空间的流明计算法
Lumen Method Calculations for Large, Open Areas

计算照明等级的流明计算法并不是一个纯粹的计算方法，而是对英尺 - 烛光这个单位的一种延伸。当我们剖析英尺 - 烛光的时候，只是简单地看到这是每平方英尺上光密度的量度。

1 英尺 - 烛光 = 1 流明 ÷1 平方英尺

或者

$$1FC = 1Lm \div 1sq.ft.$$

因此，我们可以归纳

照度 = 流明 ÷ 面积（平方英尺）

或者我们可以用数学缩写表示它

$$E = Lms \div A\ (sq.ft)$$

综合起来告诉我们，计算一个表面上的照度等级，只需简单地统计落在表面的流明数量，再除以表面面积。

在整个房间的案例中，这个表面可以是地面或者地面上假想的虚构工作面（常常假定为 30 英寸（0.762 米））。在案例 1 中，我们可以看到基本情况下的照明效果。

流明方法案例 1：解决照度等级
Lumen Method Example 1: Solving for Illuminance Level

假设一个 10 英尺 ×15 英尺（3.048 米 ×4.572 米）的房间，均匀地布置有 5 个下射筒灯。每个下射筒灯发出 1000 流明的光，如果我们想象从灯具发出的所有 1000 流明都照射向了地面，那这个房间地面的照度等级是多少呢？

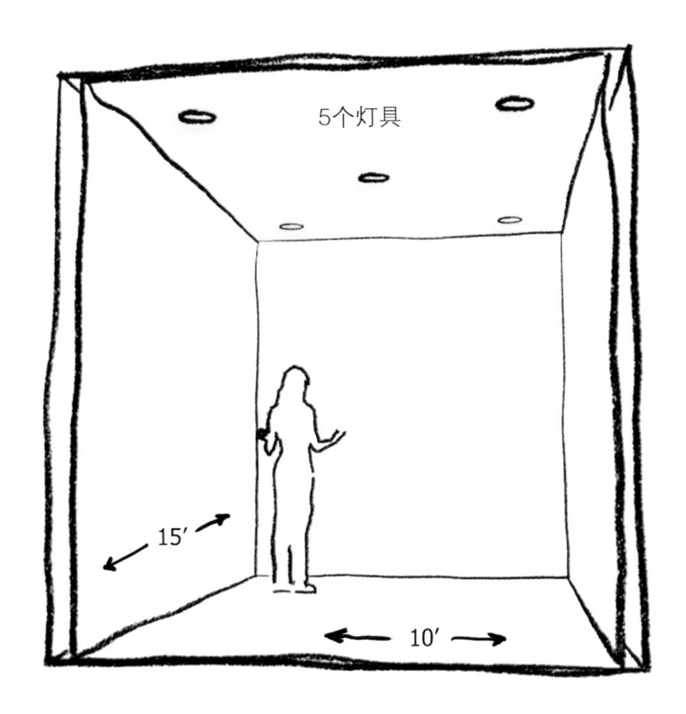

图 20.3　一间用 5 个灯具照明的、长宽分别为 15 英尺和 10 英尺的房间

我们知道这个问题的解决只需简单地计算照在表面的流明总量再除以表面面积。
用基础的公式

照度 = 流明 ÷ 面积（平方英尺）

或者

E = Lms ÷ A

我们将所知的数值代入公式。
这个区域地面的面积为

A = 10 英尺 ×15 英尺 = 150 平方英尺

落在地面上的全部流明值为

1000 流明 ×5 下射筒灯 = 5000 Lms.

所以公式

E = Lms ÷ A

成了

E = 5000 Lms ÷ 150 sq.ft.

或者

E = 33.3 Lms per sq.ft.

或者

E = 33.3 英尺 - 烛光

（这与家中书房或者图书馆书桌上期望的照度相似。）

流明方法案例 2：解决流明和灯具的需求
Lumen Method Example 2: Solving for Lumens or Luminaires Needed

我们往往更经常地使用流明方法来弄清楚怎样投射光线才能可以提供期望的照度水平。在这些时候，我们将这个公式翻转使用。

照度 = 流明 ÷ 面积

变成

流明 = 照度 × 面积

或者更特别的

流明需求数 = 照度目标 × 面积（平方英尺）

我们需要解决一个照明挑战的基本情形可能是像这样的两个步骤：

同样是一间 10 英尺 ×15 英尺的房间，我们设计地面照度达到 60 烛光 - 英尺。那我们需要多少的流明来达到这个要求呢？

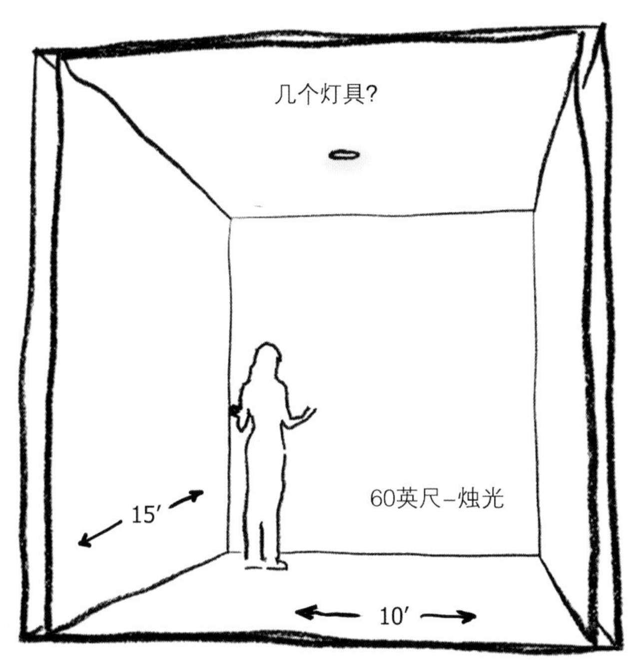

图 20.4　在一间长宽分别为 15 英尺和 10 英尺的房间内，要达到期望的照度水平，我们应如何设计？

使用相同的公式

流明需求数 = 照度目标 × 面积

或者简化为

流明 = 照度 × 面积

或者

Lms = E×A

将所知的数值代入公式。

照度水平是

E − 60 英尺 - 烛光

房间面积为

A = 10 英尺 ×15 英尺 = 150 平方英尺

所以等式

Lms = E×A

成为

Lms = 60 英尺 - 烛光 ×150 平方英尺

或者

Lms = 9000 流明

随后需要使用 9000 流明的功能照明光线照在地面上来获得这个平均照度。

如何获得这 9000 流明功能照明光线来照射地面呢？为了回答这个问题，需要选择多大强度和什么类型的灯具去完成这个目标。因此，计算分为两个部分。为了回答需要多少灯具这个问题，需要知道每个灯具可以发出多少流明。而大部分灯具生产商都会在产品手册中提供这个信息。举个例子，假设需要一个可以发出 550 流明的灯具，并且这些流明都将照射在地面上。

如果需要这样一个可以提供 550 流明的灯具，那需要多少个灯具来均匀照射这个空间呢？这个问题可以演变成下面这个简单的公式：

灯具数量 = 流明需求数 ÷ 每个灯具流明数

我们代入所知的数值

灯具数量 = 所需 9000 流明 ÷550 流明数 / 灯具

所以我们的答案是

灯具数量 = 16.36 个

进位得到

灯具数量 = 17 个

所以我们决定在 150 平方英尺空间中安装 17 个此种类型的灯具，这将满足地面上有 60 英尺 - 烛光平均照度的需求。

流明方法的调整系数
Lumen Method Safety Factor

当在重要项目中使用流明方法计算时，特别要增加两个条件来使计算更贴近实际。第一个条件是保险系数，称为“光衰”或者“LLF.”（light loss factor）。第二个条件是利用系数（coefficient of utilization），或者“CU.”（coefficient of utilization）。

光衰是一种计算光源和灯具在运行过程中因为各种原因造成光强衰减的方式。光衰可能是因为光源变脏，也可能因为镇流器或变压器随着老化而导致发出的光线减少。有一种计算方法可以包含每一种光衰的影响因素，更常规的则是使用行业标准的 0.85 作为光衰系数。这意味着在照明系统计算过程中，只能用总光通量的 85% 作为系统光通量来计算（在异常恶劣的环境中，这个系数将更保守）。这个假设要求我们的设计并不是针对一天，而是为了这个照明系统要使用 2 或 3 年时间来考虑。就像建筑中的关键结构一般都会采用过度设计，照明设计师所采用的过度设计是为了确保在未来使用过程中依然可以满足最初的设计意图。

让这种简单的流明计算法贴近现实情况的另外一种方式是将灯具对空间表面照射的效率计算在内，而得到向目标表面实际投射了多少光线。如果考虑地面的照明等级以及使用间接照明系统时，间接照明系统的光线向上照射到天花然后再反射到地面上，保守地讲墙壁和天花会吸收一些光线并且在到达地面前也会损失一部分光线。事实上，很少像我们认为的那样，灯具中发射的大量光线直接照射在物体表面上。而且将房间表面的几何形状和反射率计算在内也是十分重要的。房间表面的几何形状和反射率将决定光线经过内部反射到达目标的效率。综合灯具朝向、房间几何形状和表面反射率成为一个参数，使用这一参数来计算每种具体情况下这三者之间的关系。我们将这个参数叫做“利用系数”或者“CU.”。CU. 用 10 位数字或者百分比来表示照明系统被利用的效率。更多的直射光线，更有利的房间几何形状，则 CU. 值越高；光线越间接地照射到表面上，则 CU. 值越小。

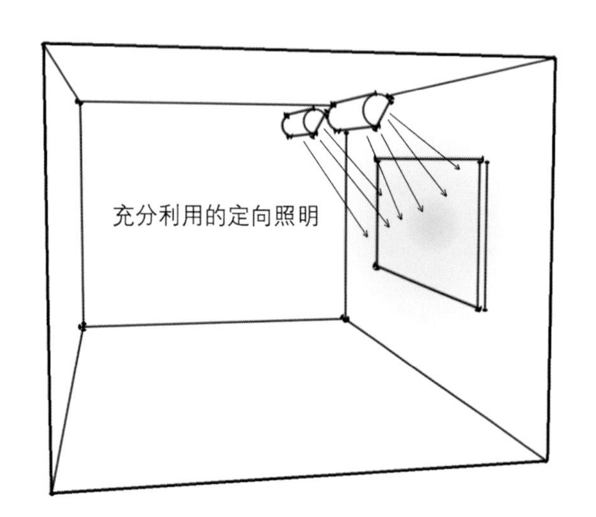

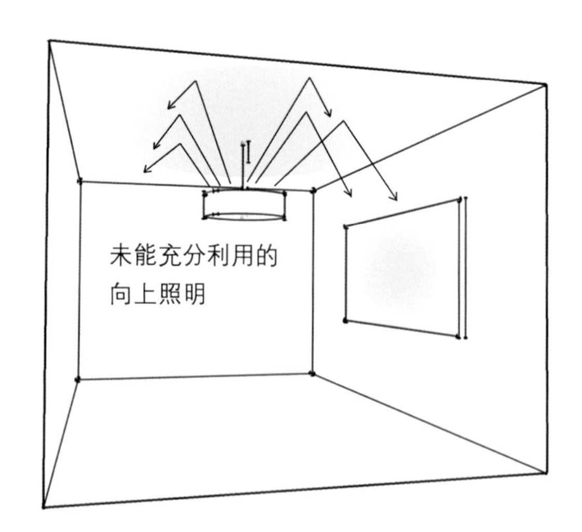

图 20.5　高利用系数照明（左）与低利用系数照明（右）

有一种精确计算利用系数的繁琐方法，需要将房间几何形状、表面反射率和灯具位置都加以考虑。出于设计的目的，我们只采用一些大致的参数，将这些参数引入流明方法的计算中来增加有效性。例如光衰和其他调整系数，我们将这些系数引入计算中来保证过度设计或者满足那些非理想条件。下面列表中的利用系数适合在地面和工作面照度等级计算中使用。这些参数同样考虑了空间的问题，包含了合适的表面反射率。

直接照明灯具或筒灯：　利用系数 = 85%　（公式中代入 0.85）

间接照明灯具：　利用系数 = 50%　（公式中代入 0.50）

重点照明聚光灯：　利用系数 = 95%　（公式中代入 0.95）

洗墙或泛光照明：　利用系数 = 75%　（公式中代入 0.75）

使用保险系数的流明计算法
Lumen Method Calculations with Safety Factors

这里讨论的两种系数都可以代入公式，通过计算告诉我们是需要多用一些光线；或者反之，需要减少灯具和光源数量。

这样就可以得到更加准确和有效的等式来预估照明效果。使用额外的光衰系数和利用系数，之前的流明方法就从：

照度 = 流明 ÷ 面积

转变为

照度 =（流明 × 光衰 × 利用系数）÷ 面积

决定空间中需要引入多少光的公式就从：

流明需求数 = 照度目标 × 面积

变为：

流明需求数 =（照度目标 × 面积）÷（光衰 × 利用系数）

平时，当进行非常基本的计算时，并不需要包含这两个参数，这时所得到的流明就是“功能照明流明”，也就是说这些流明都被用作提供功能照明。在这种方式下，可以使用等式的基本版，不采纳光衰系数，但是这样得到的结果就变成需要多少的“功能照明流明”，或者提供了多少“功能照明流明”。

无论我们使用基本公式还是引入两个保险系数的公式，都需要判断在此处使用流明的计算方法是否可行。为了让“平均照度等级”有意义，所计算的空间或者表面必须真正有“平均照度等级”。

所以流明计算方法只适用于大型开敞空间中的均质照明。这就意味着如果在空间中有灯具集中直射在某一区域，这时地面的平均照度是 25 英尺－烛光，而我们却对真实的照明情况知之甚少，直到看到真实场景时才发现房间中一个部分区域特别亮，而其他区域都非常黑。

流明计算方法适合的场景是开放的、无障碍的办公空间、教室、体育场、仓库、公共走廊等长方形的空间。

当关注于具体物品和表面的照明效果时，则使用另外一种计算方法：点计算法。

点计算法
The Point Calculation Method

当关注表面上一个特定点的照明等级时，我们使用另一种简单的计算方法：随着灯具和物体之间距离增加，光线扩散了多少。通常将这种方法用于计算由一些专门的聚光照明灯具直射在表面和物体上所形成的照明等级。正因如此，点计算法要求至少可以估计照明设备与被照表面之间的距离和角度。点计算法最常用的情形之一就是对艺术品和其他物品进行集中照明的时候。

点计算法的公式也同样不仅仅是个公式，而是基于坎德拉含义的表达方法。坎德拉是对具体光源在具体方向上光密度的量度。烛光强度（通过坎德拉表示）是表达直射灯具光强的常见方式。

当选择使用明亮的白炽灯泡的时候，这个灯具很明显是朝着各个方向都均匀发出光的。

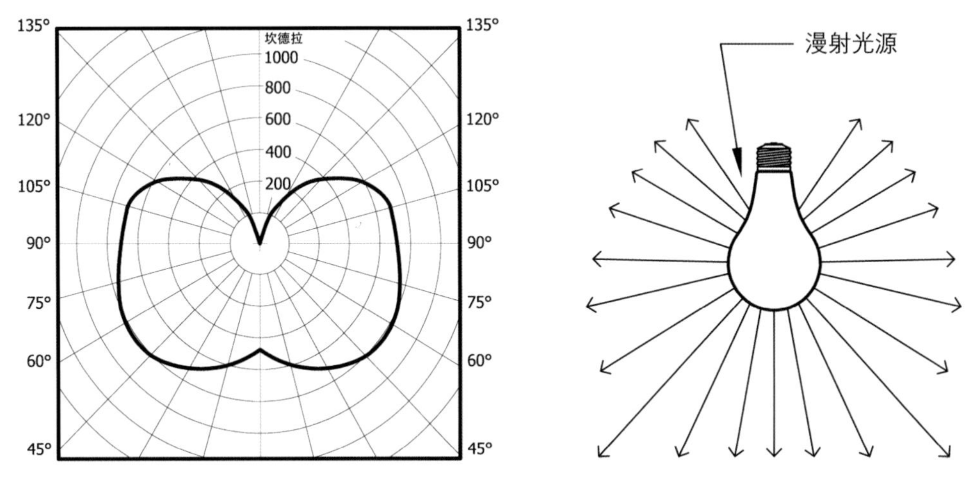

图 20.6　一种漫射光源（右）的发光强度分布图解（即配光曲线）（左）

建筑一体化灯具，例如筒灯、射灯、聚光灯和洗墙灯，灯具内部安装有透镜和反射器，这样就可以将光朝着具体方向照射。从灯具中发出的烛光－强度是度量这个灯具在一个特定方向上发出光的强度。

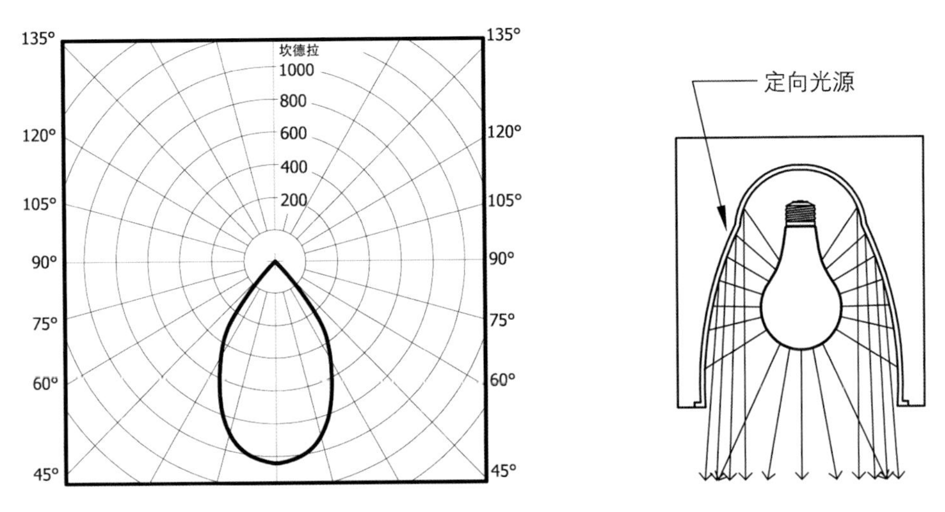

图 20.7　一种定向光源（右）的发光强度分布图解（即配光曲线）（左）

通过观察光源是无法获得其所发出的坎德拉数值的，所以这个信息只能通过制造商的灯具和光源说明书得到。灯具资料通常会包括配光曲线（坎德拉分布图）。这张图会提供从光源直接发出并朝着各个角度发射的具体坎德拉数值。

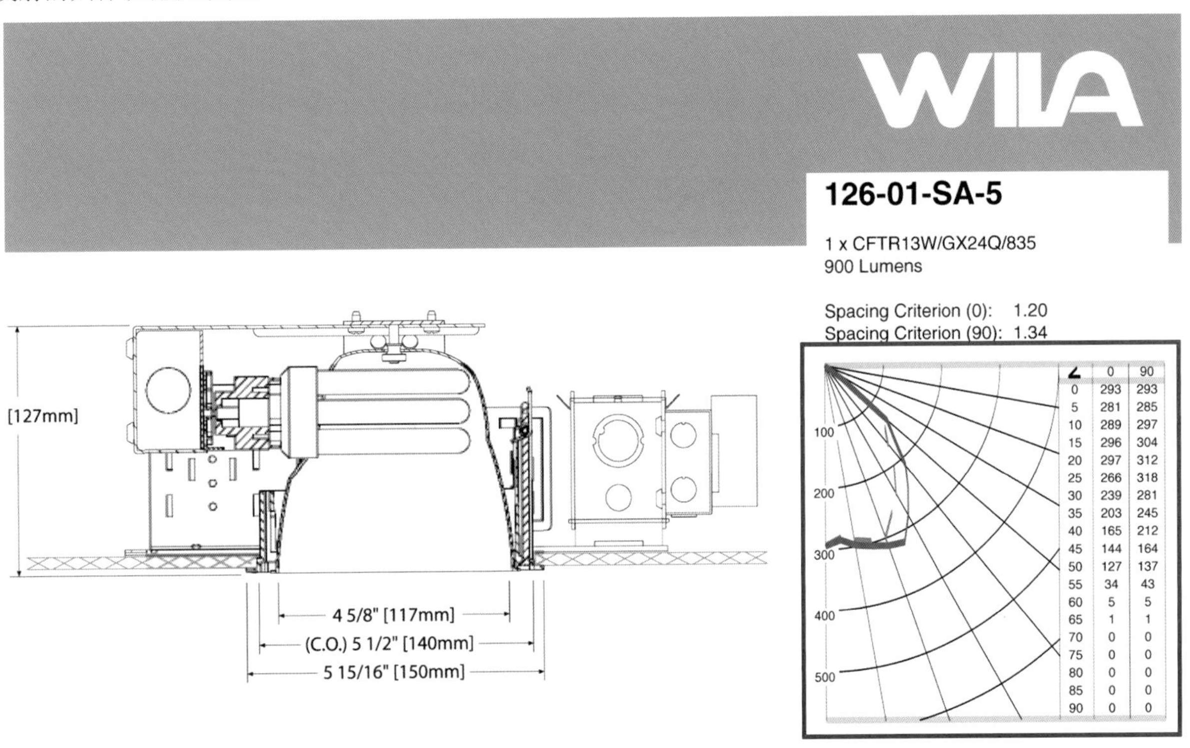

∠	0	90
0	293	293
5	281	285
10	289	297
15	296	304
20	297	312
25	266	318
30	239	281
35	203	245
40	165	212
45	144	164
50	127	137
55	34	43
60	5	5
65	1	1
70	0	0
75	0	0
80	0	0
85	0	0
90	0	0

图 20.8　高性能灯具的说明书会提供发光强度分布图解（即配光曲线）

点计算法通常适用于直射型灯具，这样的灯具可以产生椭圆形和圆形的光斑。在这种情况下，通常可以获得光斑中心最亮部分的照度值。中心点的坎德拉值有一个特别的标志：我们称它为“中心光强（中心坎德拉强度）”或者“CBCP”（Center Beam Candle-Power）。一些灯具和光源厂商会同时提供复杂的配光曲线和简单的 CBCP 参数，这是由于部分用户只关心中心光强。

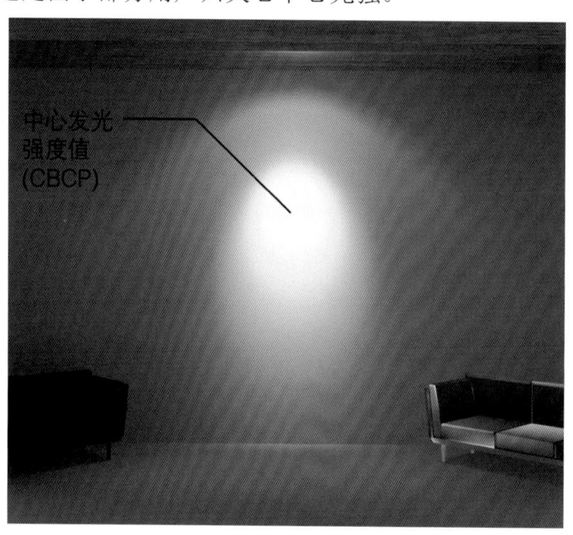

图 20.9　一个光源的最高发光强度值通常在其所发出的光的中心

点计算法的基本原则是光源发出的光沿着照射方向的扩散原则。聚光灯具会产生椭圆形光斑就是这种原则的典型代表。当投射距离增加，椭圆光斑就会变大，同时强度也在降低，因为相同数量的光扩散到了更大的区域里。利用这一原则，可以通过了解光源与目标点之间的距离和角度以及光源朝那个方向发出坎德拉的数值来推测出目标处的照度等级。坎德拉表示的是光强或者单位球形面积流明数。使用点计算法的最重要步骤就是确定光源到目标点的距离（D）。这个数值必须确定并且在等式中用距离的平方来计算。

直射下的点照度计算等式如下：

$$照度 = 坎德拉值 \div 距离^2（英尺平方）$$

或者

$$E = CD \div D^2$$

等式用例子来说明最容易理解。

点计算法：案例 1
Point Calculation: Example 1

假设有一个聚光灯具安装在 10 英尺高的天花板上，在它正下方是一个 3 英尺高的桌面。如果聚光灯的中心光强（CBCP）是 10000 坎德拉，那桌面上最亮点的照度是多少呢？

如图 20.10 所示。

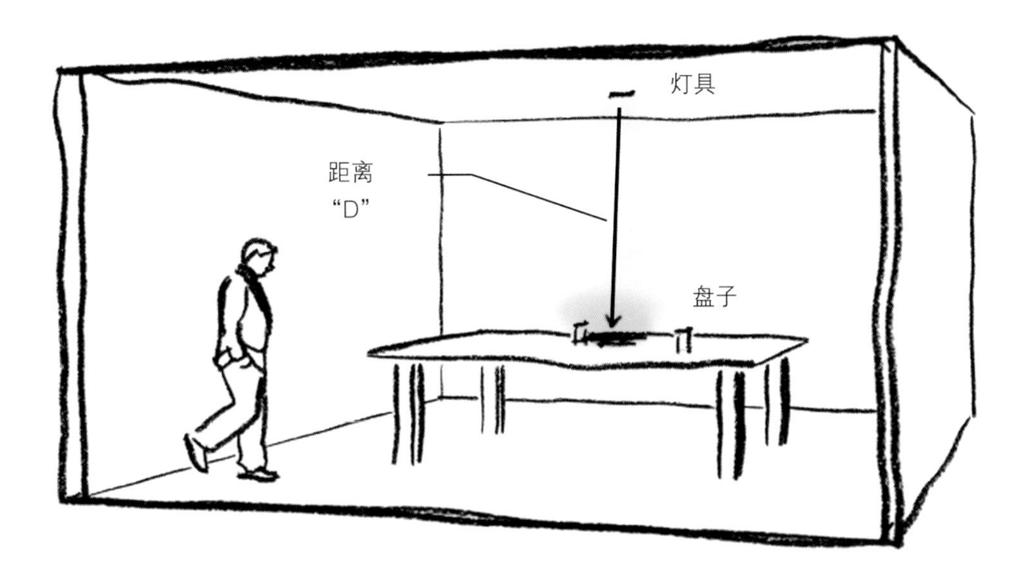

图 20.10　点计算法通常在涉及光源及令人感兴趣的物体的情况下使用

使用点计算法的基本公式

照度 = 坎德拉值 ÷ 距离 ^{2}

或者

$$E = CD \div D^2$$

代入数值我们可以得到：

灯具的中心光强

CD = 10000 坎德拉

距离平方：此处的“距离”是光传播的长度。在这个案例中，灯具安装高度（10 英尺）减去桌子高度（3 英尺）

D^2 = 7 英尺的平方，结果为 49 平方英尺（单位也要平方，这就将距离表示成了表面积）

等式就变成了

照度 = 10000CD ÷ 49 平方英尺

或者

照度 = 204 英尺 - 烛光

这是一个很高的照度水平，但是对于需要强调的物品这依然在合理范围内。另外需要重点提示的是这个照度水平是照在物体上光斑中心位置的光强。

我们常常利用这个计算就可以推断出完成具体照明工作的照度等级（进而推断出灯具类型）。这样的情形可以参照案例 2。

点计算法：案例 2
Point Calculation: Example 2

假设有一个聚光照明灯具同样安装在 10 英尺高的天花上，它正下方同样有一个高 3 英尺的桌面。如果我们想用 150 英尺 - 烛光的照度照亮这个平面，那需要多大中心光强的灯具来完成这项任务呢？

示意图是一样的，但是使用的是基本等式的逆等式

$$坎德拉需求数 = 所需照度水平 \times 距离平方$$

或者

$$CD=E\times D^2$$

我们代入所知的数值：

需要照度

$$E=150 英尺-烛光$$

距离平方

$$D^2=7 英尺的平方 =49 平方英尺$$

公式就变成了

$$CD=150FC\times 49 平方英尺$$

或者

坎德拉需求数（通常为“CBCP”）=7350 坎德拉

当然点计算法的第二案例就是为了搞清楚什么样的灯具可以提供这样的坎德拉数值。可能最终使用两个灯具来进行照明，在这种情况下某一点的照度是两个灯具在这一点上照度的总和。为了得到具体的灯具和光源，只需简单地查看不同照明设备的坎德拉参数。在灯具产品手册中，坎德拉参数是通过配光曲线来展示的。

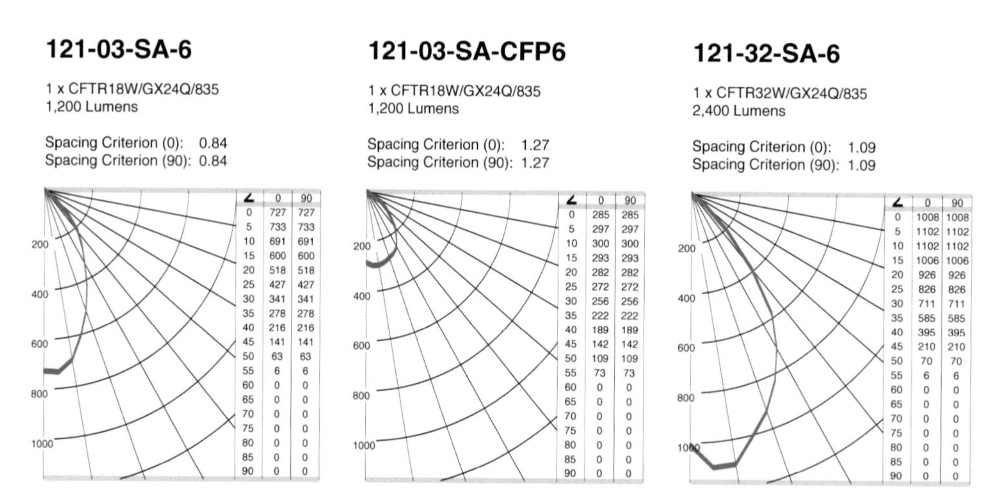

121-03-SA-6

∠	0	90
0	727	727
5	733	733
10	691	691
15	600	600
20	518	518
25	427	427
30	341	341
35	278	278
40	216	216
45	141	141
50	63	63
55	6	6
60	0	0
65	0	0
70	0	0
75	0	0
80	0	0
85	0	0
90	0	0

121-03-SA-CFP6

∠	0	90
0	285	285
5	297	297
10	300	300
15	293	293
20	282	282
25	272	272
30	256	256
35	222	222
40	189	189
45	142	142
50	109	109
55	73	73
60	0	0
65	0	0
70	0	0
75	0	0
80	0	0
85	0	0
90	0	0

121-32-SA-6

∠	0	90
0	1008	1008
5	1102	1102
10	1102	1102
15	1006	1006
20	926	926
25	826	826
30	711	711
35	585	585
40	395	395
45	210	210
50	70	70
55	6	6
60	0	0
65	0	0
70	0	0
75	0	0
80	0	0
85	0	0
90	0	0

图 20.11　一个基本筒灯的各种版本的发光强度分布图解（即配光曲线）

当使用某一种聚光灯具，例如一个 MR-16 或者“PAR”灯，坎德拉参数经常包含在一些其他信息中，这就需要用中心光强（CBCP）来表达。

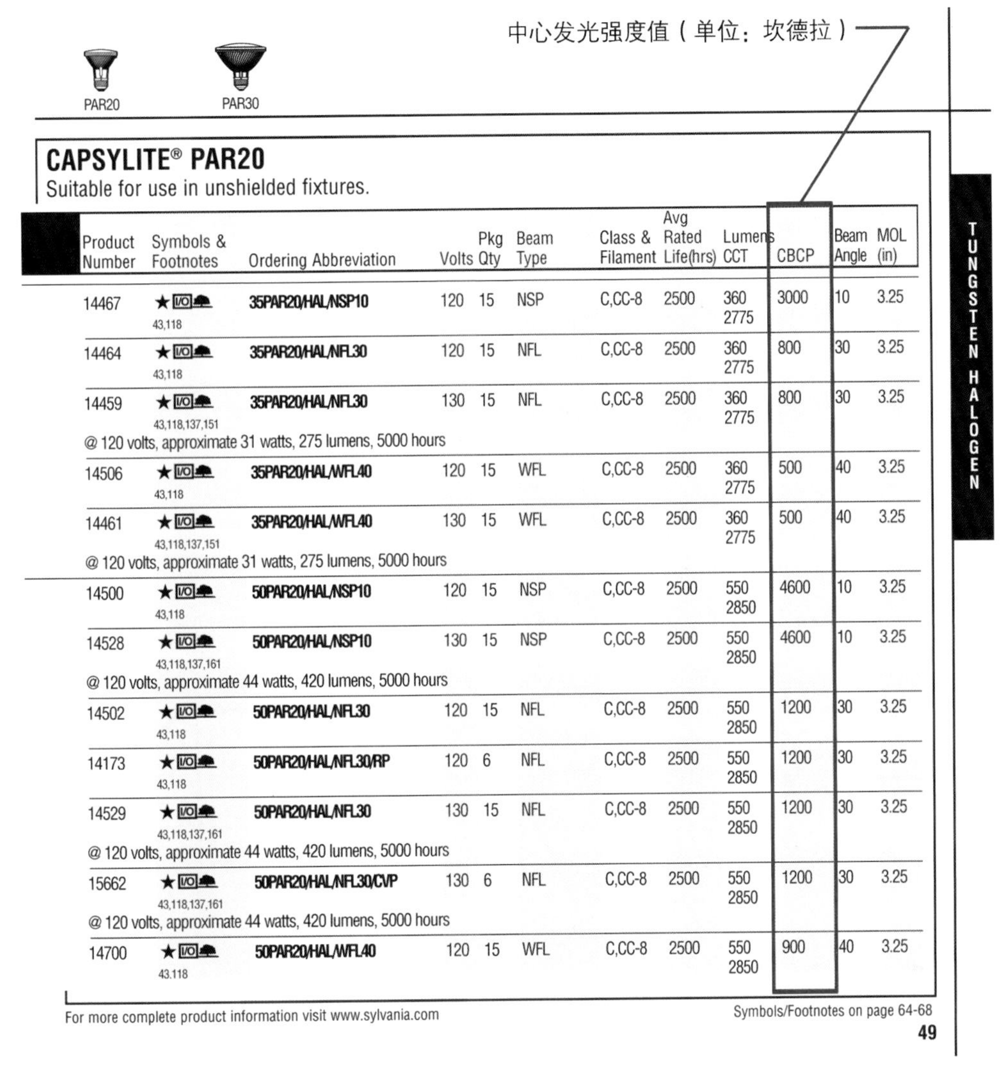

CAPSYLITE® PAR20

Suitable for use in unshielded fixtures.

Product Number	Symbols & Footnotes	Ordering Abbreviation	Volts	Pkg Qty	Beam Type	Class & Filament	Avg Rated Life(hrs)	Lumens CCT	CBCP	Beam Angle	MOL (in)
14467	★ I/O 43,118	35PAR20/HAL/NSP10	120	15	NSP	C,CC-8	2500	360 2775	3000	10	3.25
14464	★ I/O 43,118	35PAR20/HAL/NFL30	120	15	NFL	C,CC-8	2500	360 2775	800	30	3.25
14459	★ I/O 43,118,137,151	35PAR20/HAL/NFL30	130	15	NFL	C,CC-8	2500	360 2775	800	30	3.25
@ 120 volts, approximate 31 watts, 275 lumens, 5000 hours											
14506	★ I/O 43,118	35PAR20/HAL/WFL40	120	15	WFL	C,CC-8	2500	360 2775	500	40	3.25
14461	★ I/O 43,118,137,151	35PAR20/HAL/WFL40	130	15	WFL	C,CC-8	2500	360 2775	500	40	3.25
@ 120 volts, approximate 31 watts, 275 lumens, 5000 hours											
14500	★ I/O 43,118	50PAR20/HAL/NSP10	120	15	NSP	C,CC-8	2500	550 2850	4600	10	3.25
14528	★ I/O 43,118,137,161	50PAR20/HAL/NSP10	130	15	NSP	C,CC-8	2500	550 2850	4600	10	3.25
@ 120 volts, approximate 44 watts, 420 lumens, 5000 hours											
14502	★ I/O 43,118	50PAR20/HAL/NFL30	120	15	NFL	C,CC-8	2500	550 2850	1200	30	3.25
14173	★ I/O 43,118	50PAR20/HAL/NFL30/RP	120	6	NFL	C,CC-8	2500	550 2850	1200	30	3.25
14529	★ I/O 43,118,137,161	50PAR20/HAL/NFL30	130	15	NFL	C,CC-8	2500	550 2850	1200	30	3.25
@ 120 volts, approximate 44 watts, 420 lumens, 5000 hours											
15662	★ I/O 43,118,137,161	50PAR20/HAL/NFL30/CVP	130	6	NFL	C,CC-8	2500	550 2850	1200	30	3.25
@ 120 volts, approximate 44 watts, 420 lumens, 5000 hours											
14700	★ I/O 43,118	50PAR20/HAL/WFL40	120	15	WFL	C,CC-8	2500	550 2850	900	40	3.25

For more complete product information visit www.sylvania.com

Symbols/Footnotes on page 64-68

49

Image courtesy of Sylvania　www.sylvania.com

图 20.12　聚光灯说明书通常会描述一系列灯的中心发光强度值

当所要照射的物体并不垂直于光源的时候，点计算法也会有效，只是稍有一些复杂。在这些情况下必须在计算中考虑一些几何因素来保证准确度：如果从光源发出的光线并不是垂直角度，而是以其他角度照射在表面上时，从之前圆形光斑的现象可知，非垂直角度照射到表面的光并不会那么强烈。这个例子就像在圆形光斑案例中呈现的那样。随着照射角度增加，圆形光斑会变长、变宽形成椭圆形光斑。

我们使用修改调整后的点计算公式来计算有角度照射下光线的强度：

坎德拉需求数 =（所需照度水平 × 距离平方）÷ 角度余弦

等式中的角度是指被照点与灯具连线同灯具垂线之间的夹角，如图 20.13 所示。

或者

$$CD = (E \times D^2) \div \text{夹角余弦}$$

或者，如果计算的是点照度的时候，使用

$$E = (CD \times \text{夹角余弦}) \div D^2$$

这种情况可以参照案例 3。

点计算法：案例 3
Point Calculation: Example 3

假设有一个聚光灯安装在 10 英尺高的天花板上，朝着距离地面 3 英尺高的展台上照射。为了重点照射这个展台，将灯具旋转至对着展台的角度。灯具与展台连线与垂线之间夹角为 30°。如果希望展台的照度值为 100 英尺－烛光，那这个灯具需要多少坎德拉的中心光强？

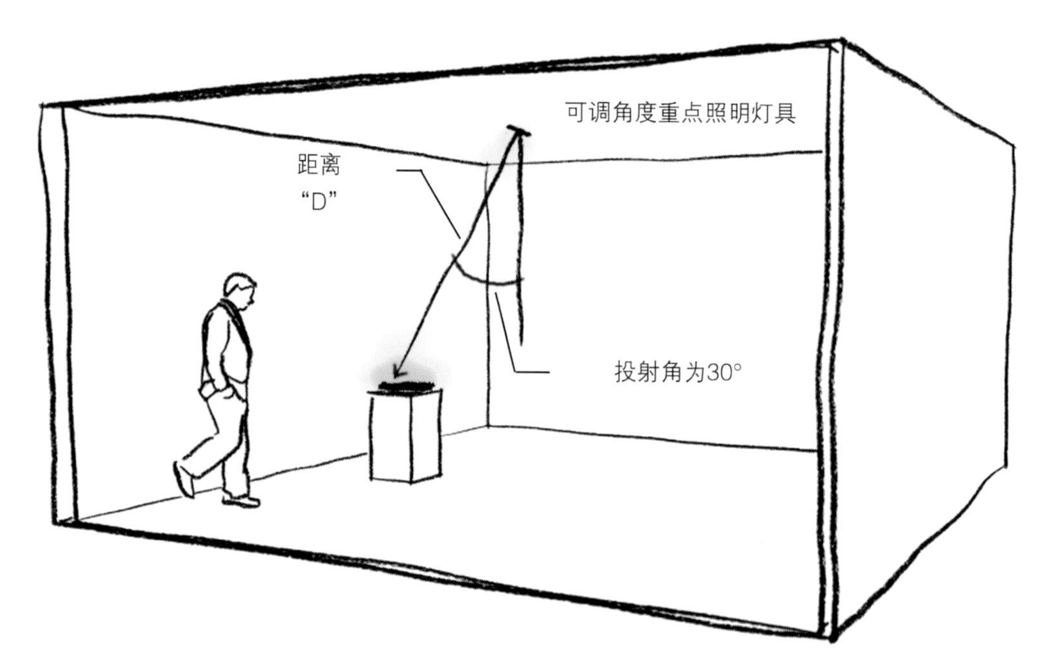

图 20.13　当涉及投射角时，用于确定如何去照亮一个物体的点计算法

我们使用带角度照射的等式版本

坎德拉需求数 =（所需照度水平 × 距离平方）÷ 角度余弦

或者

$$CD = (E \times D^2) \div \text{夹角余弦}$$

我们代入所知的数值：

照度需求数

E = 100 英尺 - 烛光

使用简单三角几何知识得到距离平方

D^2 = 8.1 英尺的平方 = 65 平方英尺

角度余弦 = cos30° = 0.87

结果为

CD =（100FC×65 平方英尺）÷0.87

或者

坎德拉需求数 = 7471 坎德拉

通过这个案例可以看到有角度的照射极大地降低了灯具的照射效率。这对于理解房间几何形状对光斑大小形状的影响是很有意义的。大角度的照射所形成的是长且宽的“扇贝”状光斑而不是圆形或者椭圆形的形状。

这一章展示了不考虑室内反射因素下进行简单计算的方法，认清这一点很重要，这些计算都是假设光是直接来自于灯具的。

一旦设计师掌握了这两种计算方式的使用原则，就具备了判断在何种情况下使用这些方法的直觉。这与之前提到过，计算在某些时候对设计无用或无法帮助创造好的照明结果是同样重要的。在设计过程中，通过更图形化和富有想象力的过程完成照明策略时，会意识到照明计算对于支持和提炼这些照明策略的作用有限。

这一章所探讨的所有工具，都着眼于这一点，为了将图纸所画出的照明设计可以真正在项目中实现。视觉效果、文字描述、草图、施工图、施工说明和照明计算所有这些工具都令合适照明方案的选择工作更加简单。下一个逻辑阶段就是使用所有创造力与计算结果来生成图纸和节点，最终将项目建成。

第三部分

成果交付

Deliverables

第二十一章　解读制造商的灯具产品手册

Deciphering Luminaire Literature and Manufacturers' Cut Sheets

为了能够建立起选择照明设备这种直觉，我们必须花费一定时间去理解哪些类型的灯具是可用的。照明器具同大部分规范设计的产品一样，都附有丰富的说明文字，可以帮助设计师确定哪些产品是合适的。此外除了产品手册和网站上的信息，大部分灯具制造商都会雇用当地的销售代表来为设计师服务。这些工作人员会解释每种照明器具是否满足需求。制造商的代表同样可以提供价格和供货期等敏感信息。设计师的最好选择之一就是与当地的照明制造商代表处联系来丰富自己的照明知识。

照明产品手册包含灯具的形状、型号和全部级别的所有有用信息。制造商也会印刷“产品单页”（cut sheets）列出照明产品的不同特点、配光和能力。首先，产品单页应该提供尺寸、功能和产品外观的信息。除此之外，不同制造商提供信息的详尽程度也不尽相同。大体上，越技术化的灯具信息，提供的信息就越多。而一些富有异国情调的装饰性灯具所提供的产品资料就少得可怜。为了学习如何使用这种产品单页，我们将通过几个例子来说明如何识别这些信息的关键内容。

复杂与神秘的照明制造商产品单页应该不会阻止设计师将其作为设计工具来使用。如果设计师具备从这些产品页中收集信息的能力，将大大增强其自信心，也将很好地集中精力建立选择灯具的自信。对产品单页的理解能力对于选择正确的照明产品绝对是有必要的。

设计师应该能从产品单页中将接下来列表中的参数收集在一起，建立完整的照明产品目录编码。当设计师需要寻找一些灯具信息的时候，就可以找到产品单页来获取相关信息，参考图 21.1 的示例。

基本外形信息
Physical Basics

对灯具的第一印象就应该是尺寸、形状和功能。应该很清楚地了解灯具安装在哪些位置以及如何安装（表面、内嵌、墙上、天花，等等）。如果灯具内嵌在墙壁或者天花中，在产品单页中应该很快可以发现关于灯具是否可以这样安装的信息。另外也同样可以得到灯具安装后在空间中的外观信息。

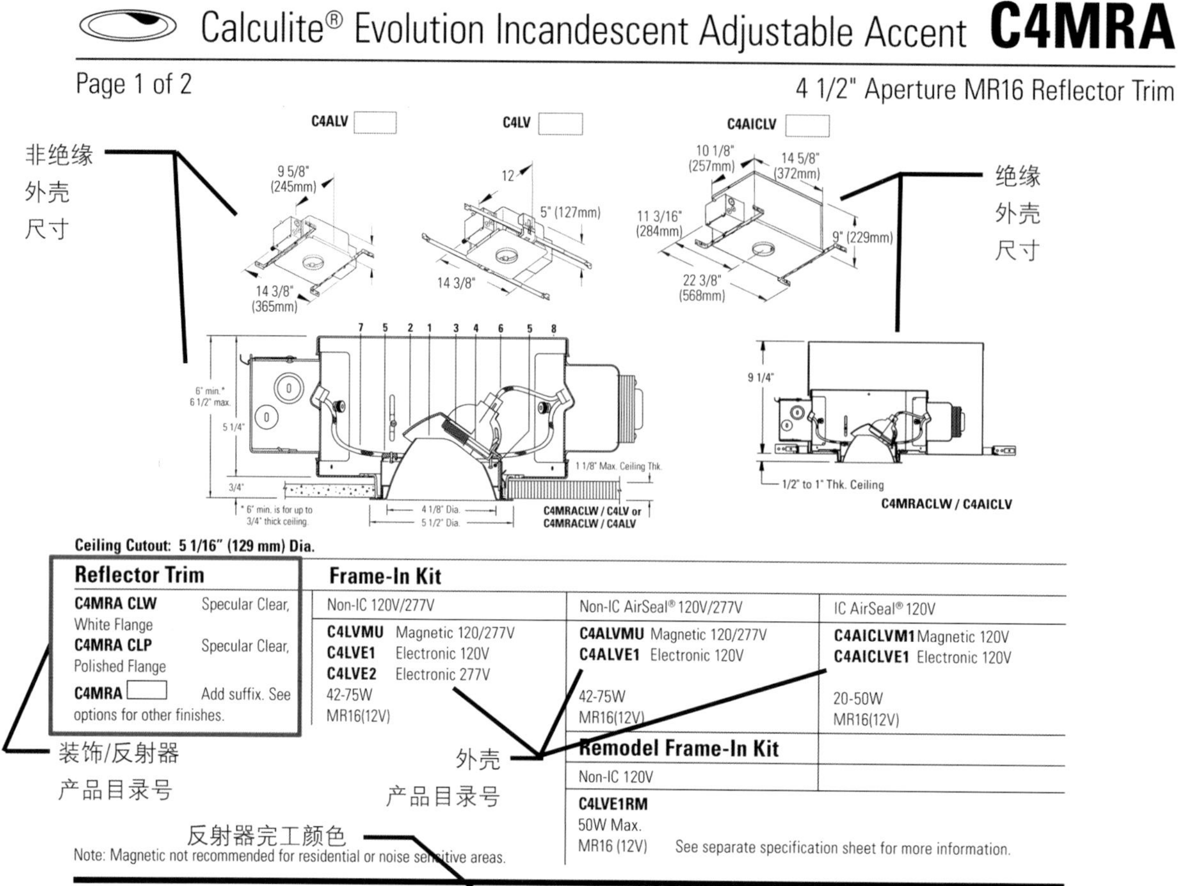

Calculite® Evolution Incandescent Adjustable Accent C4MRA

Page 1 of 2

4 1/2" Aperture MR16 Reflector Trim

Ceiling Cutout: 5 1/16" (129 mm) Dia.

Reflector Trim

C4MRA CLW White Flange	Specular Clear,
C4MRA CLP Polished Flange	Specular Clear,
C4MRA ☐ options for other finishes.	Add suffix. See

Frame-In Kit

Non-IC 120V/277V	Non-IC AirSeal® 120V/277V	IC AirSeal® 120V
C4LVMU Magnetic 120/277V **C4LVE1** Electronic 120V **C4LVE2** Electronic 277V	**C4ALVMU** Magnetic 120/277V **C4ALVE1** Electronic 120V	**C4AICLVM1** Magnetic 120V **C4AICLVE1** Electronic 120V
42-75W MR16(12V)	42-75W MR16(12V)	20-50W MR16(12V)

Remodel Frame-In Kit

Non-IC 120V

C4LVE1RM
50W Max.
MR16 (12V) See separate specification sheet for more information.

Note: Magnetic not recommended for residential or noise sensitive areas.

Features

1. **Aperture Cone:** 16 ga. aluminum. Slot cut cone opening minimizes view into fixture. Keyed to lampholder assembly for true aiming of lamp through aperture center and to prevent incorrect installation of cone. Hinged, snaps onto adjustable lampholder for easy tool-less installation. Interchangeable with other Evolution 4 1/2" low voltage trims.
2. **Adjustable Lampholder:** Die-cast aluminum. Built-in aperture shield blocks view into fixture. 45° vertical tilt (35° max. with remodel frame-in kit), 358° horizontal rotation; lockable. Hot aiming is possible using a phillips screwdriver. Matte black finish. Lamp shield keeps interior of fixture dark.
3. **Lamp Support:** Die-formed aluminum with knurled surface for easy gripping during relamping. Spring tension clips hold lamp and lens and allow fast snap-in, snap-out relamping. Matte black finish. Accepts up to two 2" dia. accessories.
4. **Cover Glass:** High temperature, tempered soft focus lens.
5. **Vertical /Horizontal Locking:** Single screw adjustment; independent locking system.
6. **Socket Harness:** Porcelain bi-pin socket. Pre-wired with No. 18 Teflon® leads.
7. **Power Harness:** Provides power to transformers.
8. **Frame-In Kit:** Compatible frame-in kits are listed above. See separate frame-in kit specification sheets for details.
   Non-IC and Non-IC AirSeal® - Insulation must be kept 3" away from fixture sides and wiring compartments and must not be placed above fixture in a manner which will entrap heat.
   IC-AirSeal® - Fixture may be in direct contact with insulation.

Options & Accessories

Clear: CL　Gold: GD　White: WH
Black: BK
Comfort Clear Diffuse: CCD
Champagne Bronze: CCZ
Specify desired flange: **W** White; **P** Polished

Evolution 4" Trims with Non-IC Frames
C4MRA 1 Secondary Color Lens *or* 1 Mixing Color Lens *and* 1 Specialty Filter
Evolution 4" Trims with AIC Frames
C4MRA 1 Secondary Color Lens *or* 1 Mixing Color Lens *or* 1 Specialty Filter

Labels

UL Listed (Suitable for damp locations), I.B.E.W

Teflon® is a registered trademark of E.I. DuPont.
US Patent No. 5,957,573. Other US and Foreign Patents Pending.

Job Information	**Type:**
Job Name:	
Cat. No.:	
Lamp(s):	
Notes:	

Lightolier a Genlyte company　www.lightolier.com
631 Airport Road, Fall River, MA 02720 • (508) 679-8131 • Fax (508) 674-4710
We reserve the right to change details of design, materials and finish.
© 2007 Genlyte Group LLC • G0707

LIGHTOLIER®

图 21.1　一种典型的建筑灯具的产品单页。本图是一种嵌入式可调重点照明灯具

图 21.1 中所示的是 Lightolier 生产的 C4MRA 型可调角度聚光灯具的产品单页，这个灯具可以使用不同的反射器和外壳，同时它也是一种内嵌可调角度射灯。而在单页上可以明显看到这个灯具是内嵌安装在天花板中的，也可以发现光源安装在灯具中，并且其安装角度暗示这是个可调节角度的灯具。在我们眼中的其他信息包括这个灯具的净尺寸，这个内嵌射灯尺寸信息十分具有代表性。从这个产品单页中看到有三种不同的外形尺寸可以选择。

安装方式：
Mounting Style：

这个灯具可以内嵌进天花吗？

这个灯具可以安装在墙壁和顶棚表面吗？

这个灯具是垂吊，还是吸顶安装？

图 21.1 的产品单页中看到三种不同的结构外形。内嵌灯具经常有多种安装选择来适应天花板绝缘型（IC）与天花板非绝缘型（Non-IC）的结构情形，这些我们将在接下来详细讨论。

灯具尺寸和高度：
Fixture Size and Height：

灯具的尺寸是什么？

这个灯具尺寸可以在我们的空间中使用吗？

如果这是一个嵌入式灯具，它可以适合房间的天花吗？

图 21.1 中所示灯具的开孔尺寸为 4 英尺的孔。可以使用三种不同的外壳，范围从 8 英寸高到 11 英寸高。所有三种外壳都有类似的 14 英寸 ×10 英寸大小的投影。这就是为什么这些基础外形信息对于保证安装时灯具与空间相协调是如此重要。

美学因素：
Aesthetics：

安装完成后表面是什么颜色和样子的？

灯具的装饰、漫射器和配件是什么样的？

图 21.1 中所示的内嵌灯具对于空间美观的影响并不大，但是设计师也需要对其外形加以选择，例如内嵌灯具的反射器和边框颜色。如图 21.1 中所示，需要选择这些灯具组件的颜色。因为这个灯具安装的是 MR-16 光源，所以同样可以指定任何颜色的透镜或者漫射透镜来柔化光线。

光线的适应性：
Light Suitability：

灯具是否是天花板绝缘型（是否适合绝缘天花板和高压电源）？

灯具是否可以在潮湿的环境中使用？

灯具所提供的强度、颜色和光斑是否满足以后的设计？

灯具和光源是否可调光？

光源是否可以瞬时启闭？

灯具是否具有防炫设计？

灯具是否是聚光或者可调整角度？

在图21.1中的灯具其实就是一个MR-16光源的载体。像MR-16这样的光源可以很好地完成控光的功能，它是低电压卤素灯光源，所以可以瞬时启闭，容易调光并且非常聚拢光线。

天花板绝缘型是一个在内嵌类型灯具中很常见的问题。天花板绝缘型是“绝缘接触”（insulation contact）的缩写。这个参数是用来形容灯具温度是否足够低，从而可以直接接触玻璃纤维和棉絮。在住宅项目中最常见这个指标，所以当进行住宅照明设计时，常常要谨慎决定灯具是否应使用天花板绝缘型灯具及其具体参数。

光源和电器基础知识：
Lamp and Electrical Basics：

是否有多个光源可供选择？

这个灯具需要多种光源吗？

灯具电压是多少？

灯具电压极限是多少（最大电压）？

灯具是否需要镇流器或者变压器？

这里的灯具可以使用MR-16光源，对于非绝缘安装的最大功率为75W，对于绝缘安装的最大功率为50W。绝缘安装的方式通过限制功率来减少热量的释放。因为MR-16光源是一个“低电压”光源，所以需要变压器。在这种情形下，变压器是灯具的组成部分。而常见的情形则是灯具不包含变压器，另外需要一个远程的变压器。

光输出的性能：
Light Output Performance：

灯具输出多少流明？

灯具的效率是多少？

这个灯具的配光是什么样的？

灯具的产品单页提供配光曲线了吗？

我们如何形容发出光的形状？圆点？泛光？聚光？洗墙？扩散？自发光？漫射？

在图21.1中的灯具中装有MR-16光源。而MR-16则具有不同的配光曲线。因为这种光源定义了光线的分布，所以相对于灯具的产品单页，我们可以在光源制造商的说明书中获得更多关于配光的信息。

无论多么缺乏相关的资料，记住以下这些基本原则，它们将令我们大部分时候都会选择到正确的照明产品。

这个灯具是如何安装的？（内嵌、表面、墙壁，等等）？

这种灯具使用何种光源？

这种灯具需要远程驱动、变压器或镇流器吗？

灯具的尺寸是多少？

如果当设计师面对灯具产品手册时可以成功地回答上述这几个问题，就会有机会选择到恰当的照明设备。只是简单地了解所需信息在产品手册的位置都会在查阅产品手册和网站的时候带给我们极大的信心。

第二十二章　灯具选择：基本类型

Selecting Luminaires: A Basic Family

每个照明项目都是独一无二的，在设计师的整个设计生涯中，可能会慢慢变得更精通于特定类型的项目，每次在这类型项目中都使用一些相同风格或类型的照明产品。由于这个原因，我们将关注这些“主力”灯具类型，它们经常在住宅、高档商业和酒店的灯具目录中出现。显然，照明项目类型繁多，有的设计师从不需要这里提到的任何一类产品。但是这些“主力”显然拥有足够多的功能，可以作为每个设计师的设计基础。科技、光源、能效、规范的要求时时都在变化，所以需要确保可以跟上这些灯具类型更新的速度。一旦有疑问，通过网络或者致电地方销售代表来更新这些信息。并且要记住：常常需要从运行一段时间的项目中获取关于灯具的建议。

基本灯具类型
The Basic Fixture Family

4 英寸内嵌筒灯
The 4-inch Recessed Downlight

内嵌筒灯无疑是建筑照明中的一个宠儿，这种小尺寸灯具在天花上除了一个洞之外不会留下任何痕迹，它发出的光向下直接照射在表面上。这种小巧的筒灯通常使用 MR-16 的低电压光源或者高电压的 PAR-20 光源。甚至有 4 英寸筒灯的光源使用紧凑型荧光灯、陶瓷金卤灯，当然还有 LED 灯。这种筒灯经常用于 9 英尺（2.74 米）高的场合。需要注意的是，根据这个灯具的特性，筒灯的使用是有一定局限性的。因为光直射下来，并不能精确对准竖直的墙体表面或者具体物体。因为这个原因，一些设计师并不大量使用“固定”筒灯，而是选择使用可调角度内嵌聚光灯具。一些常见的 4 英寸筒灯生产商包括 Lightolier, Prescolite, Leucos, Deltalight, Prima, Capri and Juno。下面的产品单页和图片就是这种类型的灯具。

图 22.1.1　来自 Deltalight 的一款 4 英寸筒灯

ERCO **LC Downlight**

for low-voltage halogen lamps

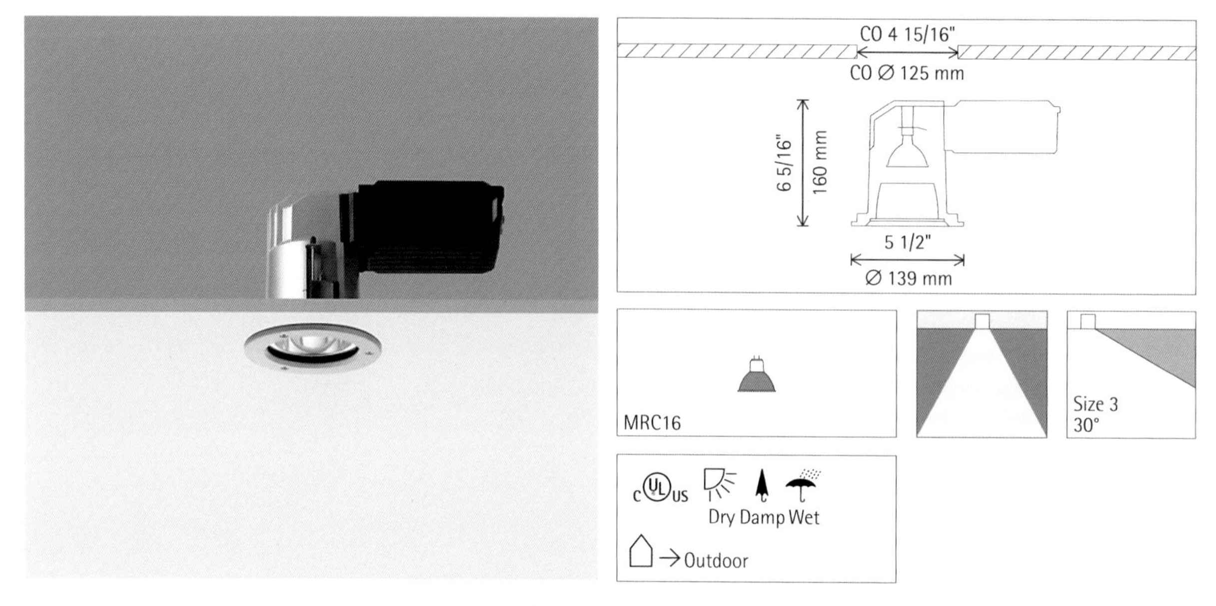

图 22.1.2 来自 Erco 的一款 4 英寸筒灯

Calculite® Evolution Incandescent Open Downlight **C4MRD**

4 1/2" Aperture, MR16 Reflector Trim

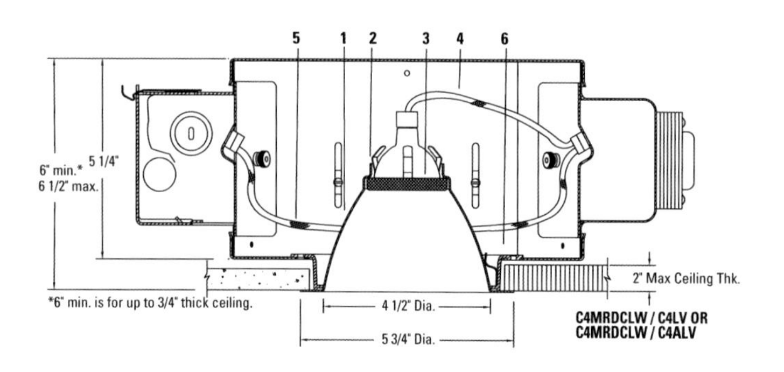

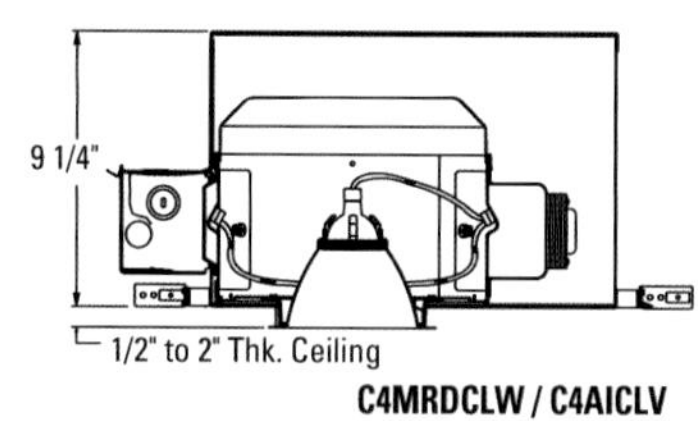

LIGHTOLIER®

图 22.1.3 来自 Lightolier 的一款 4 英寸筒灯

Image courtesy of Deltalight　www.deltalight.us

图 22.1.4　4 英寸筒灯的一个应用案例

6 英寸内嵌筒灯
The 6-inch Recessed Downlight

6 英寸筒灯的使用方法与 4 英寸筒灯相同，但常常为了更高的亮度而使用更大的光源。如果要使用 6 英寸筒灯，要先确认需要更多的光线，这样就要调整开洞的尺寸。6 英寸筒灯一般使用 90W ～ 150W PAR38 的卤素灯、70W ～ 150W T6 陶瓷金卤灯或者 2500 流明的 LED 灯光源。大体上，这些更大的筒灯安装在 10 英尺（3.048 米）～ 30 英尺（9.144 米）高顶棚的空间中。

图 22.2.1　来自 Deltalight 的一款 6 英寸筒灯

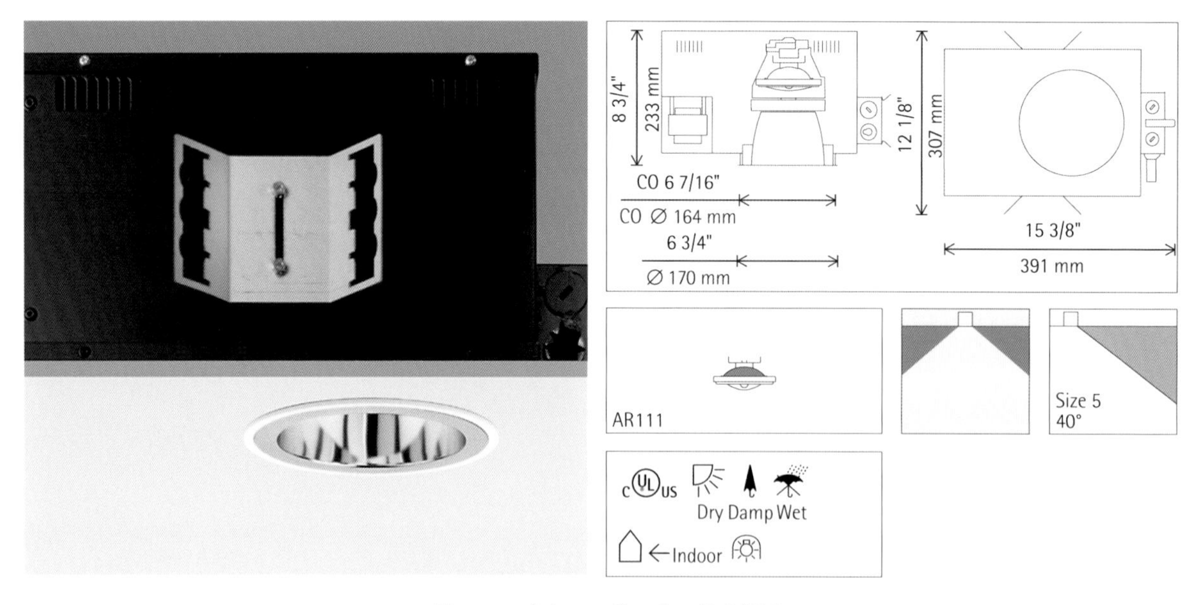

图 22.2.2　来自 Erco 的一款 6 英寸筒灯

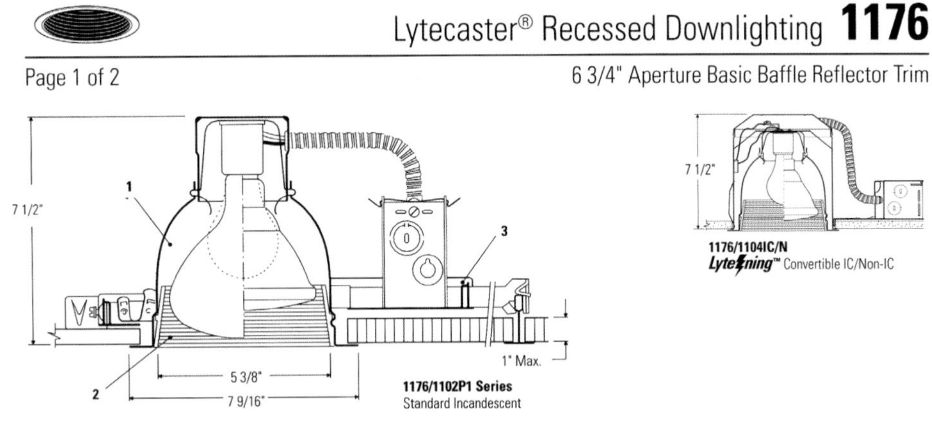

图 22.2.3　来自 Lightolier 的一款 6 英寸筒灯

Image courtesy of Deltalight　www.deltalight.us

图 22.2.4　6 英寸筒灯的一个应用案例

4 英尺和 6 英尺内嵌可调角度聚光灯
The 4-inch and 6-inch Recessed Adjustable Accent

内嵌可调角度聚光灯是一种可以调节照射方向的筒灯，这种灵活的特性让它成为设计师的首选。这种灯具可以像舞台聚光灯一样使用，可以聚光照射在任何表面上。它有多种用途，可以用作聚光灯、洗墙灯或只是普通内嵌筒灯。它可以使用不同透镜来产生不同的扩散角度，以此来提供从戏剧性、高亮到柔和、平淡的光线。这些灯具特别适合用在之前的灯光地图上（见第十七章）实现那些物体和表面上所“画上”的光斑。在一些简单的项目中完全可以使用可调角度内嵌筒灯来实现最终效果。使用一款可任意调节角度的内嵌筒灯，比用一群“眼球”一样的筒灯更有效率。一些可调角度聚光灯的知名生产厂商包括 Erco, Zumtobel 和 RSA 以及与前述下射筒灯相同的品牌。

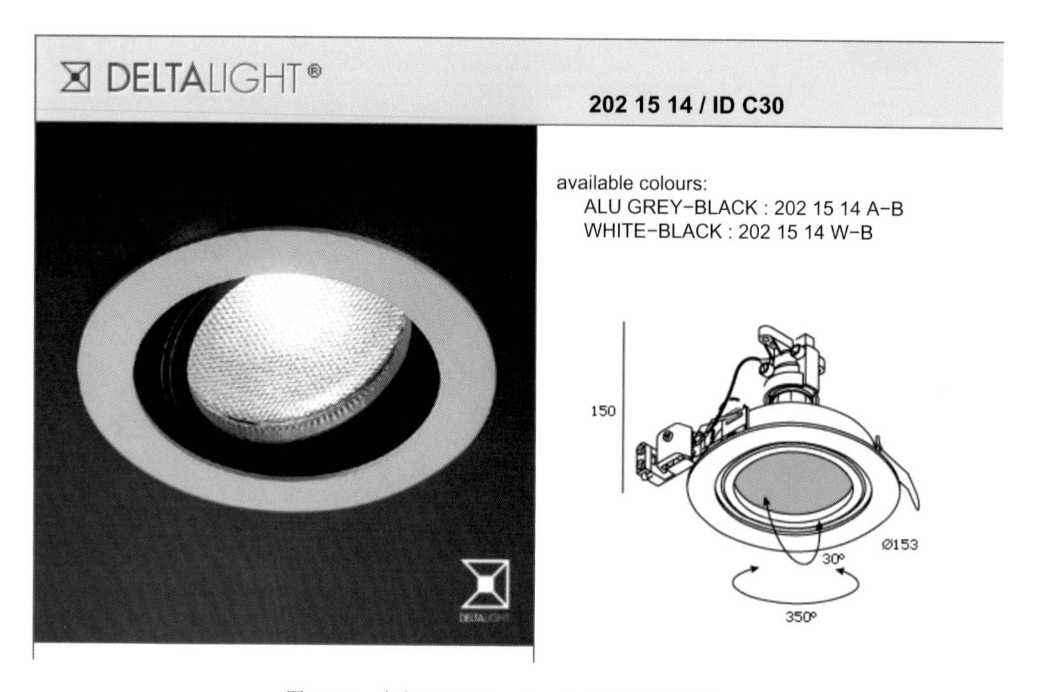

图 22.3.1 来自 Deltalight 的一款可调角度聚光灯

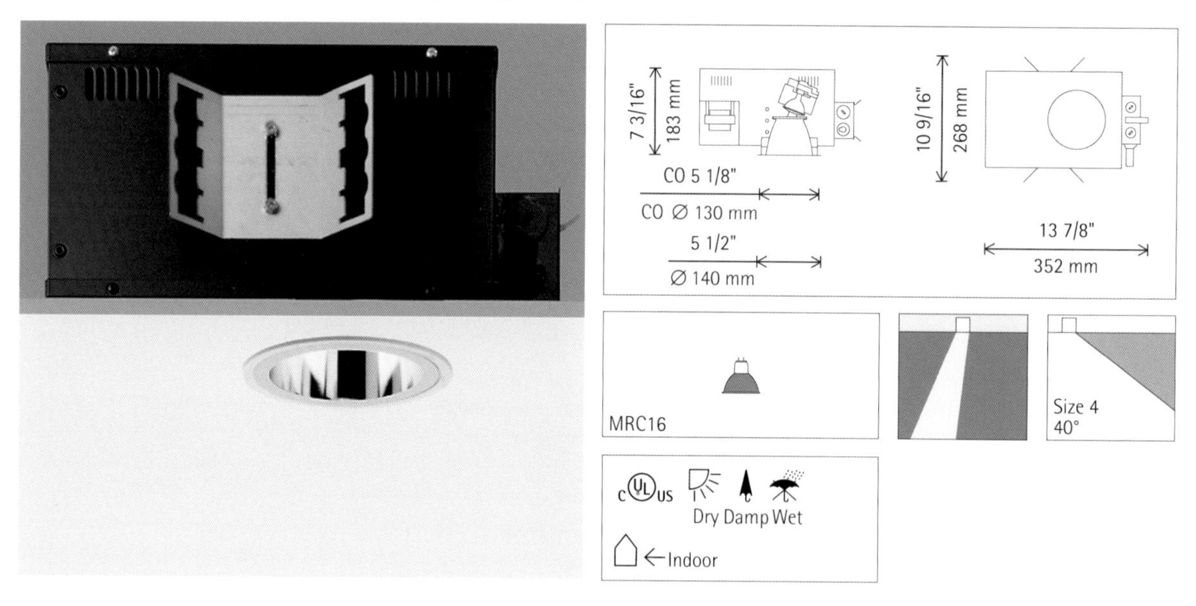

图 22.3.2 来自 Erco 的一款可调角度聚光灯

Calculite® Evolution Incandescent Adjustable Accent **C4MRA**

4 1/2" Aperture MR16 Reflector Trim

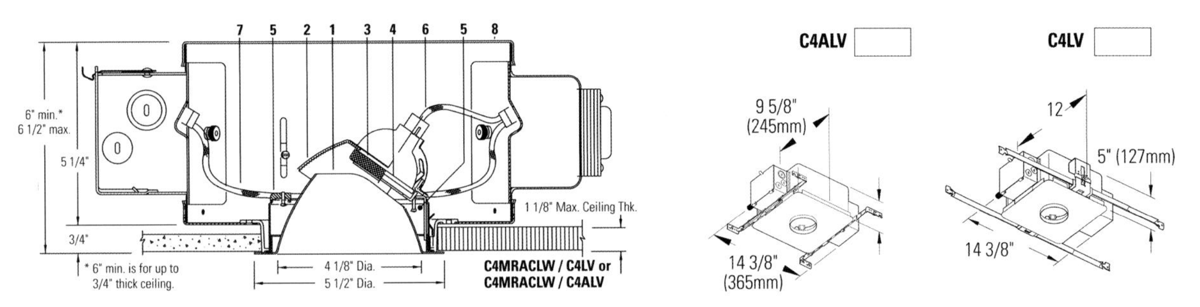

图 22.3.3　来自 Lightolier 的一款可调角度聚光灯

Lytecaster® Recessed Downlighting **1129**

Page 1 of 2

6 3/4" Aperture Recessed Adjustable Reflector Trim 30°

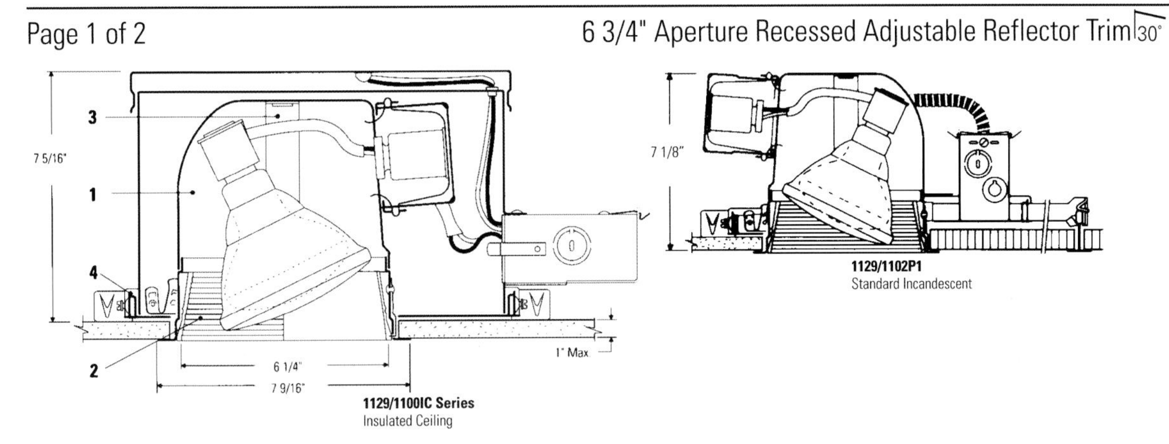

图 22.3.4　来自 Lightolier 的一款可调角度聚光灯

Image courtesy of Deltalight www.deltalight.us

图 22.3.5 可调角度聚光灯的一个应用案例

小型下射筒灯
The Millwork Downlight

不可避免的，有的地方需要小尺寸的可调角度聚光灯或者下射筒灯。正如所看到的那样，大多数内嵌灯具的特点都是需要大空间来包容热量。但是，同样需要很小的尺寸来契合建筑橱柜、木制品和建筑细部。一些常用的产品可以从 Prima lighting, DaSal lighting 和 Ardee lighting 的产品目录中获取。

Varianti Series
MR16 – DL21 Trim

TYPE: ________

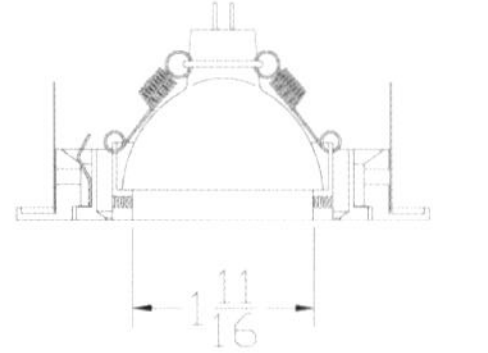

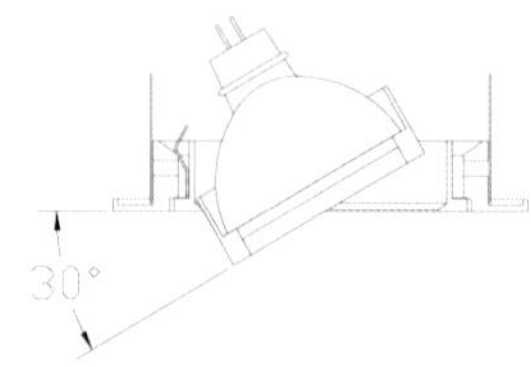

SPECIFICATIONS:

Low voltage adjustable recessed downlight with nominal 4” diameter trim and 1 5/8” diameter aperture.

图 22.4.1 来自 Ardee 的一款小型下射筒灯

New Vision in Point Source Lighting

MILLWORK LUMINAIRE COLLECTION

Super Flush Series

Lamp Type: G4 Bi Pin Halogen

Max 10 or 20 watts

Note:

- All Elektra Cabinet Luminaires are to be powered with remote Class 2 transformers. (Sold separately)
- See TRANSFORMER section for requirements
- See under Cabinet light Installation sheet for typical installation methods. (Install 1)

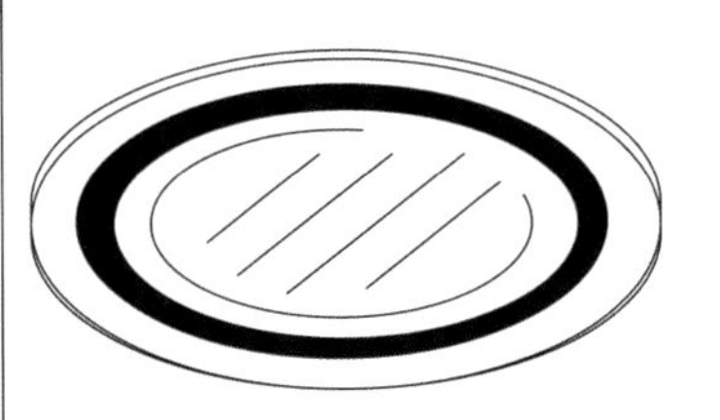

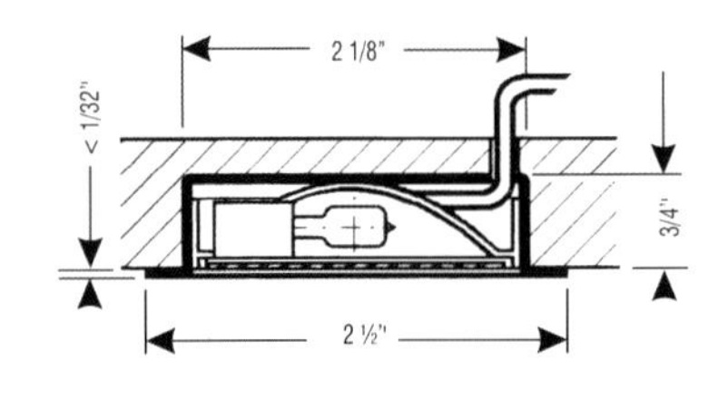

Recommended millwork cutout is 2 1/4"

图 22.4.2　来自 Dasal 的一款小型下射筒灯

Prima Recessed Architectural - Series 27 Downlight / Accent Trim with Adjustable Gimbal is compatible with Series 84 fixtures. Series 27 may be used with or without Prima Recessed rough-in housings. Compatible with Prima NCH, ICH and RMH rough-in housings.

Adjustable Downlight/Accent for MR16 Lamp - Adjustable Gimbal

Series 84 Adjustable Gimbal for MR16
Adjustable Downlight / Accent light for use with MR16 lamp. Matte Black interior finish. Includes perforated lamp shield.

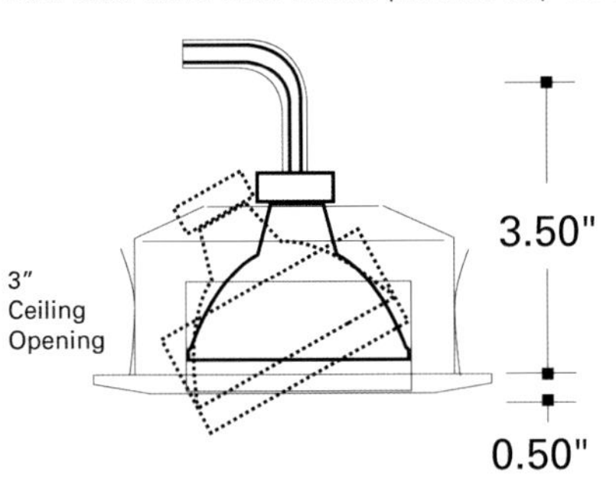

SERIES 27

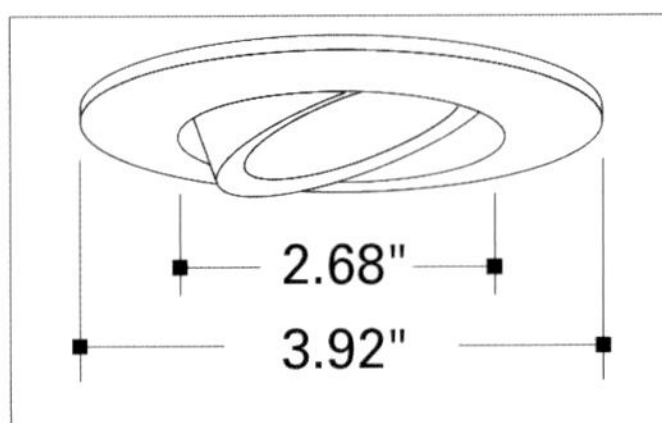

图 22.4.3　来自 Prima 的一款小型下射筒灯

Image courtesy of Deltalight　www.deltalight.us

图 22.4.4　小型下射筒灯的一个应用案例

直埋或“嵌入”地面灯具
The Direct-burial or In-grade Floor Luminaire

这个类型的灯具直接安装在空间的地面或者地板里面，向上照射墙体、柱子和雨棚。基本上就是一种安装在地面上大功率的内嵌筒灯。因为安装在地面上，所以这些灯具必须具有耐久性和防水性，而且要考虑在运行过程中所产生热的影响。必须要考虑灯具的埋深与地板或者地面的材质（木质、土地、石材）。如果将它安装在人员密集的地方，同样需要非常小心地选择安装的位置。直埋式灯具同样提供可调节角度的型号，这样就可以对准某一个具体表面来洗亮它。使用这些灯具也是将独特的灯光引入空间的一种方式。这个类型常见的灯具可以从 Lumascape, Lumiere, Hydrel, Kim 和 Deltalight 的产品手册中获得。

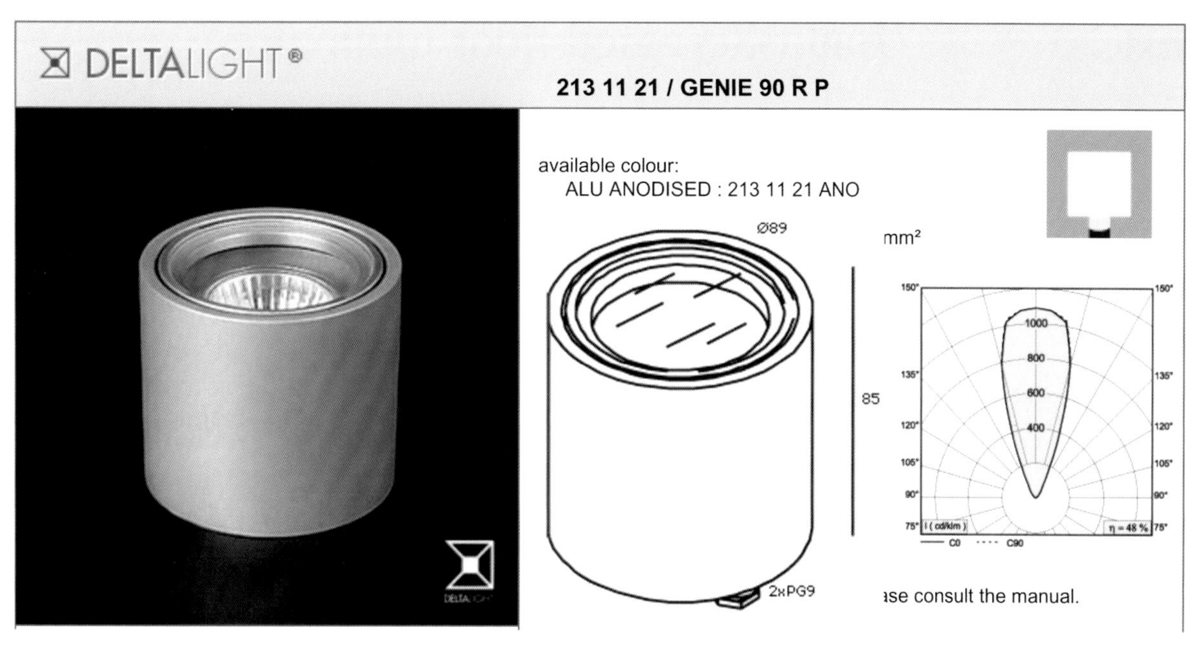

图 22.5.1　来自 Deltalight 的一款直埋式上射灯

图 22.5.2　来自 Erco 的一款直埋式上射灯

ERCO　**Nadir Recessed floor luminaire**

for compact fluorescent lamps

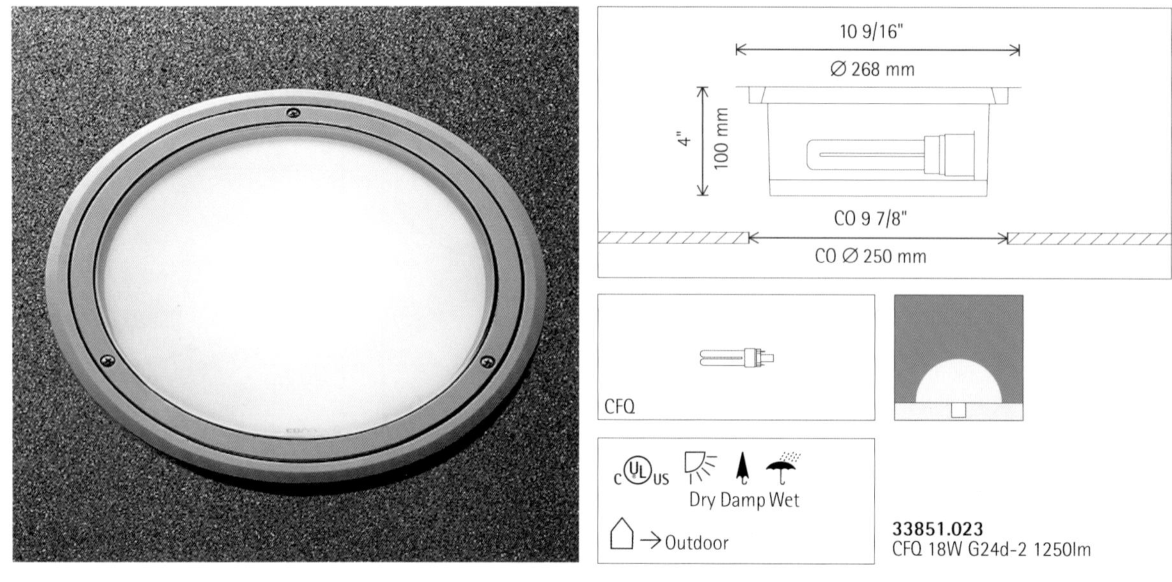

图 22.5.3　来自 Erco 的一款直埋式上射灯

Image courtesy of Deltalight　www.deltalight.us

图 22.5.4　直埋式上射灯的一个应用案例

安装在墙上的向上照明或者洗墙灯具
The Wall Mounted Uplight

这类灯具经常安装在柱子和其他竖直表面上，主要用来重点表现竖直表面和天花。通过这种方式可以很好地增加环境光并且重点突出有特点的建筑顶棚。这类灯具可以安装在竖直表面上，也可以内嵌安装从而产生“在墙上的洞”的效果。它们既可以体现多种风格的装饰，也可以外观毫无装饰。这类型灯具的常见厂商如 Winona, Elliptipar 和 Insight。一些内嵌入墙的厂商如 Belfer, Energie, Eurolite 和 Deltalight。

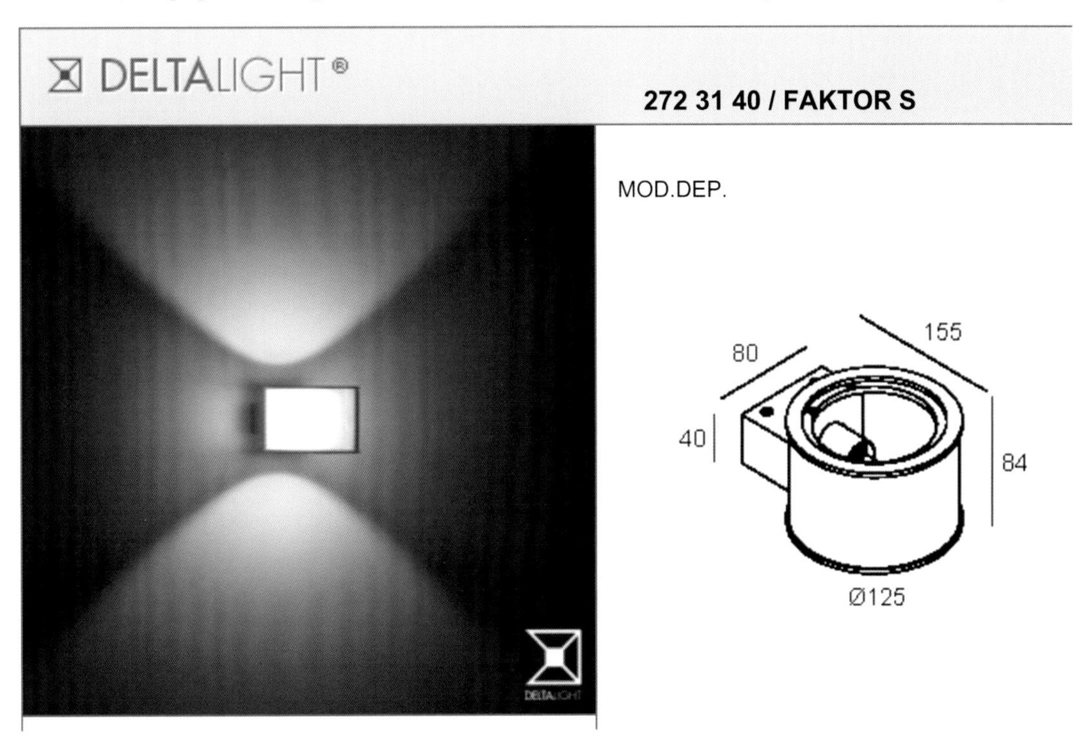

图 22.6.1　来自 Deltalight 的一款壁挂式上射灯

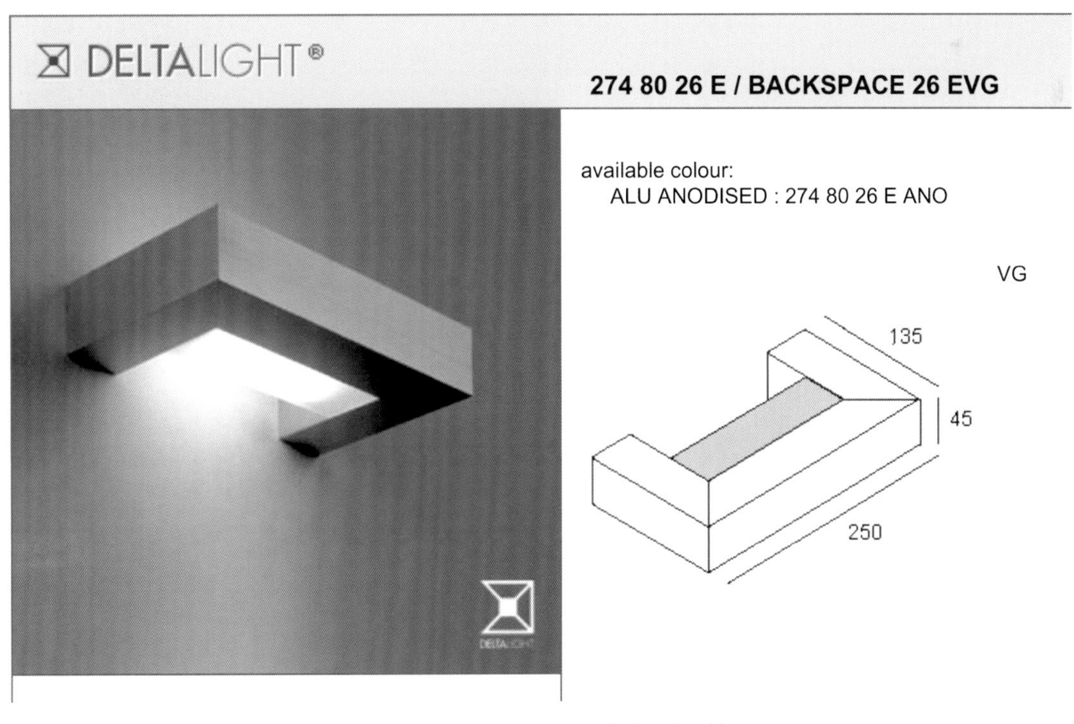

图 22.6.2　来自 Deltalight 的一款壁挂式上射灯

ERCO

Trion Uplight

for compact fluorescent lamps

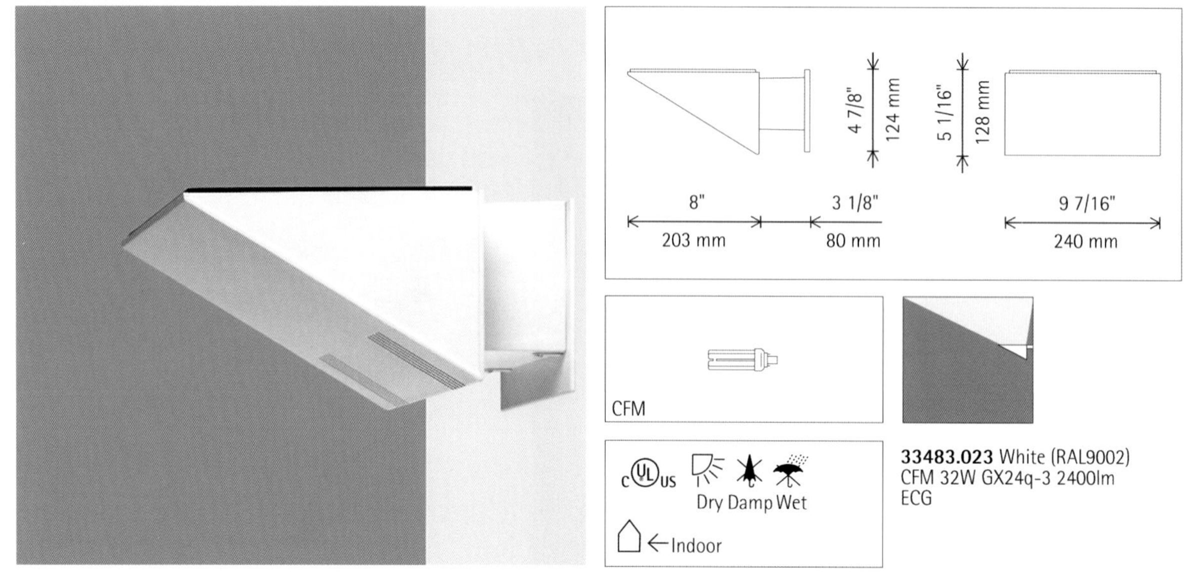

图 22.6.3　来自 Erco 的一款壁挂式上射灯

ERCO

Atrium Uplight

for compact fluorescent lamps

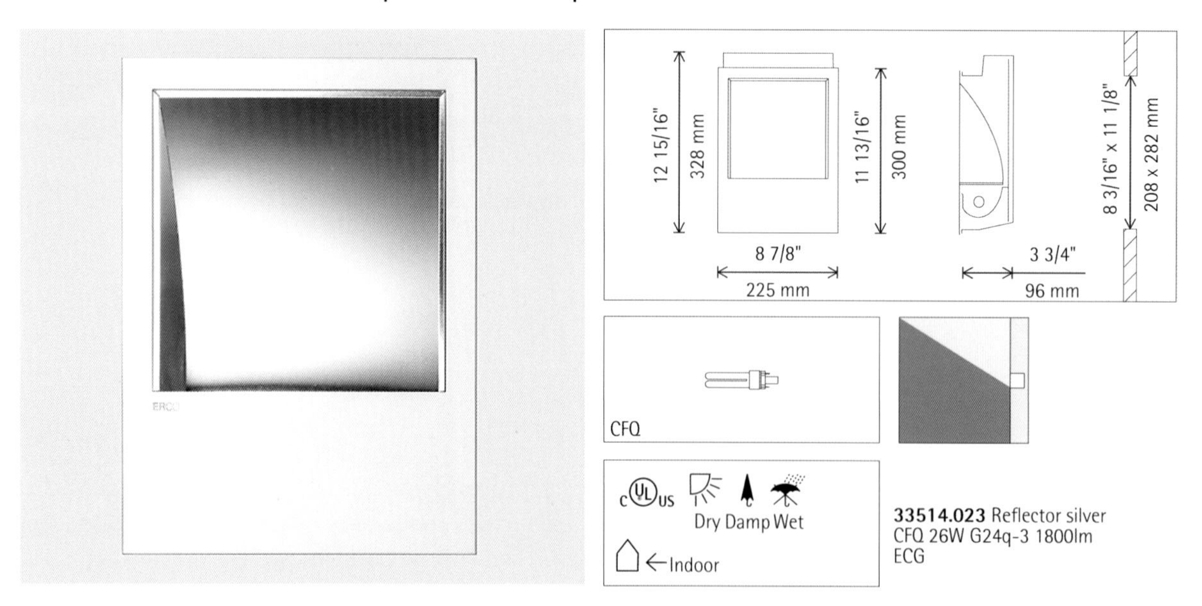

图 22.6.4　来自 Erco 的一款壁挂式“墙洞”上射灯

“发光盘子”的区域泛光灯具

The Glowing Disc Area Light

设计中后知后觉的事也经常发生，在一些小空间和功能性空间的照明中，可以在顶棚上直接安装这一类区域泛光照明的灯具。这些小空间常常会是使用内嵌筒灯来进行照明，而这时大部分光线都直射在地面上，反而造成空间感到黑暗，有种洞穴般的感觉。这时，一个简单的吸顶灯或者一个装饰化的吸顶灯可以同时照亮天花、墙壁和地面。属于这种类型的一些常规灯具来自于 Tech lighting 和 Eureka lighting。

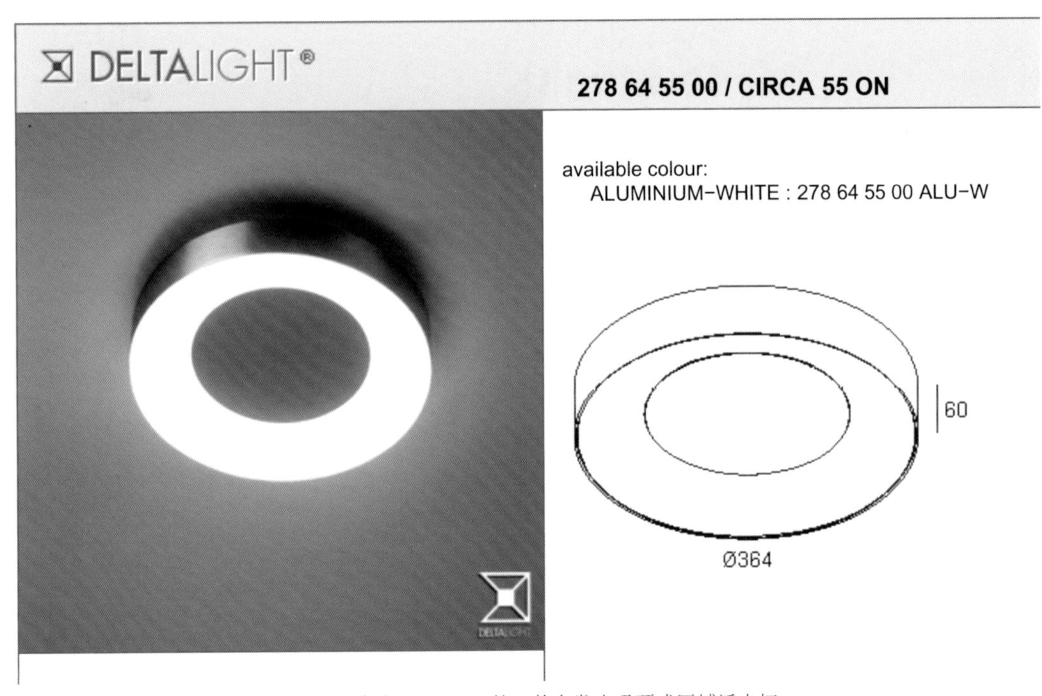

图 22.7.1 来自 Deltalight 的一款自发光吸顶式区域泛光灯

TECH LIGHTING®

CEILING COLLECTION

7400 Linder Avenue
Skokie, Illinois 60077

T 847.410.4400
F 847.410.4500

www.techlighting.com

CIRQUE, LARGE
Shown approximately 20% actual size.

CIRQUE

DESCRIPTION
Beautiful round, pressed glass shade with polished surface. Suspended from a die-cast base. Available in two lamp configurations; incandescent and fluorescent.

DIMMING
Incandescent version dimmable with a standard incandescent dimmer (not included).

FINISH
Chrome, satin nickel.

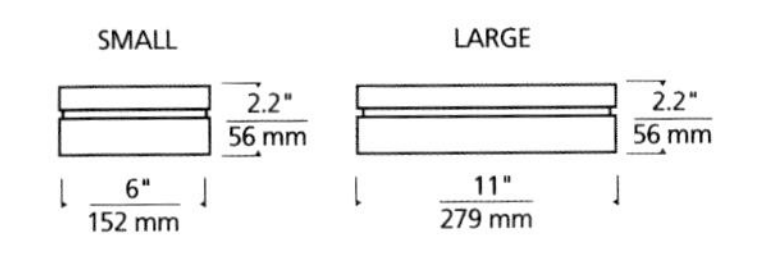

图 22.7.2 来自 Tech Lighting 的一款自发光吸顶式区域泛光灯

紧凑型荧光灯筒灯
The Compact Fluorescent Downlight

随着节约能源、光源寿命和长寿命设计越来越受到重视，荧光灯变得越来越受欢迎。在写作本书的时候，使用这种类型光源的灯具已经进入了常用灯具列表，尤其在家居项目中常常很容易看到使用紧凑型荧光的灯具。虽然有很多商用产品可供选择，但是却很难获得住宅空间中常常需要使用的天花板绝缘型灯具（IC）。出于美观考虑，紧凑型荧光灯筒灯一般只使用漫射透镜用于散射光线及遮挡裸露光源。常见的这种类型筒灯产品可以从 Lightolier, Iris 和 Capri 获得。

ERCO
LC Downlight
for compact fluorescent lamps
6 5/16"
160 mm
13 1/8"
334 mm
CO 7 9/16"
CO Ø 192 mm
7 13/16"
Ø 198 mm
15 1/16"
383 mm
19 3/4"
500 mm
CFM
Size 6
30°
Dry Damp Wet
Indoor
22222.023 Reflector silver
CFM 26W GX24q-3 1800lm
ECG

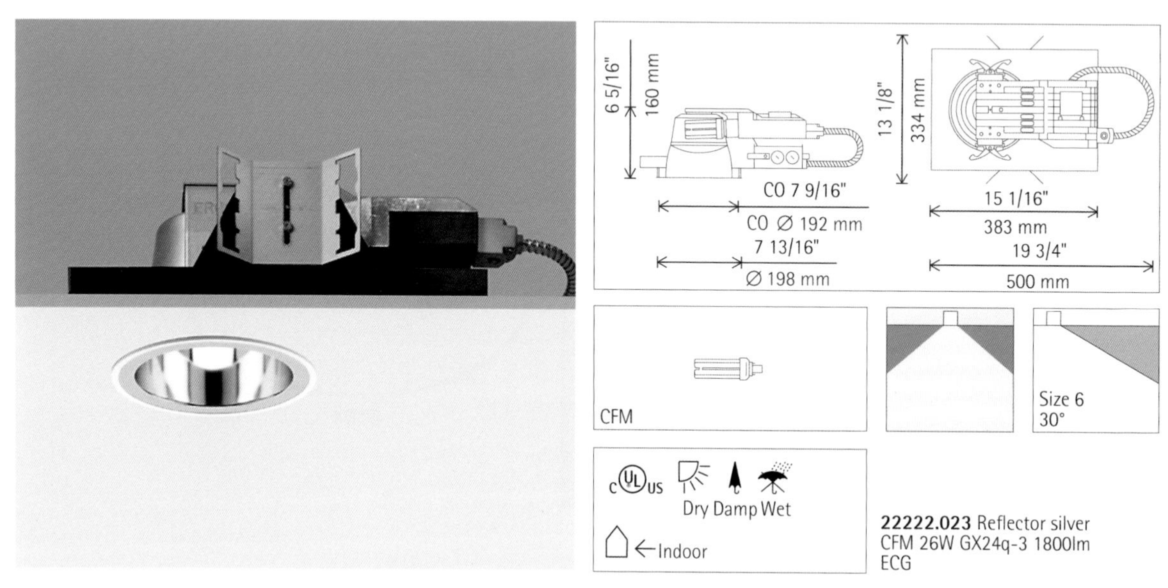

图 22.8.1 来自 Erco 的一款紧凑型荧光筒灯

LIGHTOLIER®
Calculite® Compact Fluorescent Lensed Downlight-8091
Page 1 of 2
6" Aperture Triple Tube Horizontal Lamp
10" (254mm)
4 5/8" (117mm)
12 3/4" (324mm)
6" (152 mm)
3" (76 mm)
1
2
3
4
5
6
7
8
1" (25 mm) min.
2-1/8" (54 mm) max.
5-7/8" (149 mm) Dia.
7-1/4" Self-Flanged
Trim (184 mm)
1-1/8" (29 mm) max.
Ceiling Thickness
Ceiling Cutout: 6 9/16" (167 mm) Dia.

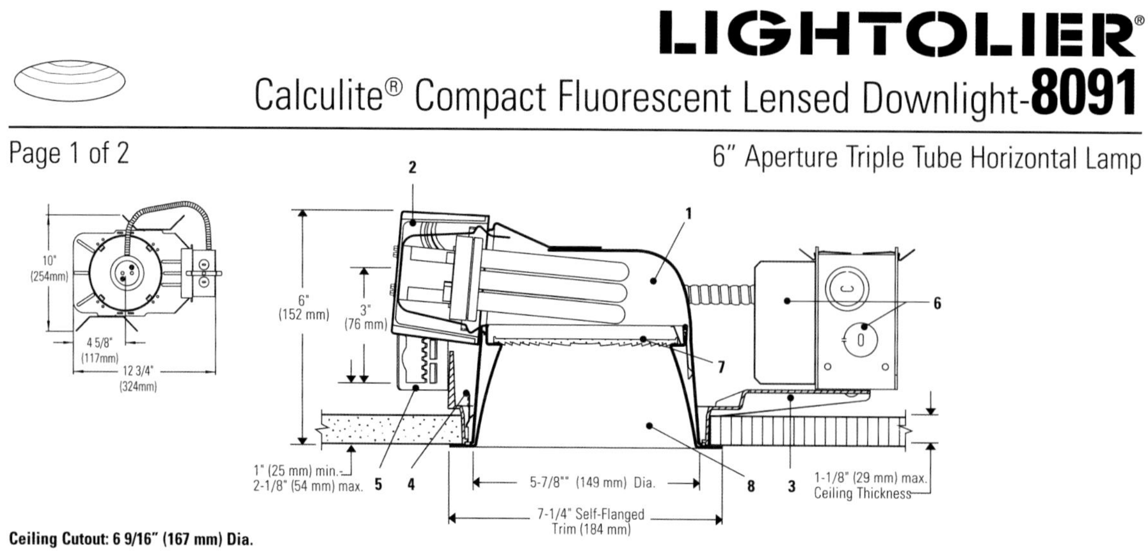

图 22.8.2 来自 Lightolier 的一款紧凑型荧光筒灯

线型白炽灯或 LED 连续线型灯具
The Linear Incandescent or Linear LED Luminaire

在现代环境中经常可以看到长长连续光带这样的设计。创造这种光带的小型线型光源尺寸可以小于 1 英寸 ×1 英寸，并且常常是很柔软的，可以裁成各种长度。这些灯具经常都是低压的，需要远程变压器或者“驱动器”。这些灯具在拱、槽、壁龛中，甚至可以在橱柜下面使用。这种灯具一般都使用白炽灯或者更有效率的 LED 灯作为光源。这类灯具可以从 Tivoli, Solavanti, ColorGlo 和 Tokistar 获得。

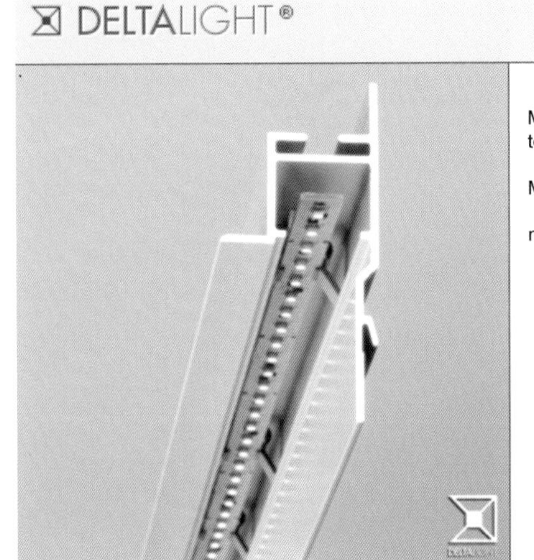

333 00 00 / RV – PROFILE

MOD.DEP.
tol extrusion: TOL.DIN 1748/4 – DIN 17615

MAX.L / PROFILE : 6m
– 1.1 kg
norm: CE

图 22.9.1　来自 Deltalight 的一款线型 LED 灯

LED STRIP OUTDOOR, 100CM, WITH72 SUPERFLUX LED, WARM WHITE	
Article Number:	229812
Product variants	
LED STRIP OUTDOOR, 100CM, WITH72 SUPERFLUX LED, WHITE	229811
LED STRIP OUTDOOR, 100CM, WITH72 SUPERFLUX LED, BLUE	229817
LED STRIP OUTDOOR, 100CM, WITH40X 3IN1 LED, RGB	229813
bulb	72 Super Flux LED's
bulb included	yes
length	39.37 in
voltage	24 Volt
max. load	6 Watt
safety class	IP 55
material	aluminium / plastic
remarks	emitting angle 60°
weight	1.543 lb
Accessories	
POWER UNIT FOR LED STRIPS 12W	470502

图 22.9.2　来自 Solavanti Lighting 的一款线型 LED 灯

Image courtesy of Burke Lighting Design　www.burkelighting.com

图 22.9.3　连续线型灯向上照亮天花梁的一个应用案例

连续荧光光源
Fluorescent Continuous Sources

为了获得亮度更高而且能兼顾功能性的线型照明，荧光灯通常是一个好的选择。这类灯具与线型或者紧凑型荧光光源一起首尾相接可以产生连续的效果。而这个效果可以只用简单的裸灯或者带有反射器的直射灯具就可以实现。这类光源一般用于商业空间以及带遮光板、深槽和背光的环境中。常见的厂商有 Belfer, Bartco, Tivoli 和 Tokistar。

type :

BFL270-S

LINEAR T5 FLUORESCENT

low profile linear T5 fluorescent single width staggered architectural fixture for remote ballast installations

SPECIFICATIONS

- Fully assembled housing is formed, 20 ga. steel, chemically treated to resist corrosion and enhance paint adhesion
- Standard finish is high reflectance white powder coat, applied post production
- Rotational locking lamp holders
- Installed end feed connector accepts 3/8" steel flex conduit (available separately)
- Wired with 12' leads for instant start ballast operation

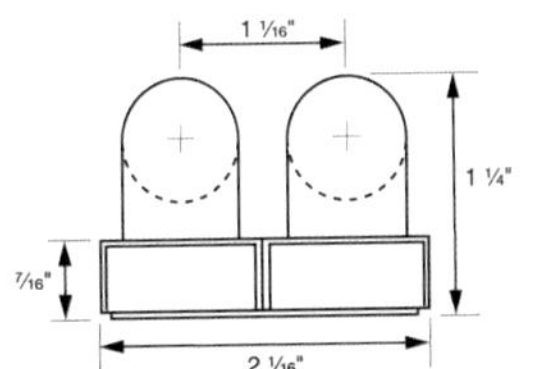

tel 714.230.3200　fax 714.230.3222

bartcoLIGHTING.com

products subject to change without notice.

图 22.10.1　来自 Bartco 的一款交错式线形荧光灯

Compact Fluorescent

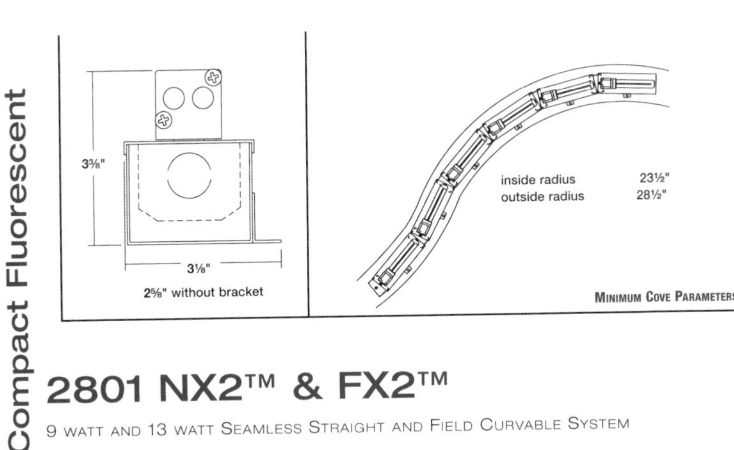

2801 NX2™ & FX2™

9 WATT AND 13 WATT SEAMLESS STRAIGHT AND FIELD CURVABLE SYSTEM

- Linkable Seamless Straight and Field Curvable Lengths
- Constructed of Formed Satin Anodized Aluminum
- 9 watt (G23) Compact Fluorescent Lamp *(refer to page 8-33)*
- 13 watt (GX23) Compact Fluorescent Lamp *(refer to page 8-33)*
- Voltage Options:
  - 120 volt
  - 277 volt

2801 FX2 9/13 WATT
LAMPS FACING UP

BELFER *LIGHTING FOR ARCHITECTURE*

8-26　TEL: (732) 493-2666 . FAX: (732) 493-2941 . www.belfer.com

图 22.10.2　来自 Belfer 的一款连续式紧凑型荧光灯

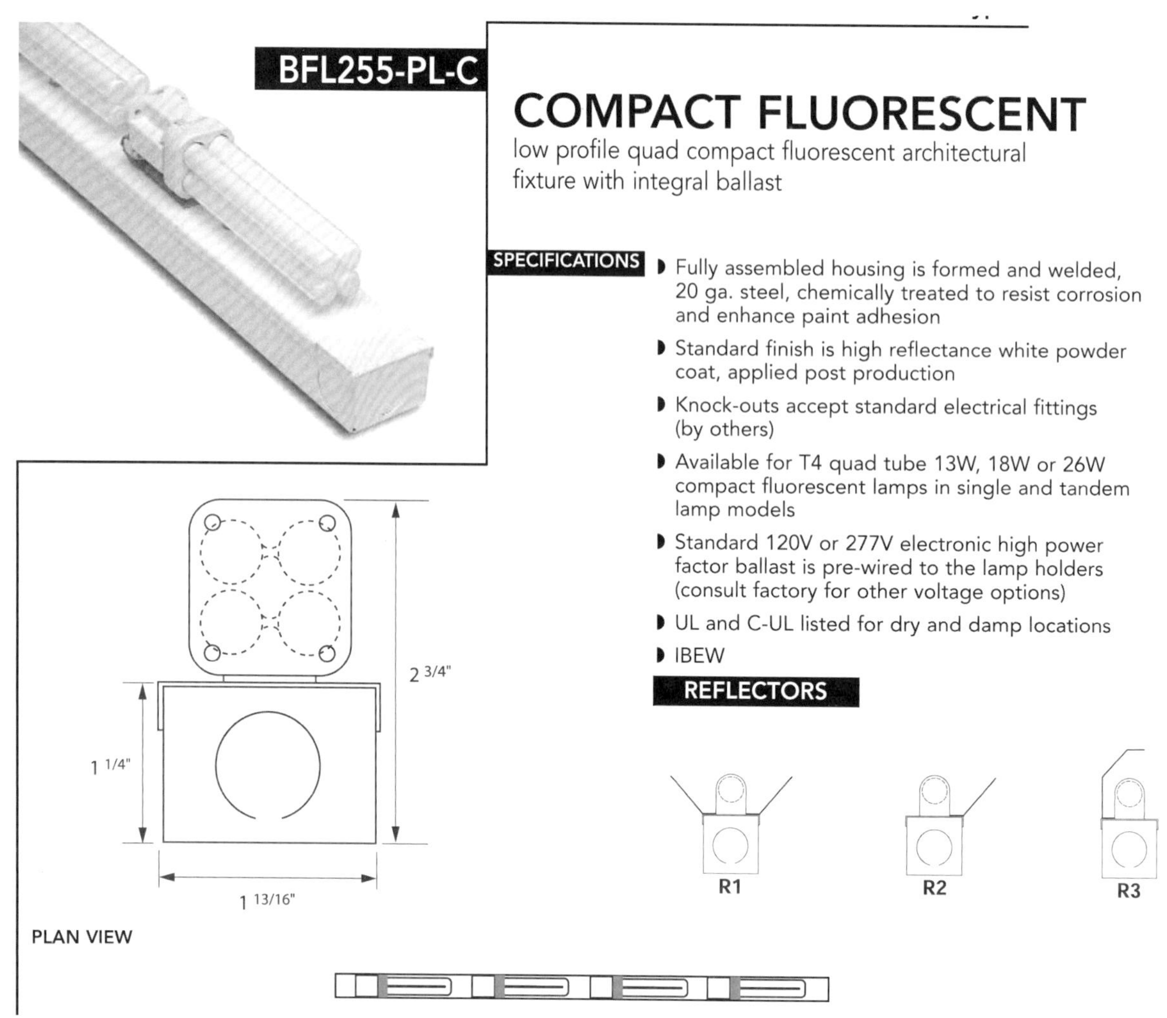

图 22.10.3 来自 Bartco 的一款交错式紧凑型荧光灯

LIGHTOLIER® SN SERIES **SN STRIP**

Page 1 of 2

NARROW WIDTH CHANNEL

2 1/2" WIDE x 1 13/16" DEEP x 18", 24", 36", 48", 72", 96" LENGTHS, ONE LAMP, T8 OR T12

Features

- Fixtures suitable for individual, row, surface, or suspension mounting.
- Efficiency 94% (T8).
- Quarter turn latch secures channel cover for easy wireway access.
- Heavy duty channel of code gauge die formed steel.
- Only 2-1/2" wide.
- Fully enclosed wiring.
- U.L. Listed snap-on end caps.
- Combination end cap for continuous row mounting.
- Green grounding screw installed in channel.
- UL listed for direct mounting on low density ceilings and damp locations.

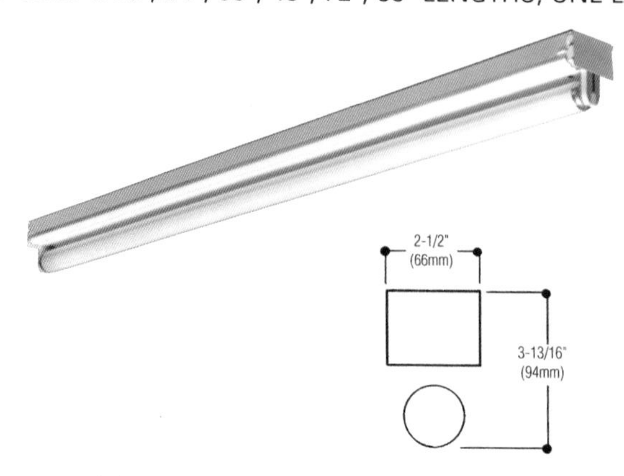

图 22.10.4 来自 Lightolier 的一款线型荧光灯

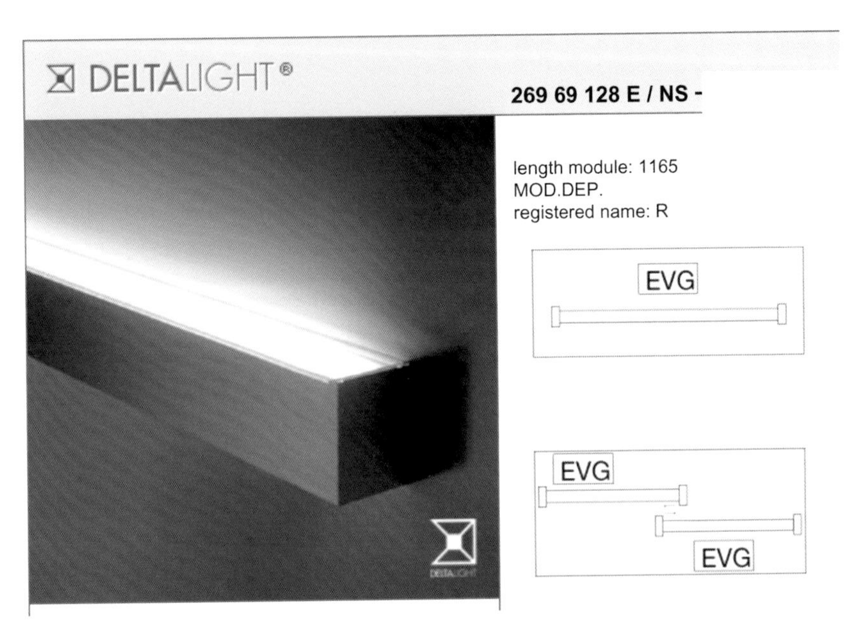

图 22.10.5　来自 Deltalight 的一款模块化线型荧光灯

Image courtesy of Deltalight　www.deltalight.us

图 22.10.6　连续式线型荧光灯的一个应用案例

低高度的台阶灯
Low-level Steplight

所谓“低高度的区域照明灯具”或者“台阶灯”是将光直接照在地面上的高效工具。设计师为了照亮地面，常常使用高处的灯具，因此很多光被浪费掉了。台阶灯可以将光聚集在小路和台阶上，从而确保安全。配光良好的台阶灯也可以提供漂亮的光斑，而且对环境影响很小。大型的此类灯具可用于开敞的区域，可以将座位区域或者矮墙围合的室外空间照亮。

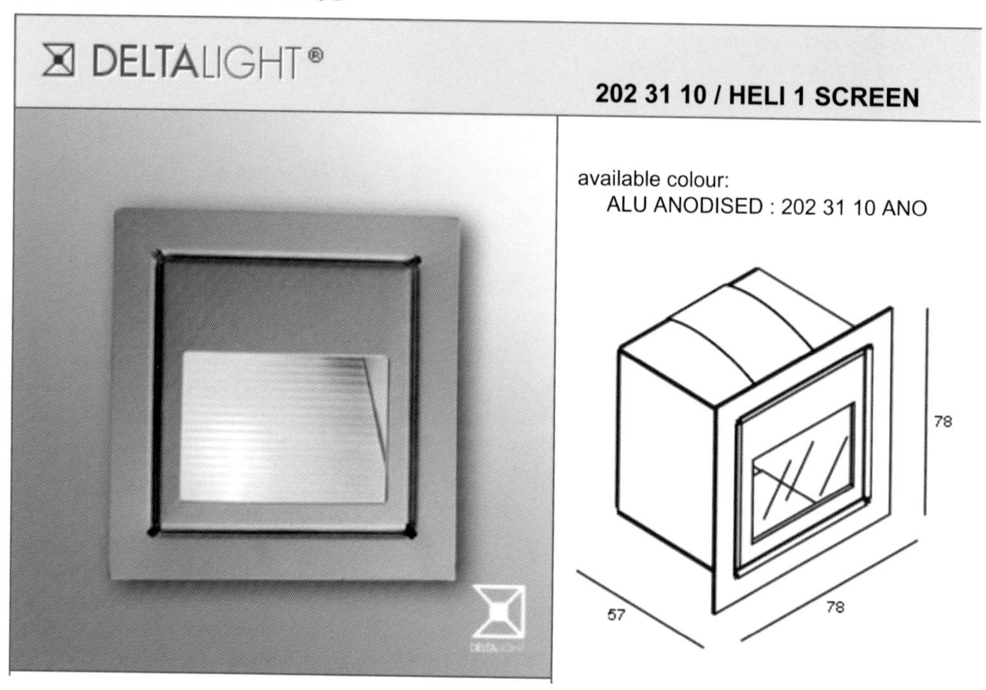

图 22.11.1　来自 Deltalight 的一款小型卤素台阶灯

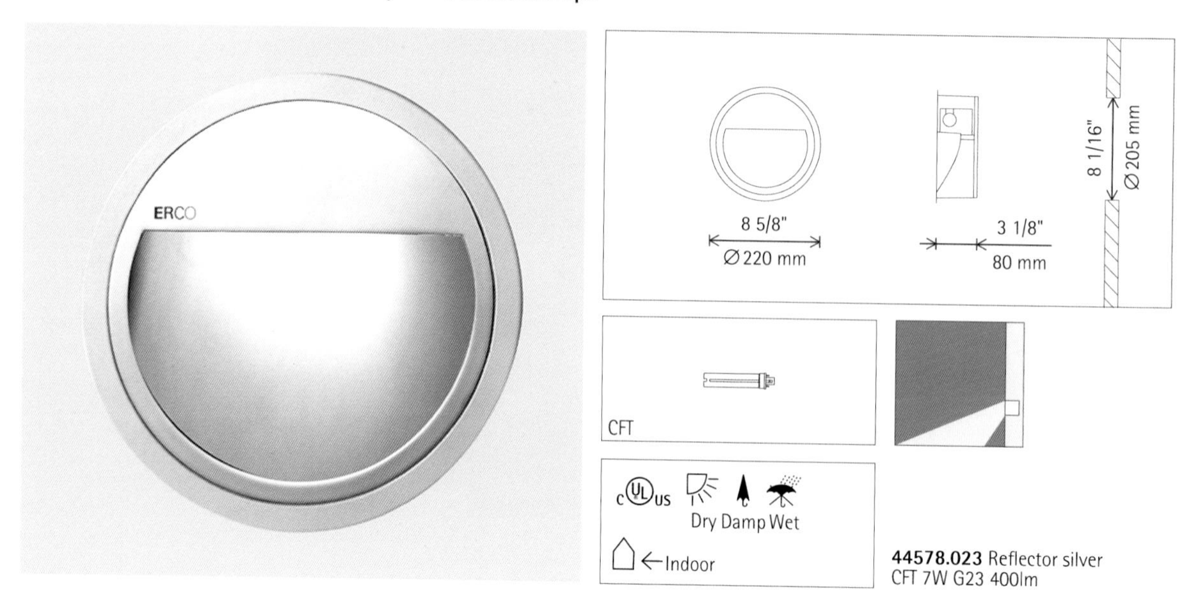

图 22.11.2　来自 Erco 的一款大型紧凑型荧光台阶灯

Image courtesy of Erco　www.erco.com

图 22.11.3　典型台阶灯的一个应用案例

这些精细划分的灯具类型使我们窥视到将光引入设计中的方式可以如此之多。虽然有了这些投射光的工具，但设计核心始终是要处理光的分布、光色、光斑和其他可控方面。一定要记住灯具只是光源的容器。设计师应该有能力辨别在什么时候光源可以完成大部分工作，在什么时候灯具对于传递光线更加有用。希望这里展示的这些常见的照明策略可以在设计师进一步布置和选择照明设备的时候能够拓宽他们的视野。

第二十三章　开关、调光和控制系统

Switching, Dimming and Control Systems

照明设计过程中必不可少的一部分就是需要考虑如何控制空间中的照明元素。简单的壁装开关、调光开关和电脑控制整栋建筑的智能系统之间的区别相当明显，智能系统具有巨大的灵活性。使用这些科技的关键是根据项目中具体功能的需要来做出正确的决定。控制系统设计应该与照明设计的方式一样。调光、混合、减弱和时间控制的效果共同完成照明的需求。照明系统的选择应遵循如何可以简化项目的思考原则。如果照明控制一味增加提供更多的选择和无限的灵活性，那最终的结果可能反而是繁重和混乱。

典型开关型照明回路

Typical Switched Circuits

要了解各级控制系统的优点和特点，就需要理解回路中的“灯光开关”是如何控制输往灯具的电能。

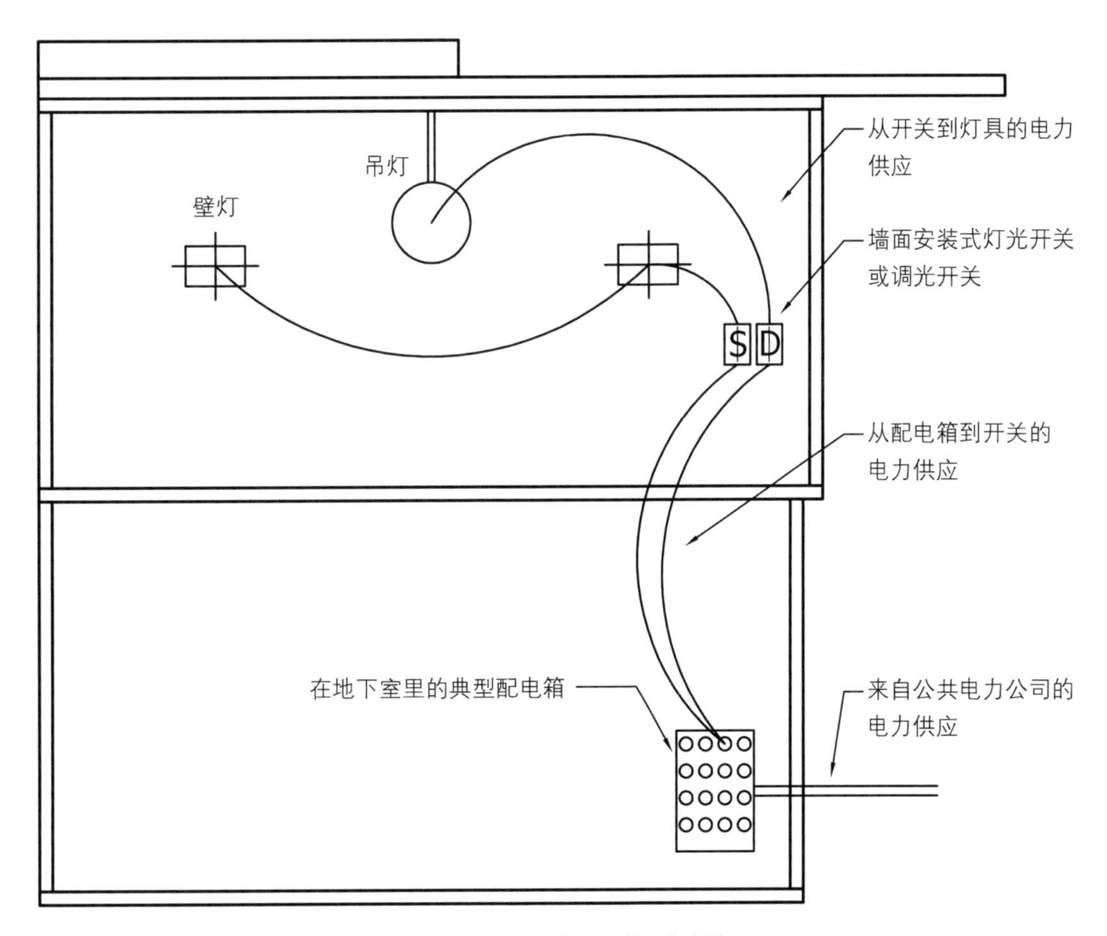

图 23.1　典型的照明电气配送装配线路图

像在住宅这种典型的电气设计中（如图 23.1），将来自公共电力公司的电力接入到项目中公共区域的配电箱中。再将从配电箱输送出的电力分配到各分支电路，最终输送到线路上的插座（插头）和各种灯具上。而控制这些设备电力的唯一方式就是“打开”或者中断连接这些回路。要控制灯具的电力，只需采取简单的“墙开关”的方式。开启灯光开关可以将电能输送到照明设备，或将其关闭从而切断电能。在图中最重要的是画出从配电箱到开关再到灯具的回路。

安装在墙上的灯具控制装置
Wall Mounted Control Devices

有很多在墙上安装的控制装置可以为照明设计增加功能性，并且没有使用昂贵且复杂的全电脑照明控制系统。

调光开关
Dimmers

调光开关是可以控制灯光强弱的设备。普通白炽灯的调光开光所控制的是输入电流的大小。低压光源、LED 光源和荧光灯则需要一个专用调光器来匹配这些光源。墙上安装的调光开关通常可以和典型“灯光开关”互换。

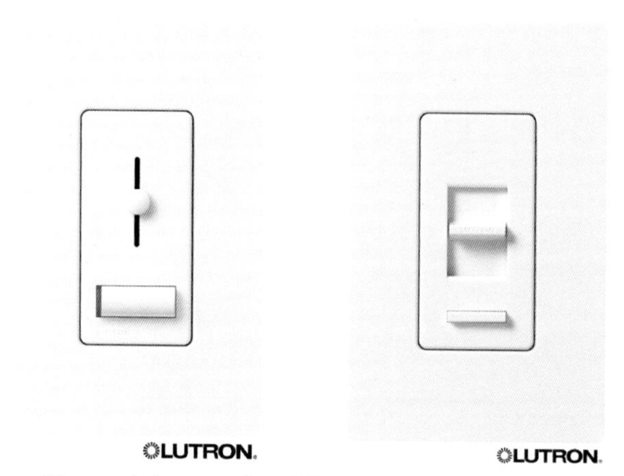

图 23.2　来自 Lutron 的两种典型的墙面安装式调光开关

定时开关
Timer Switches

定时开光是一种简单的灯光开光，它可以在设置好的时间段内保持灯具开启，之后可以自动关闭。很多定时开关都带有调整和编程的功能。

时钟控制器
Time Clocks

时钟控制器有机械和电子的两种，可以根据时间来控制电路的开启与关闭。它们经常安装在配电柜附近，用来控制回路中的灯具。时钟控制器可以在一天中的特定时间自动控制灯光的启闭。复杂的时钟控制器则可以储存四季中太阳运动规律，可以对控制器进行编程从而实现在一年中的特定时间来开启它。时钟控制器一般安装在复杂商业项目中的总开关上面，确保在非营业时间灯具不会“意外”开启，从而减少能源浪费。一些时钟控制器则需要满足地方灯光规范对基本控制的要求。

感应控制器
Occupancy Sensors

感应控制器是一种灯光控制开关，可以通过红外热侦、运动感应、声音或者干扰探测到人类和活动。这些控制装置常常可以编程，自动设置当探测到变化时手动或自动地开启或关闭灯光。一些照明节能法规要求这类控制器可以在没有探测到变化的时候自动关闭灯光。

所有这些控制装置都是为了增加照明设计的功能性。若不考虑使用这些技术，我们就要生活在只能控制启闭，墙面布满开关的世界里。每次灯光布置完成后，都需要思考如何控制这些灯光以及如何为使用者以后操作提供便利。照明控制供应商的地方代表可以帮助设计师为这些系统选取合适的设备。

图 23.3　一个典型的墙面安装式感应控制器的示例

智能灯光控制系统
Intelligent Control Systems

能源法规和可持续发展奖励机制导致“项目整体化”控制越来越流行和灵活。除了可以对照明效果进行微调，还允许实现一些节约能源的功能（感应响应、光照响应和时间响应）。大多数更加复杂的照明控制系统已经超出了简单“开关”的功能。当使用智能控制系统的时候，电能从配电箱输送至附近的智能灯光控制器（接下来我们称之为“灯光控制器”）。电能再从“控制面板”输送到灯具。这意味着对输送至灯具电能的主要控制是智能控制面板。灯光控制器的控制面板如图 23.5 所示，它是一个独立并有很多按钮的控制装置，它输送信号到灯光控制器，来告诉它开启（或者关闭）某个灯具。这个类型设计的最大好处就是控制装置可以发送信号，告诉灯光控制器对线路上任意的灯具加以操控。厨房控制面板上的一个按钮可以让灯光控制器开启洗衣房的灯；床边的控制面板可以控制开启房子中的任何灯具。这种类型的灯光控制系统可以分为以下三个部分：

1. 智能控制器（每个项目通常只有一个）；
2. 控制面板替代普通开关，在面板上有很多按键；
3. 我们希望可以将一群灯具一起控制（称之为“灯光群组”或“灯光区域”）。

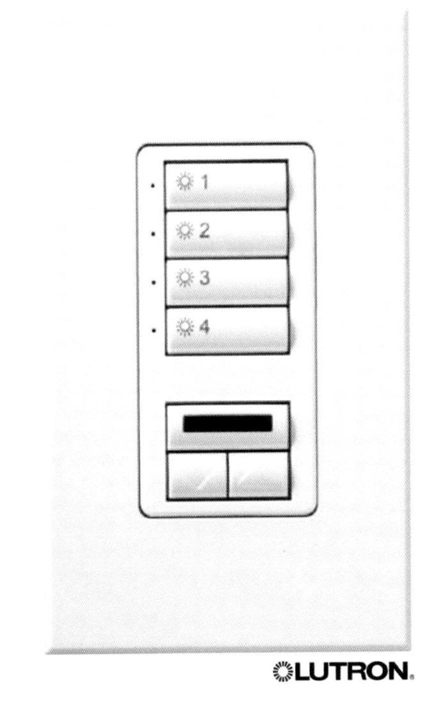

图 23.4　一个典型的场景控制器或“小型键盘”

系统的功能和设计都来源于以下基本原则，每个灯具在系统中都有特定的名称（或者更多的是地址代码），通过对照明控制器进行编程来识别这些名字和地址代码。接下来对控制设备进行编程，让它可以向照明控制器发出正确的信号。

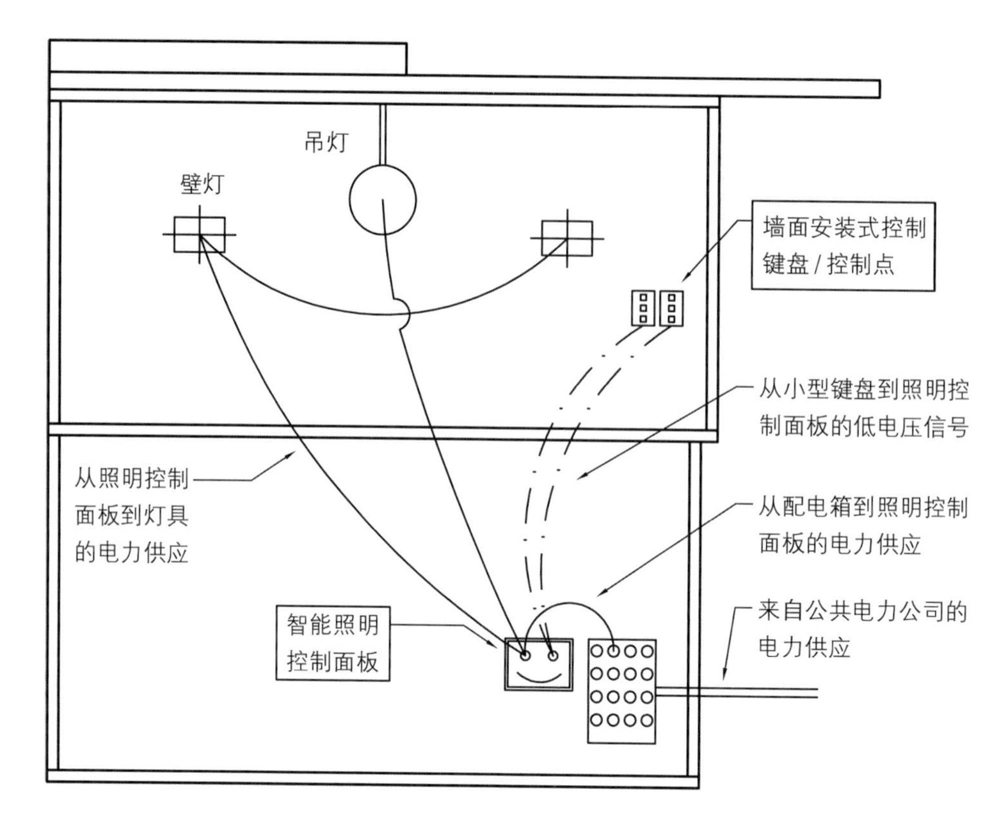

图 23.5　一个智能“整体项目”照明控制系统的电气配送装配线路图

如图 23.5 的设置所示，控制面板最上面的按钮设置成向照明控制器发射一个信号，以此可以开启房间内所有的灯具。由此类推，也可以对控制面板上其他按钮予以设置，来控制不同的灯光群组，创造照明“场景”。当这种类型的控制同步分布在整个项目中时，我们称之为“建筑整体”照明控制系统。

一些著名的智能照明控制系统制造商包括：

Lutron,

Litetouch,

Vantage 和

Crestron。

本地灯光控制系统
Localized Control Panels

智能灯光控制系统并不是一定要像图 23.5 中那样布置。更小的智能控制系统可以与灯具布置在同一个房间中，如图 23.7 所示。这些小型的控制系统通常可以最多控制 6 种灯光群组，并且可以连接到位于房间任意位置的控制终端上。而一个典型的案例就是家庭影音室或活动室，在这种空间中需要在不同位置上控制各种灯光群组。本地控制系统可以减少传统墙壁安装灯光控制开关的数量，并且可以增加调光和场景的控制能力。一个普通的照明“开关”布置图，如图 23.6 所示。在这个案例中，壁灯、洗墙灯、台阶灯和吊灯每个都由开关独立控制。而一个本地灯光控制器就可以替代所有普通开关，一组灯具可以被当作“灯光群组”来考虑，并且每一个灯具都可以连接到本地控制系统上。

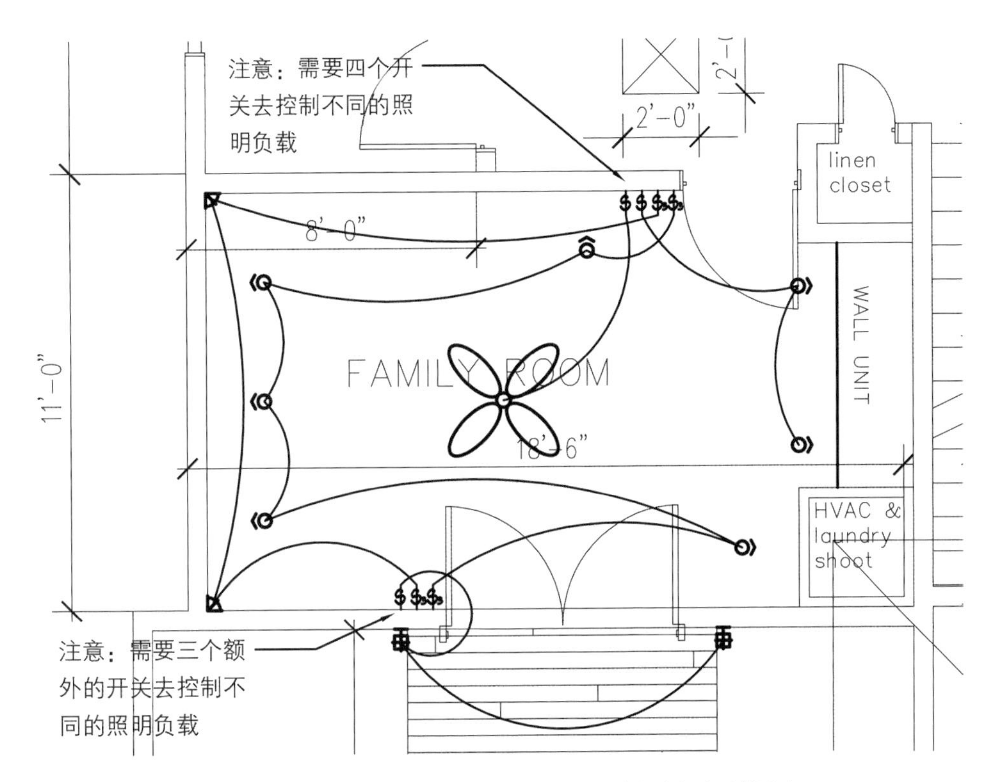

图 23.6 用标准的灯光开关去控制复杂空间会导致灯光开关过多

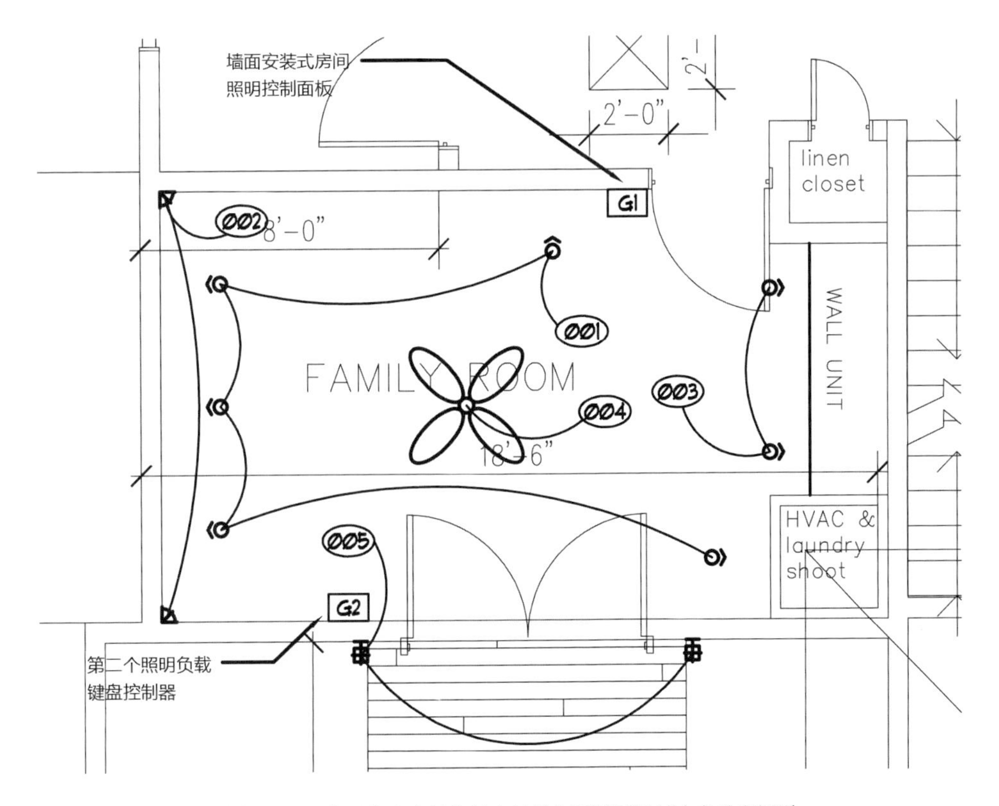

图 23.7 一套“整个房间”的本地控制系统可以减少杂乱和混淆

本地灯光控制系统应该有一套按钮，可以对这些按钮进行编程让它们开启不同的灯光群组。可以简单地设置一个按钮控制一个照明群组，或者也可以让一个按钮去控制照明群组的组合从而形成灯光场景。同时也可以安装另一个照明控制装置，让它也可以控制开启相同的灯光场景。图 23.7 展示了这样的照明系统在空间中是如何表达的。这些本地系统常常支持对现有的照明空间进行改造。常用于一个房间中有四个，甚至五个开关的情形。在这样的空间中，本地照明控制系统可以替代所有的开关，并且让场景编程和调光功能成为可能。只需一个按键便可以完成，而不是被那么多开关弄得晕头转向。

这种小巧的本地灯光控制系统的厂商包括：

Watt stopper,

Lutron “Grafik Eye”和

Crestron。

这些本地灯光控制系统同样也可以安装在远离所控灯具的地方。在一些商业项目中，本地控制系统与时钟控制器结合使用，只单纯控制所有灯具的开启与关闭。

各种类型的控制系统都有在项目中使用的可能。通过对投资、复杂程度及使用便利的谨慎思考，就可以为每一个设计选择适合的照明控制系统。

第二十四章　灯具初始布置图“红线图”

The Preliminary Lighting Layout “Redline”

到目前为止我们已经介绍了常用的灯具类型、灯具的使用方法及控制方法，现在是时候进行更深入的设计了。灯具初始布置图是我们的照明理念与工程施工图的中间环节，它是灯具布置图的一种演变，可以给予设计师机会思考、选择照明设备以及细微的灯具位置调整、应用与控制方式。这个初始布置图常常称作“红线布置图”，原因是灯具布置和相关说明经常用红色铅笔来表示，并且在定稿之前要经过大量的修改和调整。“红线布置图”中所有图表、描述和计算都被翻译成了独立的符号用来标识具体的照明设备。设计师大多在附着于灯光地图之上的透明纸上开始绘制红线图，这样就可以很好地还原灯光地图并将灯光地图转化为灯具类型和布置图。

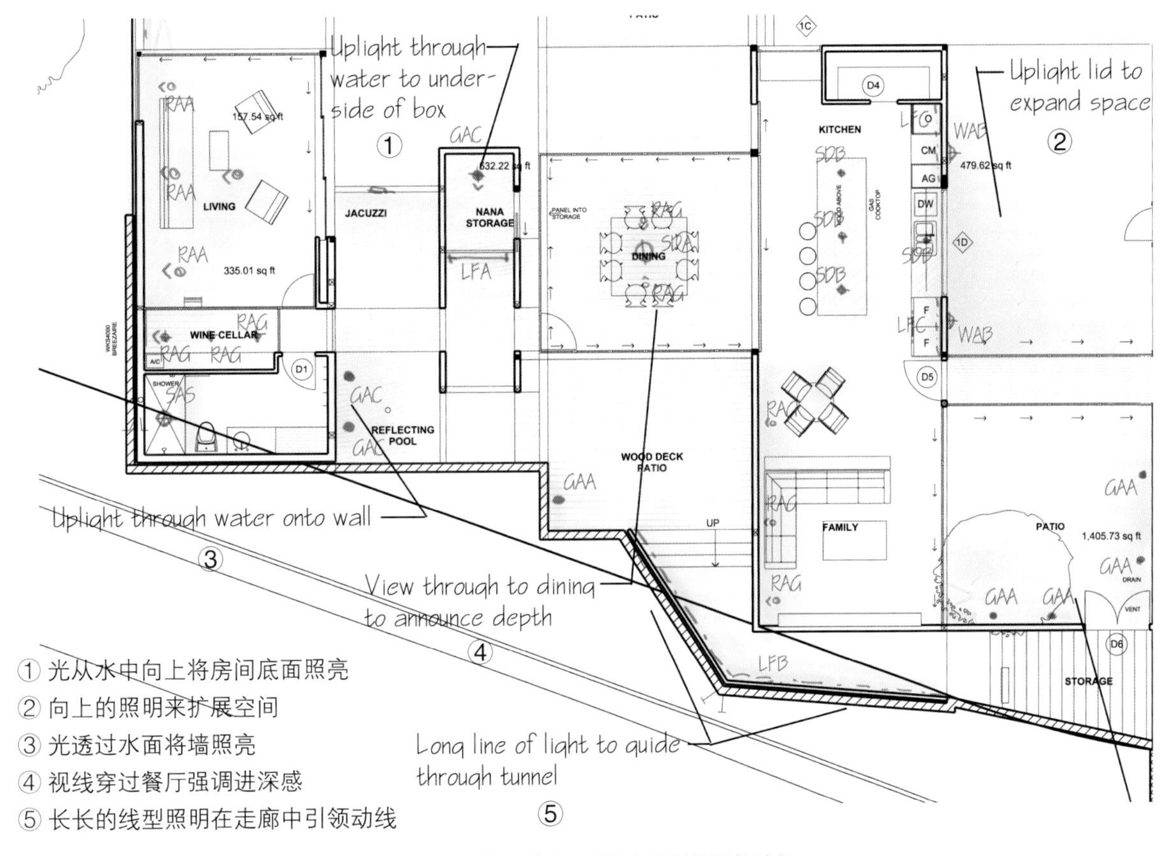

图 24.1　标记特定照明设备布置构思的过程

通过“红线布置图”主要完成两项重要任务，那就是选择灯具与定位灯具。这两项任务是最终施工文件——照明施工图、灯具列表和灯具说明的基础，并且可以增加设计的可行性。

最初建立照明设计想法时的图表和图例并没有太多的规则可依。目标只是简单地表示设计中所使用灯具的位置和类型。如果单独的图例无法完整说明设计构思，那就通过额外的说明和注释去提供更多的信息，例如灯具的安装尺寸和安装高度等。

初始灯具列表
The Preliminary Luminaire Schedule

当设计师开始绘制“红线布置图”时，需要思考使用何种灯具，以便能够克服之前灯光地图中的那些特定设计挑战。在设计师建立初始灯具布置图的同时，也要制定灯具列表的草稿。当灯具图例在图纸中布置完毕之后，需要给予各种“类型”灯具图例唯一的名称，而这恰恰是为灯具布置图与灯具列表之间建立联系服务的。初始灯具列表应该是一张所有已使用灯具的汇总表。这个列表中至少应该包括每一种灯具的名称或“类型”图例以及基本描述。而这个看似简单的列表在未来则可以避免灯具类型、符号的重复，并且让灯具选择的过程更加简单。

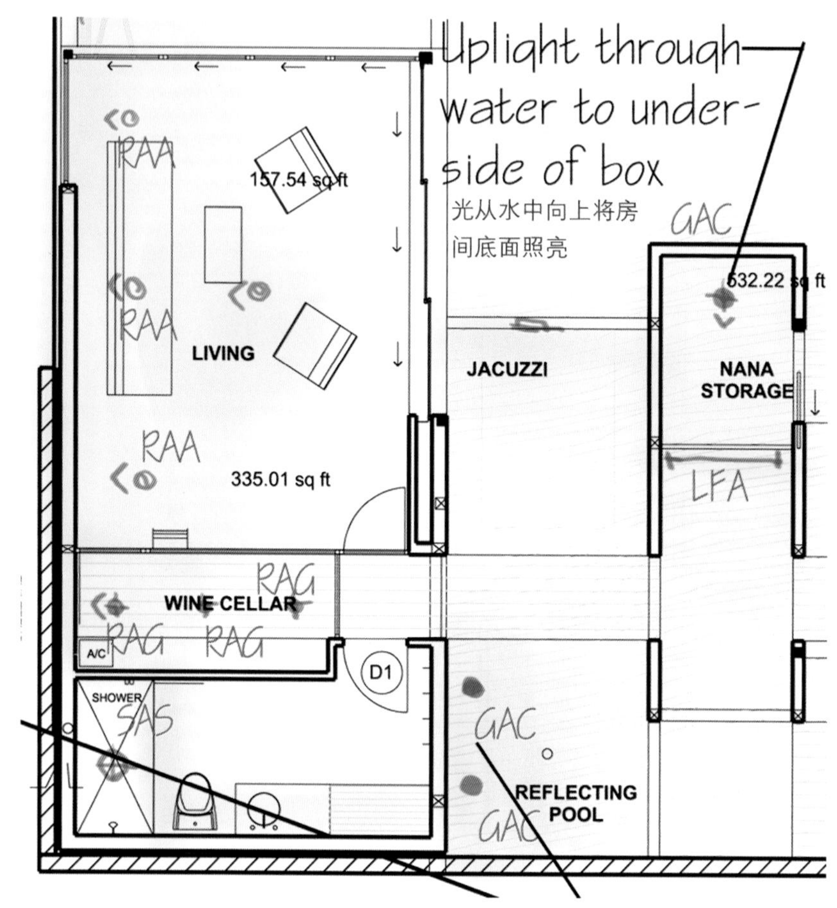

图 24.2　空间中每画入一个灯具，就用一个“类型”代号来确定这个独一无二的灯具

在项目全程，设计师可以选择各种类型的灯具，但是每个灯具的图例和名称都必须是唯一的。

当设计师的设计深入并在红线图中去解决照明挑战的时候，应该一旦想到使用哪种类型灯具去完成具体任务就要将其记录在初始灯具列表中。

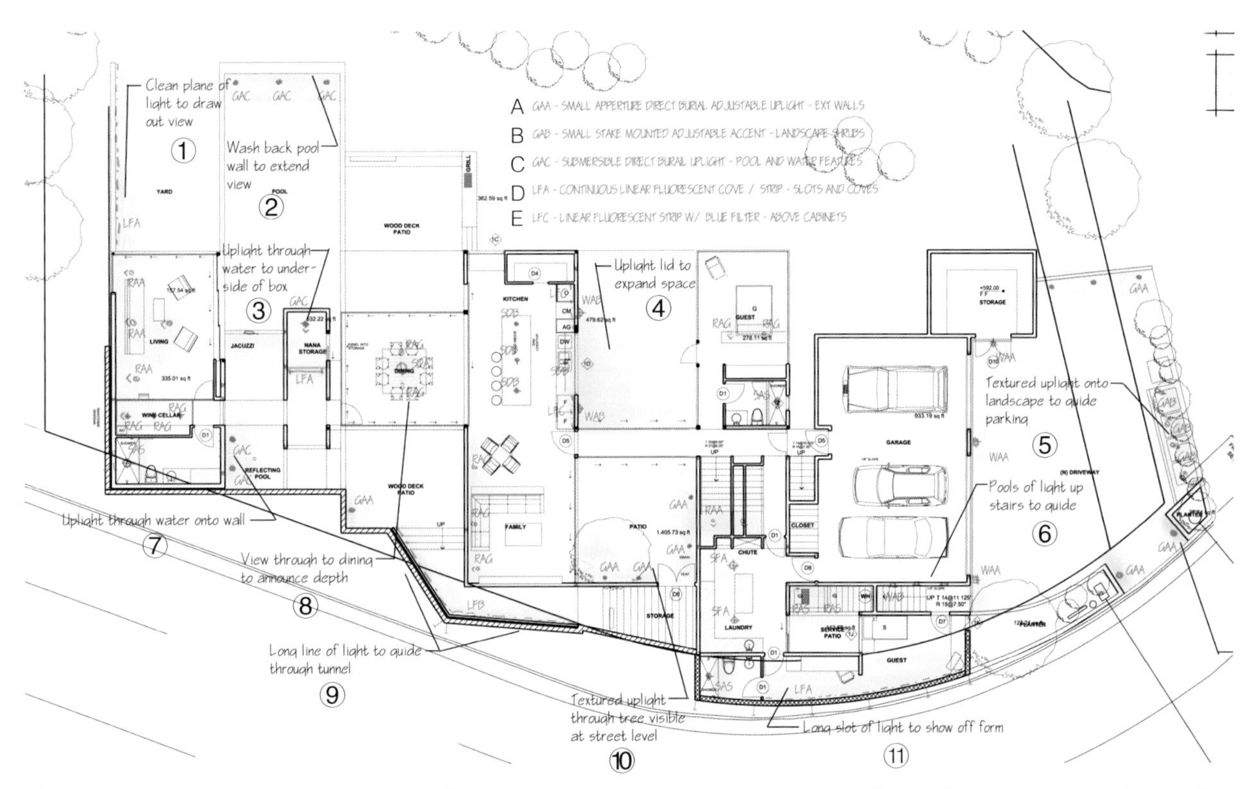

① 简洁的光带可以吸引向外的视线
② 将泳池的内壁照亮来扩展视线
③ 光从水中向上将房间底面照亮
④ 向上的照明来扩展空间
⑤ 向上的植物照明引导车辆停靠
⑥ 台阶上椭圆形的引导光斑
⑦ 光透过水面将墙照亮
⑧ 视线穿过餐厅强调进深感
⑨ 长长的线型照明在走廊中引领动线
⑩ 光透过树木在街道上形成斑驳的树影
⑪ 长长的灯槽展示出入的路线

A 小型直埋式可调上射灯—外墙
B 小型抱柱式可调聚光灯—景观灌木
C 水中直埋式上射灯—泳池和水景特色
D 连续线型荧光灯带—凹槽
E 线型荧光灯带（有白色 / 蓝色滤光器）— 柜子上方

图 24.3　一张完整的“红线布置图”显示了所有灯具位置的构思。每项照明应用都是以灯光地图为基础

“红线布置图”应该起到施工图和灯光地图之间的过渡作用，以便让指导未来施工的施工图更加准确和清晰，也可以让设计师有机会根据不同的解决方案来更改灯具和照明设备的位置。

第二十五章　灯具列表和灯具信息
Luminaire Schedules and Cut Sheets

用来完成照明施工图的最重要文本就是灯具列表和灯具信息，只有这两个文本才能真正让照明施工图发挥作用。因为这两份文件关系着今后灯具采购，所以一定要准确无误。在复杂的项目中，建筑师和工程师会创建一些规范文件，这些文件需要说明工程中的每种产品和材料之间的细微差别。而灯具列表和灯具信息就是这些“规范”文件。诸如此类的文件要求必须准确和完整。灯具列表是可以提供给电气经销商用于灯具定价、订货和安装的文件。这就意味着列表中数量和表述上的一点错误都会造成不良影响。创建一份完美灯具列表和信息的两个诀窍就是早下手（第二十四章中讨论的那样）并且一遍又一遍地核查错误。到目前为止，读者们已经看到了足够多的厂商信息，从中可以知道灯具的目录编码是很长且复杂的。一丁点的拼写错误都会导致最终采购的是错误尺寸、错误颜色或者出现其他错误的灯具。

灯具列表
The Luminaire Schedule

表 25.1 中所展示的就是灯具列表的实例，其中包括灯具应该提供的大部分信息。每个列表中都包括重要的信息，这些信息必须要以清楚明显的方式展示出来。而本章讨论的就是列表中所包含的各种信息。

表头
Heading

灯具列表中的第一条信息应该就是项目的名字与建成日期。如果有很多项目同时进行，并且对灯具选择要做出很多调整，表头将可以确保项目所对应灯具列表的正确性。表头应该同样包括照明公司或者联系人的名字，从而确保有关项目问题的问询通道畅通。

灯具类型代号
Luminaire Type Labels

灯具类型代号可以将照明施工图上的灯具图例与灯具列表中的具体灯具联系起来。设计师可以使用任何“类型”的逻辑方式去编制项目中的代号。通常采用 2 位或者 3 位的数字和字母作为代号。为了让灯具选择清晰，建议给每一种照明设备唯一的代号。即使只有透镜、光源类型或者表面颜色的差异也应该给予唯一的灯具代号。

灯具厂商
Luminaire Manufacturer

这部分内容说明的是灯具是由谁生产的以及关于安装、设置和电气装置的具体问题由谁来解答。确保写清楚产品的真正生产商，而不是第三方的供应商。

The Light Studio
1335 Vista Rd, Suite 100
La Jolla, CA 92037
tel: (858) 555.6436
fax: (858) 555.7703
www.sagerussell.com

派克总部（Parker Head-quarters)
照明设备列表
2008年8月11日

类型	制造商	说明/灯具代码	光源	电压	安装	备注
F1	**PANASONIC OR EQUAL**	**FV-11VQL3 (or equal by E.C.)** 嵌入式紧凑型荧光灯/排气扇组合 配有静音风扇马达，一体化电子镇流器，白色外壳	(2) 13 Watt CFL 灯具自带光源	120	嵌入式	安装在盥洗室
G1	**LIGHTOLIER**	**C4MRD** **C4AICLV** 低电压嵌入式筒灯 配有尺寸为4英寸的额定绝缘外壳，黑色镜面镶边，一体化变压器	(1) SYLVANIA 50MR16/IR/NFL25/C	120/12	嵌入式	安装在筒灯位置
G3	**DA-SAL LIGHTING**	**520-229-38 (elektra super-flush)** 低电压嵌入式聚光灯 配有不锈钢外壳，透明透镜，20瓦光源，远程变压器	(1) 20 Watt 灯具自带卤素光源	12	嵌入式	安装在柜子下面的位置 需要远程变压器
G4	**LEUCOS**	**"DROP" trim** **IC housing** 低电压嵌入式装饰性筒灯 配有一体化变压器，装饰性透明玻璃镶边，绝缘外壳	(1) SYLVANIA 50MR16/IR/NFL25/C	120	嵌入式	安装在常规筒灯和聚光灯位置
L7	**LIGHTOLIER**	**1184CD trim** **1104 ICX housing** 嵌入式密封浴室用白炽灯 配有自密封垫，环形磨砂玻璃镶边，绝缘外壳	(1) SYLVANIA 80PAR38/CAP/IR/FL25	120	嵌入式	安装在淋浴和盆浴上

图 25.1 灯具列表列出了承包商询价及订购所有这些灯具所需要的信息

灯具代码
Catalog Number

完成一个准确列表的最重要信息就是产品代码，这个代码是用来定价以及购买灯具的。灯具代码常常由字母和数字组成，用于说明具体产品的型号、颜色、安装方式和其他选项。灯具代码的任何错误都将导致施工阶段的大麻烦。

灯具参数
Lamp Specification

灯具列表中应该包括灯具所需光源的数量和类型。有些时候列表中有必要包括可选择的光源，而其他一些时候则要列出需要的功率和光源类型。光源参数表中常常需要尝试包括显色指数（CRI）和色温（CCT），以此确保使用适合的产品。

电压
Voltage

灯具产品的电压是多种多样的。在美国住宅中 120 伏是一个常规电压，但也不都是这样。大型的商业项目以及有重型机械的建筑中则常常采用 277 伏作为主要电压。项目中所使用的灯具必须在所提供的电压下工作。所以首先要和电气工程师或者承包商确认的就是项目中所使用的电压信息。如使用需要转换为 12 伏或者 24 伏的低电压灯具，这些低电压大多数都需要集成在灯具中或者由设置在附近的变压器来提供。

安装方式
Mounting Style

这部分的信息可以帮助电气承包商在灯具到货之前来为安装做出预先的准备。这可以避免与建筑条件和空间限制产生安装矛盾。

安装位置
Locations

这部分需要简单地描述出灯具在项目中所使用的准确位置，这样就为在照明施工图中找到对应的灯具图例节省了时间。

备注
Notes

表格中这部分的空间是为了说明一切额外的信息。最常见的备注是关于灯具镇流器和变压器的描述、灯具外壳绝缘性能要求以及防水等级描述。这部分的内容对于成功安装灯具是至关重要的。

项目中所有的这些信息都是设计师和电气承包商所必需的。而电气承包商起到了照明设计工作与最终效果之间的纽带作用，电气承包商明晰的工作将更有利于设计工作的整体性。

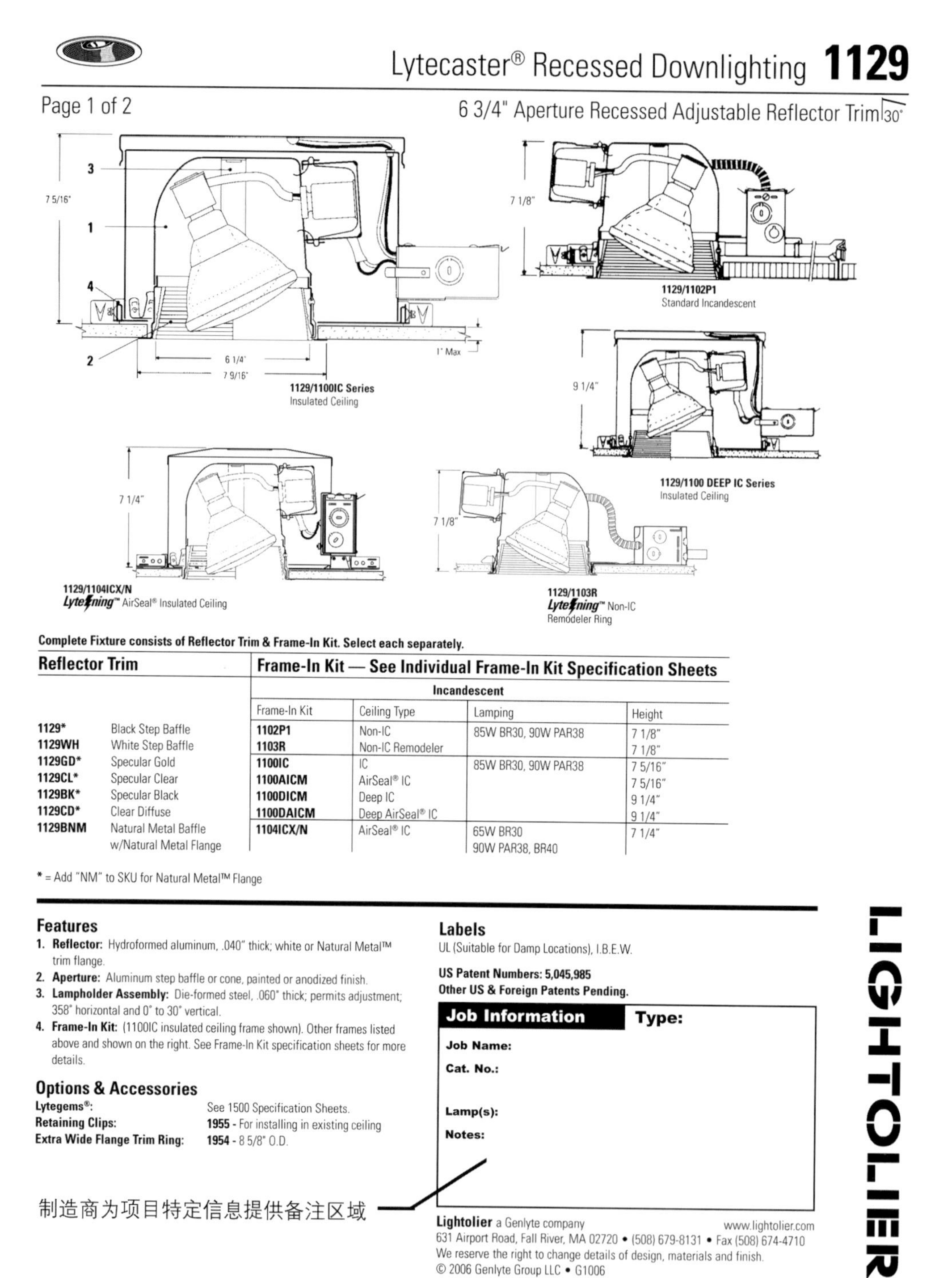

Lytecaster® Recessed Downlighting **1129**

Page 1 of 2

6 3/4" Aperture Recessed Adjustable Reflector Trim 30°

Complete Fixture consists of Reflector Trim & Frame-In Kit. Select each separately.

Reflector Trim		Frame-In Kit — See Individual Frame-In Kit Specification Sheets			
		Incandescent			
		Frame-In Kit	Ceiling Type	Lamping	Height
1129*	Black Step Baffle	**1102P1**	Non-IC	85W BR30, 90W PAR38	7 1/8"
1129WH	White Step Baffle	**1103R**	Non-IC Remodeler		7 1/8"
1129GD*	Specular Gold	**1100IC**	IC	85W BR30, 90W PAR38	7 5/16"
1129CL*	Specular Clear	**1100AICM**	AirSeal® IC		7 5/16"
1129BK*	Specular Black	**1100DICM**	Deep IC		9 1/4"
1129CD*	Clear Diffuse	**1100DAICM**	Deep AirSeal® IC		9 1/4"
1129BNM	Natural Metal Baffle w/Natural Metal Flange	**1104ICX/N**	AirSeal® IC	65W BR30 90W PAR38, BR40	7 1/4"

* = Add "NM" to SKU for Natural Metal™ Flange

Features

1. **Reflector:** Hydroformed aluminum, .040" thick; white or Natural Metal™ trim flange.
2. **Aperture:** Aluminum step baffle or cone, painted or anodized finish.
3. **Lampholder Assembly:** Die-formed steel, .060" thick; permits adjustment; 358° horizontal and 0° to 30° vertical.
4. **Frame-In Kit:** (1100IC insulated ceiling frame shown). Other frames listed above and shown on the right. See Frame-In Kit specification sheets for more details.

Options & Accessories

Lytegems®: See 1500 Specification Sheets.
Retaining Clips: **1955** - For installing in existing ceiling
Extra Wide Flange Trim Ring: **1954** - 8 5/8" O.D.

Labels

UL (Suitable for Damp Locations), I.B.E.W.

US Patent Numbers: 5,045,985
Other US & Foreign Patents Pending.

Job Information **Type:**
Job Name:
Cat. No.:
Lamp(s):
Notes:

制造商为项目特定信息提供备注区域

Lightolier a Genlyte company www.lightolier.com
631 Airport Road, Fall River, MA 02720 • (508) 679-8131 • Fax (508) 674-4710
We reserve the right to change details of design, materials and finish.
© 2006 Genlyte Group LLC • G1006

LIGHTOLIER®

图 25.2　制造商的产品单页通常都会为项目特定信息预留备注区域

灯具产品信息表
Luminaire Cut Sheets

为了进一步提供明确的信息，照明设计师需要连同其他施工文件一起提供具体的灯具信息表。这些内容常常来自于灯具厂商的介绍文件，并经重新整理为照明设计项目提供有价值的信息。一些厂商的产品手

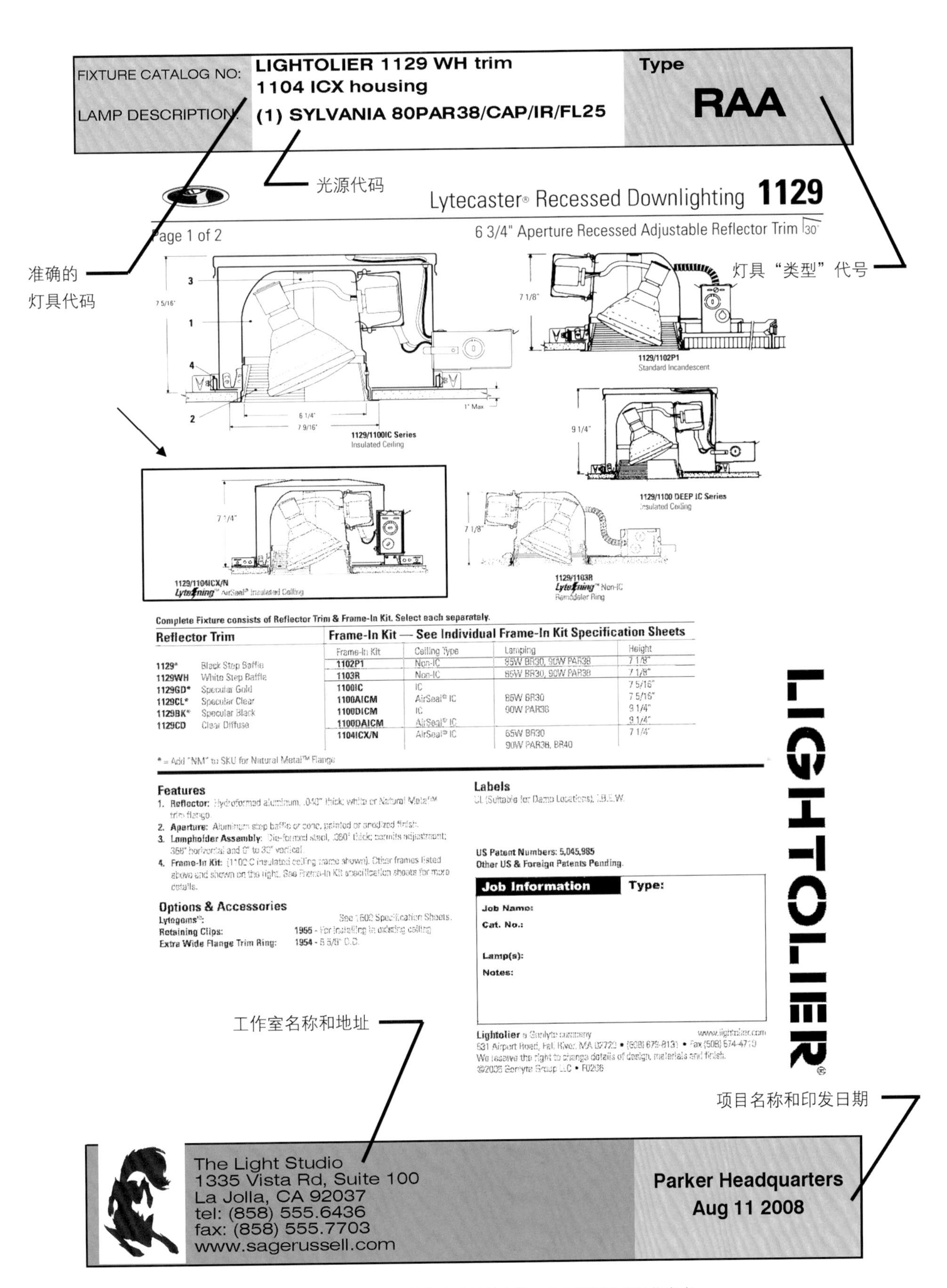

图 25.3　由设计师为一个特定项目创建的一张定制灯具产品信息表

册中就会包含有备注区域，这样设计师可以更简单地在上面填写相应内容，使其转变为项目中的灯具信息表。

与灯具列表一样，灯具信息表直接连接着照明施工图上的灯具图例、代号与具体照明设备。一份好的灯具信息表可以帮助承包商确定要安装何种灯具。十分提倡灯具信息表中所包含的内容是直接来自于灯具列表，例如灯具代码和光源信息。在一些灯具厂商产品手册的单页上包含有多种灯具可供选择。在这种时候，需要将所使用的具体灯具信息突出强调或者标识出来，这对设计师都是十分有帮助的。图 25.3 是一份为某一特定工作定制的灯具信息表。厂商的产品信息可以从网站上直接下载，并插入空白的产品信息表中。设计师有必要花费时间制作一个空白模版，以便在今后的设计中都可以使用。

第二十六章　照明施工图

The Lighting Plan

最终可以将照明设计变成现实的施工文件就是照明施工图本身了。照明施工图是一份正式起草的工程文件，必须提供足够清楚的具体信息以便施工方可以真正将设计方案建设出来。这样最终照明施工图将可以理想化地展示工程中的所有照明设备：顶棚上、墙壁上、地板上、木作和壁龛中的灯具，等等。如果是一个创造光的装置，那就应该在照明施工图上展示出来。建议不要使用天花平面作为照明施工图的基础图，因为照明设备基本上还是与地面和家具的布置情况关系更大。推荐的方法是从家具布置平面入手，逐步添加天花信息，以此来建立合适的背景图纸。理论上说，当设计师完全理解了整个项目的时候，就不需要照明施工图来完成设计。一份准确的照明施工图是施工的工具，而不是设计工具。基于这一点，设计师只是赋予一份更高级别的灯光地图或照明红线图更多信息。照明施工图即使是份草图，也是一份成熟的图纸，需要阐明所有事情并让施工过程顺畅。每张照明施工图中都有少数几个必须要包含的内容。因为图纸中包含大量房间，所以需要调整策略增加或减少图纸中的信息量，让它可以适用于每个人。下面就是这些必须要包括的内容列表。

灯具图例

Luminaire Symbols

灯具图例可以设计成任何样子，可以与灯具的名字或者配光形状相关。如果平面图的比例为 1/4 英寸 =1 英尺或者 1/8 英寸 =1 英尺，建议使用相同比例的图例去表示真实尺寸的灯具。如果在非常小比例的平面图上，建议将图例放大以便可以让其看清楚。图 26.1 中展示了常用的灯具图例。

灯具类型标签

Fixture Type Labels

项目中的房间、空间众多，需要采用方便而有效的方法在照明施工图上标示出灯具。所以就在照明施工图上的每个灯具图例旁边都附上灯具类型标签。而技术性更强的照明施工图则可能包含诸如功率和光源类型等信息，但是作为基本的照明施工图，而技术性更强的照明施工图则可能包含诸如功率和光源类型等信息，但是作为基本的照明施工图，灯具标签清晰表示的“类型”、功能与灯具列表的一一对应是十分重要的。

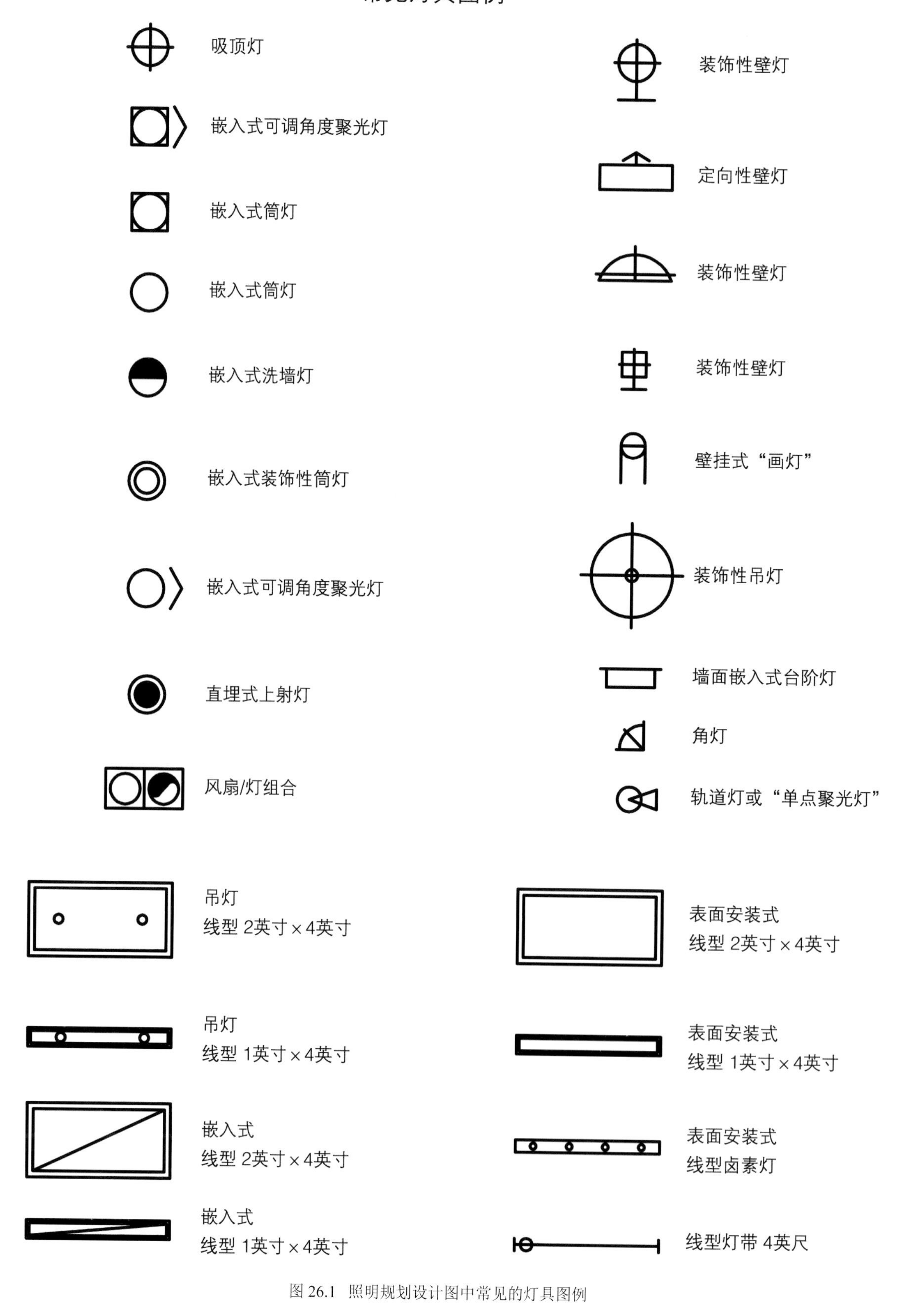

图 26.1　照明规划设计图中常见的灯具图例

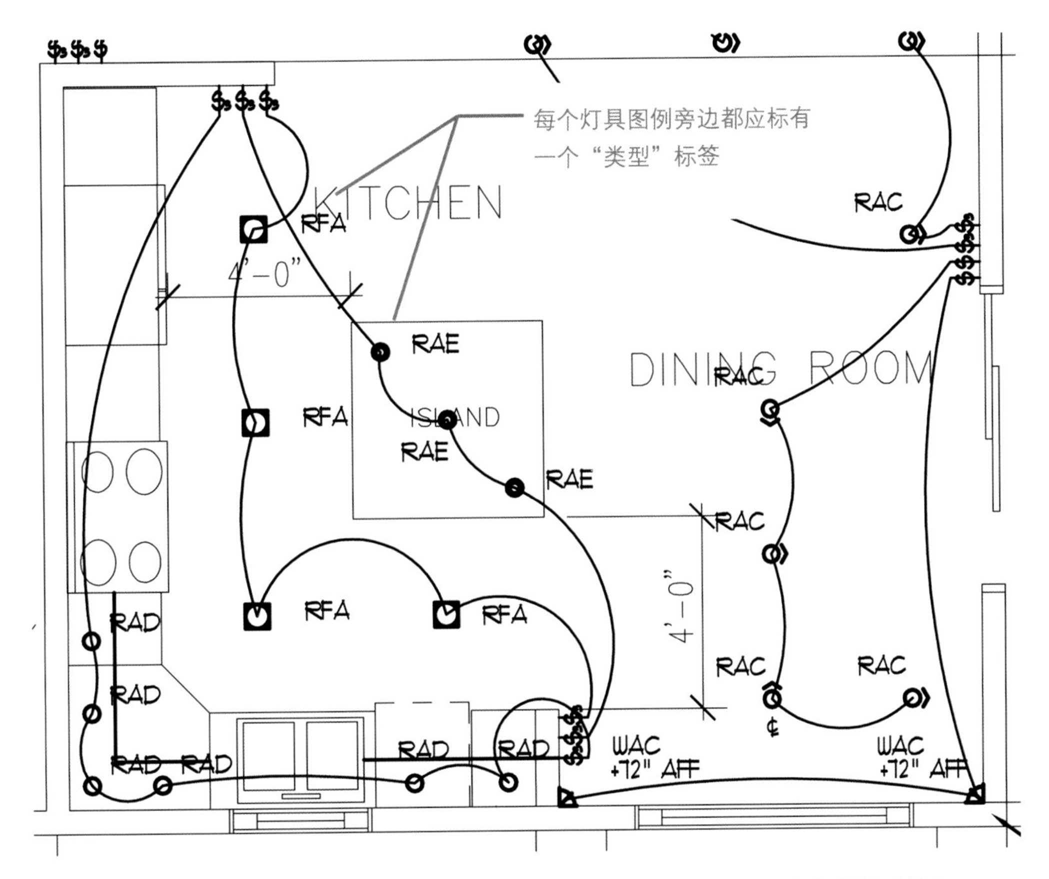

图 26.2　“类型”标签对于在灯具列表上查阅灯具图例所对应的特定灯具信息来说是很关键的

备注
Notes

不要吝啬在照明施工图的灯具备注栏中多写一些信息。如果稍有一点容易产生的歧义，就一定要用简单的语言说明。当在一份简单的施工图上展示天花、墙壁和木作等当中的灯具，则必须在备注中说明每一个灯具真正安装的位置及其发挥的作用。附在最后的一个简单备注也要包括很多电话信息以便在必要时可以找到解决问题的人。

灯具尺寸
Dimensions

布置照明设备是一个相对精确的工作，所以最好在标注灯具位置的时候带上相关尺寸。聚光照明、洗墙、线型凹槽和灯槽，所有这些灯具都可能需要相对于周边建筑要素的尺寸信息。

控制说明
Control Intent

照明设计师同样有责任解释哪些灯具要一起控制（开启、关闭和调光）以及控制器的位置。大部分照明控制方案通过弧线形式或者用数字与字母组合的方式将灯具与墙上的开关关联起来。当使用例如第二十三章中提及的智能控制系统和场景控制装置时，控制意图就会变得有一点复杂。

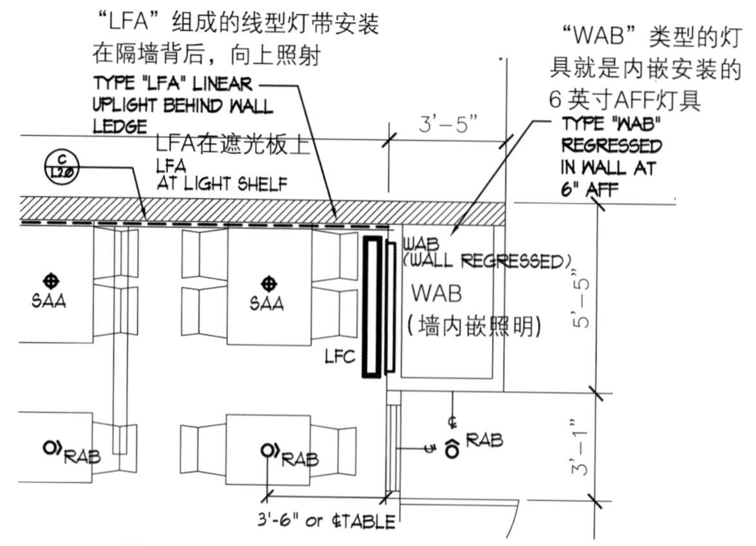

图 26.3　备注和相关问题负责人可以澄清任何有歧义之处

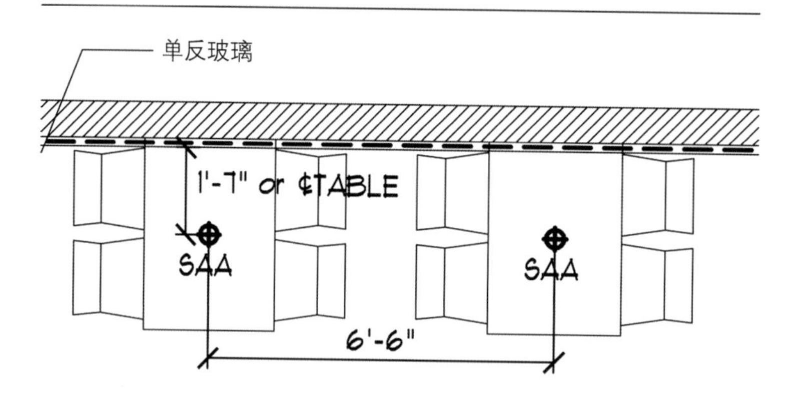

图 26.4　灯具尺寸可以确保灯具正确安装

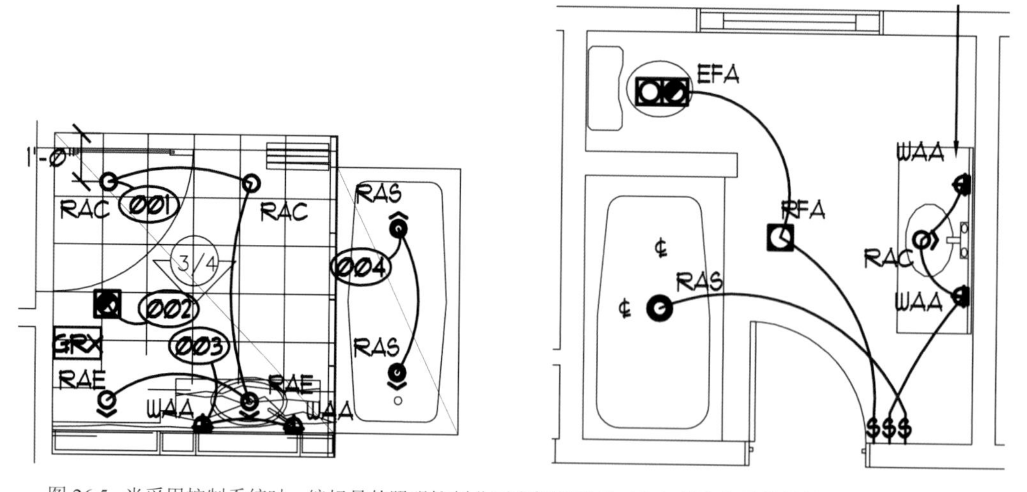

图 26.5　当采用控制系统时，编好号的照明控制分区和控制键盘（左）就取代了传统的开关图例（右）

灯具列表或图例
Luminaire Schedule or Legend

如果有方法让施工图纸中包含灯具列表，让灯具列表成为图纸的一部分一并提交给甲方和施工方，那整套图纸使用起来就会更加有效率。清楚准确的灯具列表将确保图纸信息一直都可以发挥作用。

除了灯具列表之外，如图 26.6 所示的基本图例列表可以帮助解释照明施工图中的一些其他图例的含义。经常建立一个图例列表可以不仅是说明灯具图例，还可以说明其他一些控制设备和细节。

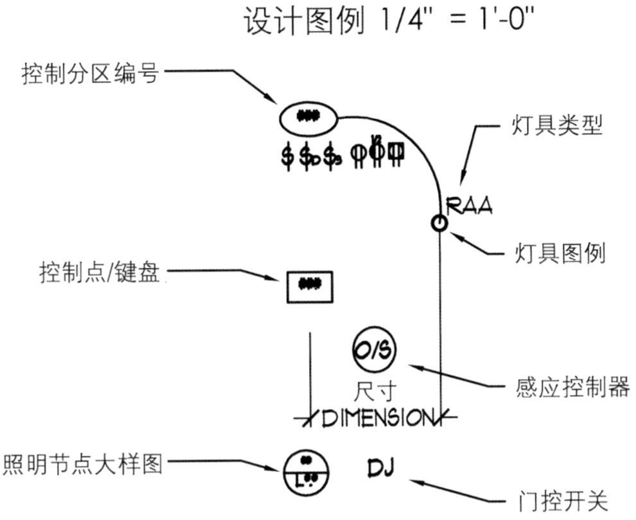

设计图例 1/4" = 1'-0"
控制分区编号
灯具类型
RAA
灯具图例
控制点/键盘
O/S
感应控制器
尺寸
DIMENSION
照明节点大样图
DJ
门控开关

图 26.6　一个简单的图例有助于阐明不同的照明相关符号

节点大样
Detail Call-outs

一些照明的细节因为太繁琐以至于需要在施工图中解释清楚。当碰到这样的情形，就要绘制照明节点大样图，以此来细致说明特定工程施工的条件和尺寸。这些节点大样通常要在专门的图纸上来展示。一些典型照明节点大样的例子可以在第二十九章中找到。

RAB
A
L2Ø
B
L2Ø
RTICAL FACE
垂直表面
C
L2Ø

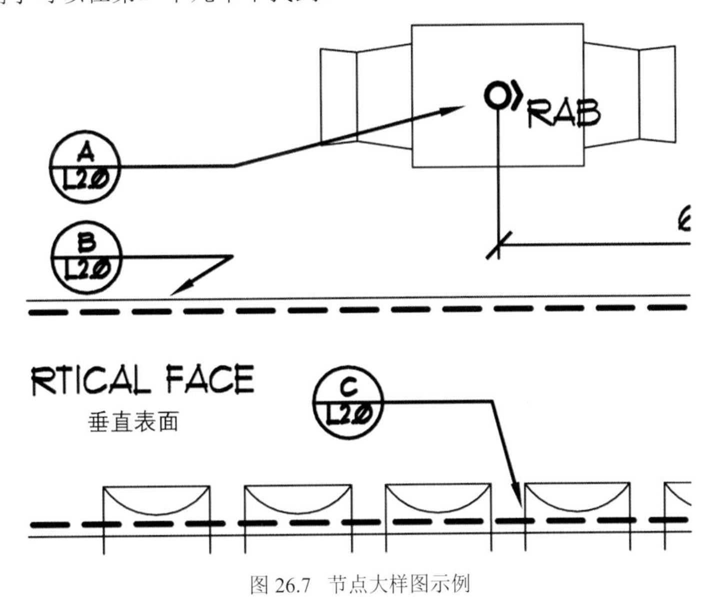

图 26.7　节点大样图示例

与其他专业施工图纸一样，最终的节点大样也同样是照明施工图的画龙点睛之笔，它将让整套照明施工图更受重视。照明施工图纸是照明设计公司最终的唯一产品，而且是大部分专业施工团队都会最终看到的。对于材质的研究、照明草图、效果图和灯光地图这些都可以造就伟大的设计，但是如果没有完整、正确而且便于使用的施工图一切都归于零。最后项目的施工很大程度上依赖于白纸黑字的图纸以及将这份图纸还原到现实环境中的难易程度。

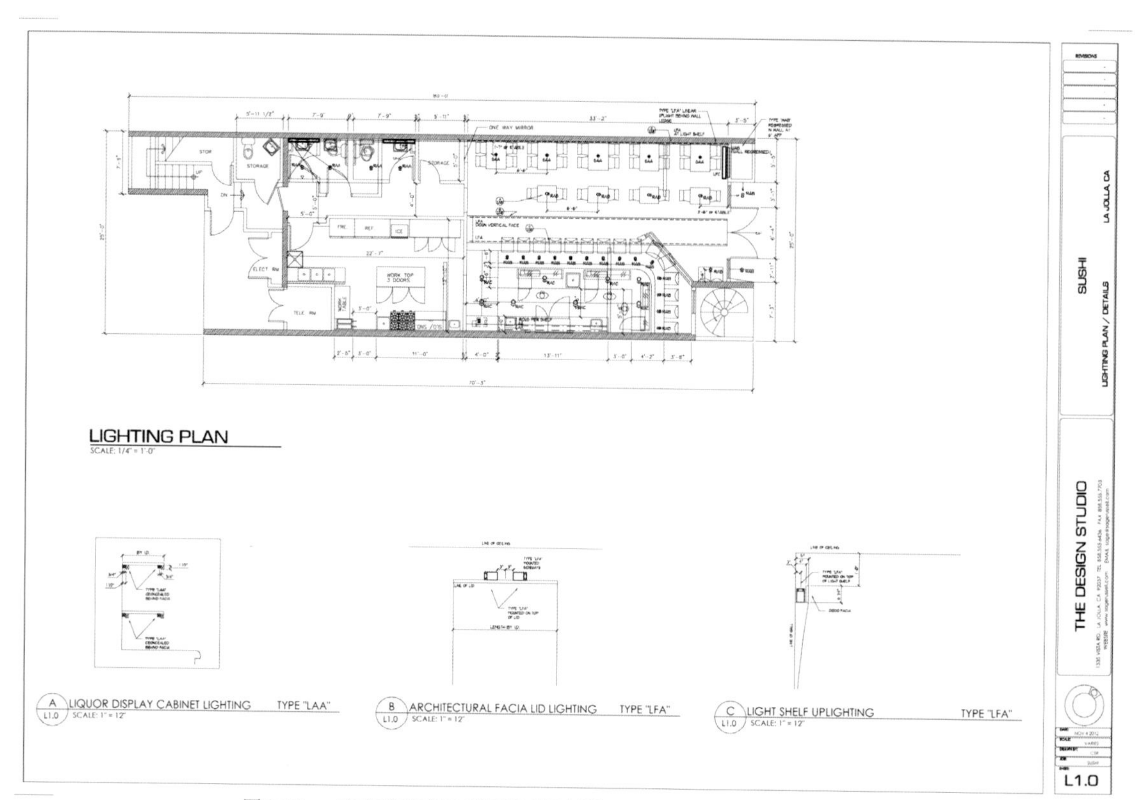

图 26.8　一张完整的商业项目照明规划施工图，包括节点大样图和明细表

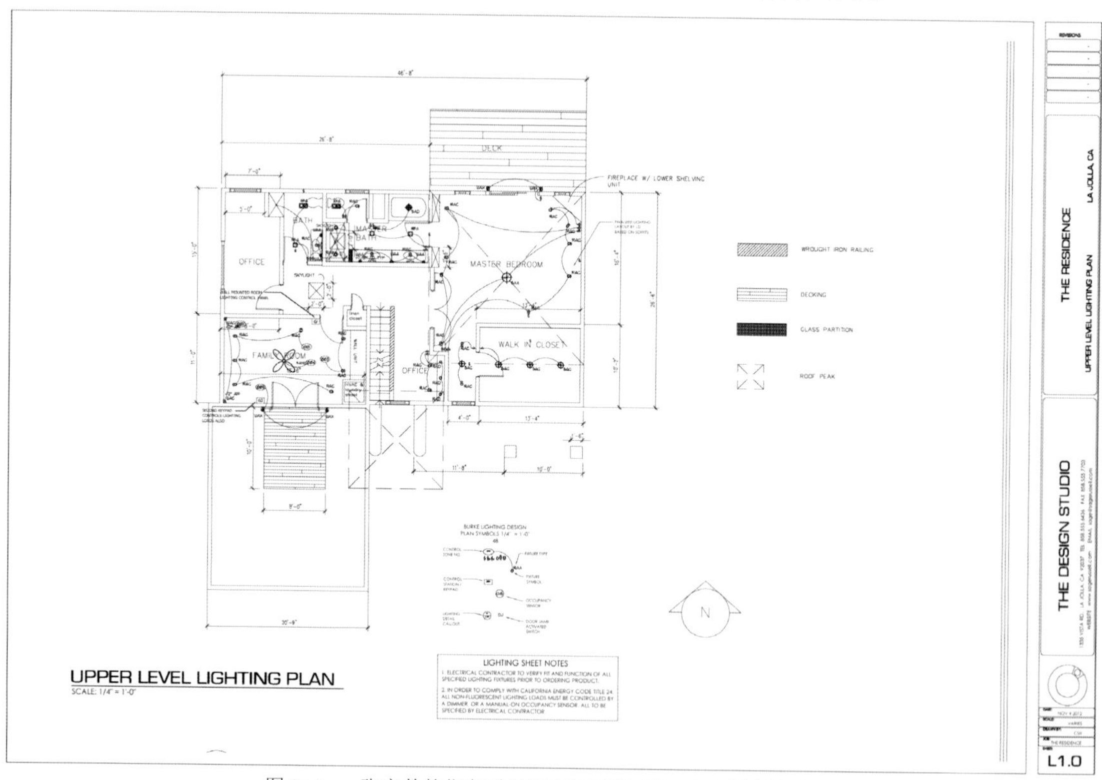

图 26.9　一张完整的住宅项目照明规划施工图，包括图例和备注

第二十七章　住宅空间的灯具布置

Lighting Layouts for Residential Spaces

在这一章中我们将讨论在典型居住空间中的照明策略。这些典型的灯光布置策略其实只是提供一些常规的处理方式，在此基础上还是需要设计师创造性的思维。每一个项目都有其特有的处理方式，需要在设计前对其有全面的了解。建议对所有的照明布置进行全面剖析，以此来熟悉各种照明技术的适用范围。本章中不同案例的照明布置方案都已经被注释出来，从而说明对应的照明策略是什么。而这些“典型”的灯具布置也可以变得更加丰富。无论设计师在相似的空间中使用了多少次相同的照明手法，依然有必要研究所有可行的选择。

案例 1 住宅中的餐厅照明

Lighting a Residential Dining Room

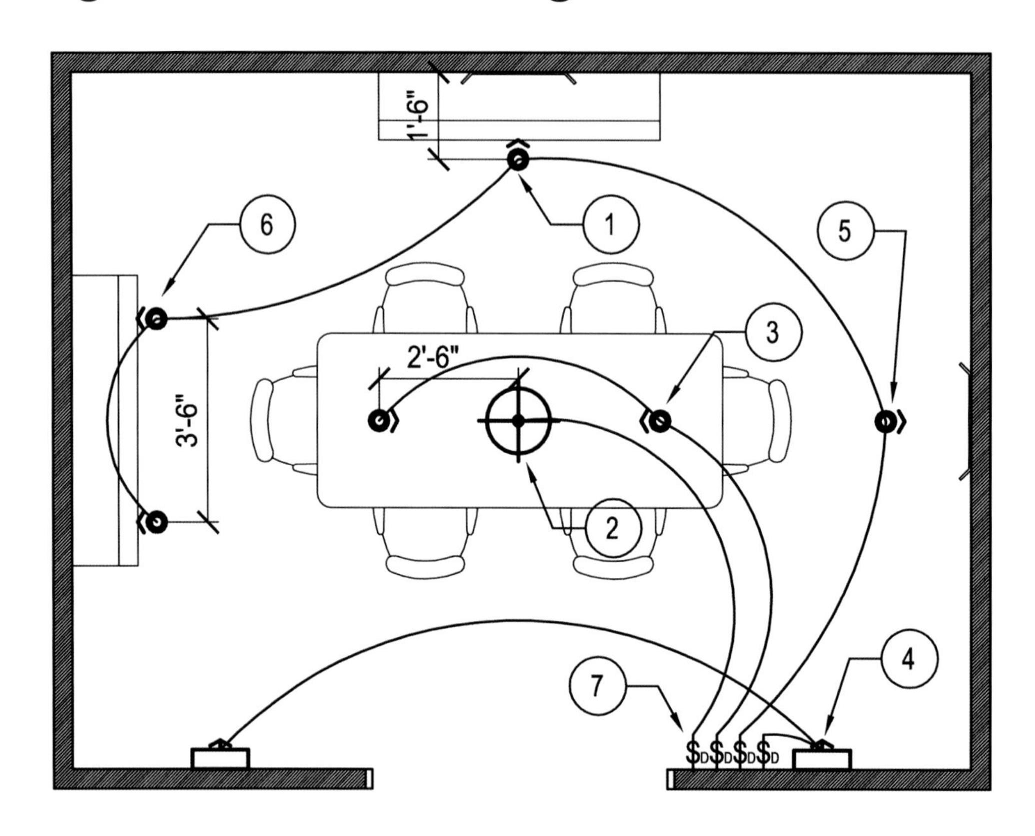

在住宅空间餐厅的照明设计中，设计师有使用不同光斑和不同强度光线的好机会。在典型餐厅的空间中并不存在多少要紧的功能需求，所以照明设计的重点在于环境氛围的塑造。例如在一些餐厅空间中，基础照明元素是竖直表面，这些照明可以定义空间的亮度也可以重点突出表面上的物体，以此来创造视觉焦点并为空间增添独特的性格。柔软、温暖和亲密这些关键词常常是餐厅空间所需要的品质，这可以通过一些不常见的策略来实现，例如从地面或墙壁的向上照明，当然也可以使用更加传统的吊灯和内嵌灯具。即使用最简单的餐厅照明模式，也不要只单独使用一个装饰性吊灯来实现，聚光灯具至少可以将光照在桌子和竖直表面，以此来平衡功能照明与环境光之间的比例。

照明层次

Addressing Layers

导引照明：装饰性吊灯可以用来定义空间，并且可以勾画出一个清晰的区域围合感。背景墙光亮的特性将可以当作视觉目标来使用，可以驱使访客来到这个空间中。

情感与氛围照明：多种类型的灯具可以创造不同样子的光斑。壁装的向上照明灯具可以产生柔和的光线与装饰性吊灯配合创造出空间的感情色彩与氛围。

重点照明：细碎的重点照明照射在艺术品或者家具上，通过增加对比度的方式提供视觉逻辑性和焦点。照在桌面上的明亮光斑可以重点表现桌面上的物体以及在空间中创建一个明亮的平面。

建筑细部照明：向上照射的壁灯所提供的光线可以全方位地提高整个空间的亮度。房间中间安装的吊灯同样可以将光线向上投射从而照亮整个天花。

功能照明：可调角度内嵌筒灯将光照射在桌面上，同时也将碗柜或其他功能的家具照亮。餐桌正上方内嵌筒灯和吊灯也可以为就餐者提供面部照明。

共同特征
Common Features

1．内嵌可调角度卤素灯具将光照在物体上，以此来装饰背景墙。

2．使用白炽灯或者节能灯的装饰性吊灯可以作为就餐区域的焦点元素使用，它扮演了一个光亮的物体来吸引注意力并形成视觉焦点。装饰性灯具最好可以自由调整明暗，以此来恰如其分地配合氛围和情绪。

3．内嵌可调角度卤素灯具（使用散射透镜）照在桌子上，用来提供就餐区域的亮度，并且可以渲染就餐者的脸部画面。使用内嵌可调角度卤素灯就可以将装饰性吊灯解放出来，让它只发挥氛围和装饰的作用。

4．墙壁安装的装饰性烛光灯，使用白炽灯或者紧凑型荧光灯或者更好的光源，这样向上发光的壁灯就会增加一个扩散层次的光。

5 和 6．额外的可调角度卤素灯将光斑照在房间中的重要物体上，通过提高对比度来创造出更多的视觉焦点。

7．壁装的调光开关或者本地灯光控制系统可以用来控制任何可调光的灯具。调光开关的灵活性可以满足为了得到不同的氛围和使用需求来随意调整强度，以此在一个空间中产生不同的光环境。

案例 2 住宅中的厨房照明

Lighting a Residential Kitchen

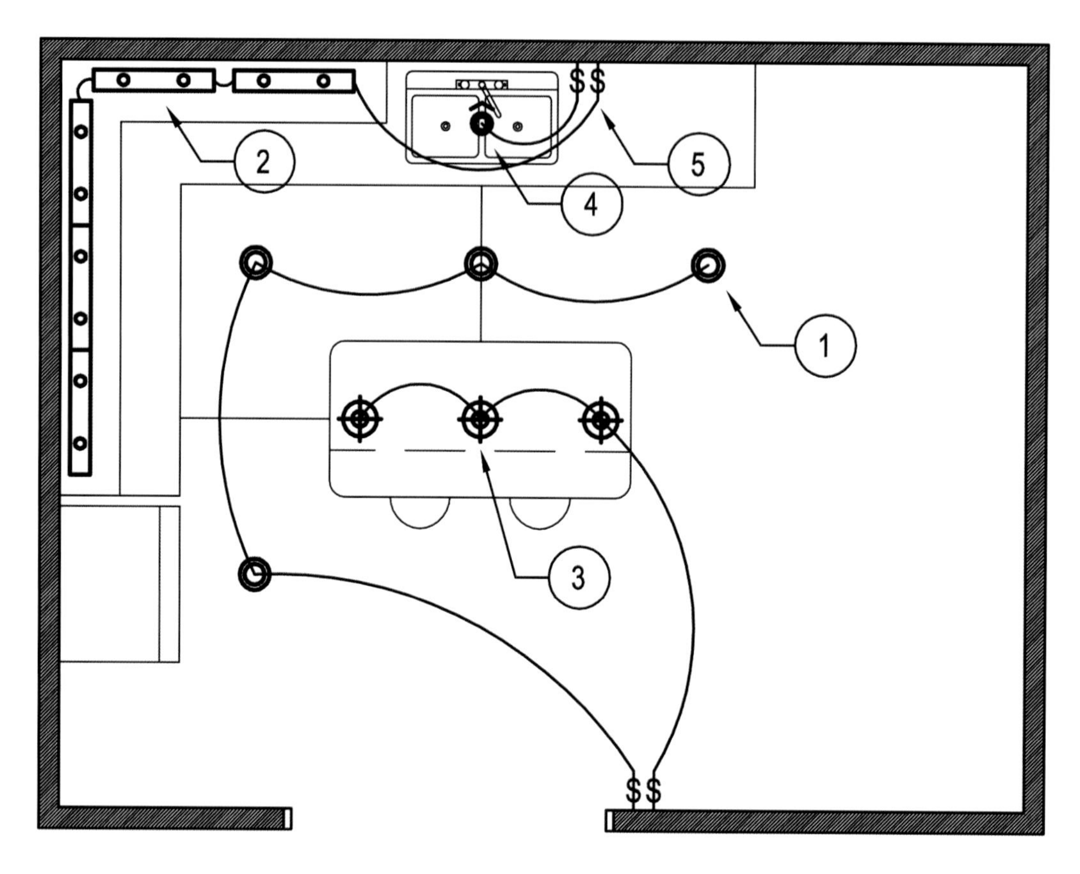

住宅中的厨房不仅仅只是为了烹煮食物，而且还是社交和聚会的场所。而厨房中的中岛则常常成为多用途的工作台，可以用来学习和快速烹饪等。这类空间的照明设计是不能单纯从功能出发的，而应该是具有吸引人们进入这个空间的作用而且更加专注于情感和氛围的塑造。

照明层次

Addressing Layers

导引照明：中岛上方的装饰性灯具可以用来定义空间主题并且可以作为视觉焦点来将人们吸引到这个区域。将背景墙面的竖直面照亮同样可以创造欢迎的氛围。

情感与氛围照明：闪耀的装饰性吊灯可以用来减小空间的尺度、创造更宜人的空间。光源的色温应该是暖色的，这样也会创造欢迎的氛围。

重点照明：向下照射到橱柜表面的光可以创造视觉焦点和层次感。而中岛上极亮的光斑同样可以创造出空间的亮度中心点。

建筑细部照明：中岛上空的吊灯可以将空间打破，减小空间的尺度。吊柜下面的灯具将橱柜表面照亮形成一条亮带，这样就将背景墙从中间打破，增加层次感。

功能照明：吊柜下面的灯具直接将光照在橱柜台面上，小吊灯将光投射在中岛上为这两个常用的工作面提供功能照明。这两个措施可以减少在整个空间中布置功能照明的必要。

共同特征
Common Features

1. 6英寸内嵌筒灯可以创造整个空间均匀的照度水平，这样工作就可以在厨房的各个位置来完成。这些6英寸筒灯可以使用的光源为：白炽灯、卤素灯或紧凑型荧光灯，而选择紧凑型荧光灯需要更加谨慎。

2. 橱柜下方安装的灯具提供了台面上局部的功能照明。这些灯具可以是线型白炽灯、卤素灯或者其他点光源，也可以选择线型荧光灯或LED灯。

3. 使用白炽灯或紧凑型荧光灯的装饰性吊灯可以将光直接投射在中岛表面上。所有这些光都应该是向下的直射光，并将眩光控制到最小。

4. 小尺寸的可调角度筒灯，可以使用卤素灯或紧凑型荧光灯光源，让重点照明的部分从背景亮度中凸显出来。

5. 用于控制特定区域灯光的开关要求安装在这些区域附近。

案例 3 住宅中的卫生间照明

Lighting a Residential Bathroom

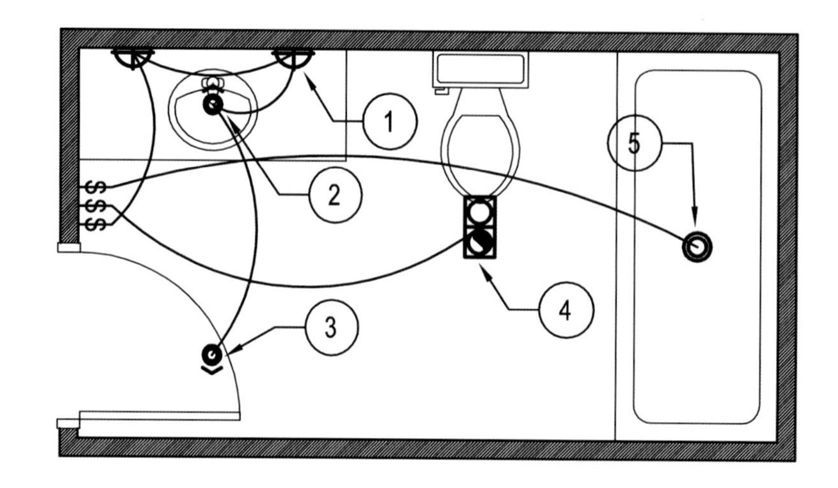

即使一个简单的卫生间，在照明设计时也应该谨慎对待，照明所创造的空间应该满足所有功能的要求，同时也可以保证长期使用的舒适性。将竖直表面照亮会非常明显地提高明亮感，并且布置得当的少量聚光灯也可以为空间增加一些亮点和精致感。

照明层次

Addressing Layers

导引照明：即使一个简单的卫生间也应该在一些明亮区域满足视觉焦点的要求，自发光烛台灯和照在洗手台的聚光灯为空间提供了这个明亮的焦点。

情感与氛围照明：洗手台前的装饰烛台灯，所发出的散射光定义了空间柔和的情感基调，照在墙上和马桶区域的光提高了照明等级，让卫生间空间更加有欢迎气氛。

重点照明：内嵌聚光筒灯可以在洗手台、墙上画作甚至坐便上都投射出光斑。

建筑细部照明：墙上明亮的烛台灯有助于定义空间体量，甚至淋浴区的内嵌筒灯也可以帮助增加空间进深感。

功能照明：洗手台是一个关键的功能区域，这里光源应该根据所需的配光和显色性来进行选择。照在洗手台上的光必须是柔和、散射的。配合来自于上方和下方良好显色性的光把人的面部细节很好地展示出来。洗手台区域同样可以利用有颜色表面所反射出的光来提高照明品质。淋浴区域也要使用恰当的光源来满足功能照明，以此来保持这个区域的整洁。

共同特征

Common Features

1. 洗手台上的扩散烛台灯是第一种为了营造这个空间功能并赋予欢迎气氛的措施。即使在今天节能理念的大环境下，仍有价值找到一个合理的理由来使用白炽灯或卤素灯，以此来保证得到良好的显色性和宜人的色温。

2．一个小尺寸的内嵌卤素筒灯可以用来当作额外的洗手台照明使用，可以提高这个区域的亮度来获得更好的功能照明。

3．额外的可调角度内嵌筒灯，可以使用卤素灯和紧凑型荧光灯为光源，以洗墙的方式将墙上的画作或竖直表面照亮。通过将镜子中可以看到的墙照亮来增加背景亮度，以此来降低洗手台区域的对比度。

4．在马桶区域使用排风扇和灯具相结合的设备，是该区域照明的合理选择。

5．浴缸和淋雨区域应该有其专门的照明灯具，在这个区域使用白炽灯和节能灯为光源时都要有防水措施。

案例 4 住宅中的卧室照明

Lighting a Residential Bedroom

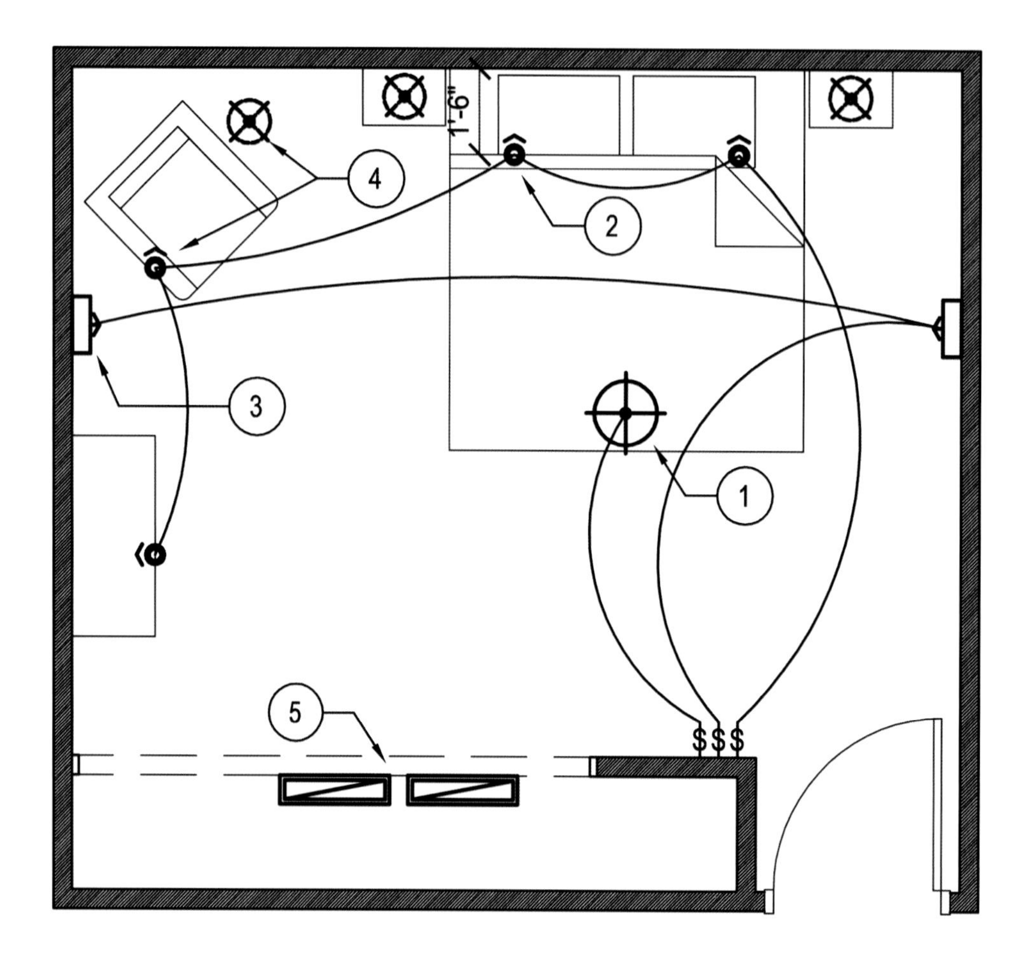

住宅中的卧室照明是一个不从功能出发而是从多场景需求出发进行设计的好例子。卧室的照明系统要求功能照明灯具具有良好的效率，可以满足穿衣和阅读的需求。照明氛围则需要建立欢迎而且舒服的气氛。卧室中可以通过照亮一些竖直面和对一些物体的重点照明来使整个空间更加生动。额外的装饰灯具或向上照明灯具可以用来增加空间体量并让空间更加温暖。不同类型的灯具要单独控制，这样就可以在一天中的不同时间、不同人使用的情况下创造出不同的气氛。

照明层次

Addressing Layers

导引照明：房间后墙和其画作上的洗墙照明可以吸引注意力。阅读区的重点照明也可以让这个区域更加有吸引力。明亮的台灯和落地灯同样可以创造光亮的物体，以此吸引注意力并增加对比度。

情感与氛围照明：壁装向上照明灯具将天花照亮，创造开放、欢迎的空间气氛。自发光的灯具和中间安装的吸顶灯为空间贡献亲密的感觉。白炽灯的温暖或谨慎选择的荧光灯都可以创造所需的氛围。

重点照明：内嵌聚光照明灯具将光斑洒在空间中的艺术品、阅读区和各种家具上，每一个光斑都会增加视觉焦点和空间中的对比度。装饰性灯具也同样会增加一定的亮斑。

建筑细部照明：聚光照明灯具将光照射在后墙上来增加进深感，同时壁装向上照明灯具和吸顶灯将光照射在天花及扩散在空间中，可以减少束缚感。

功能照明：在床上的阅读可以通过可调节内嵌筒灯或者床头台灯来实现。而梳妆台也同样是使用上方筒灯来实现功能照明。衣柜、壁柜的照明使用专门的灯具，而不是来源于卧室的环境光。

共同特征
Common Features

1. 顶棚安装的吸顶灯可以将光均匀扩散到房间的各个角落，光源适合使用荧光灯。

2. 可调角度内嵌卤素筒灯可以将竖直面和其上面的画作照亮，同样也可以为穿衣或床头阅读使用。

3. 壁装采用向上照明的灯具，采用卤素灯或荧光灯光源，将光照向顶棚并扩散在空间中，建议使用紧凑型荧光灯。

4. 使用白炽灯或紧凑型荧光灯的落地灯或者内嵌筒灯可以提供充足的光线用于阅读并让阅读区更加吸引人。

5. 装在衣柜内顶部的线型荧光灯可以通过衣柜门边框上的感应开关控制，随门的开启而打开，门关闭而关闭。

案例 5 住宅中的起居室照明

Lighting a Residential Living Room

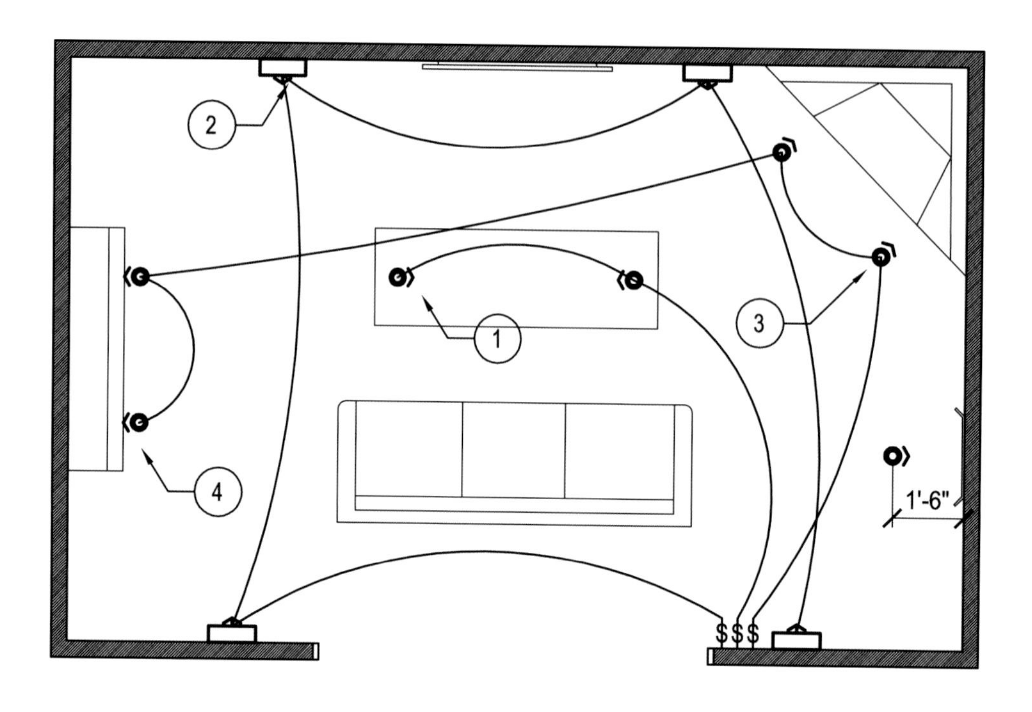

住宅中的起居室是平时最经常使用的空间，并且要满足多种活动功能。这个空间照明所要解决的首要问题就是带给人们欢迎以及长时间社交活动的舒适感。照明灯具应该包括多种类型配光的灯具，聚光型灯具可以产生视觉焦点，可以让区域更有活力；散射透镜所产生的柔和环境光可以满足长时间工作时的视觉舒适性。起居室应该同样具有提供低照度光环境的能力，可以在看电视的时候开启。各种的照明回路应该独立控制，这样空间才能满足多种功能的需要。

照明层次

Addressing Layers

导引照明：照在壁炉上的光将其打造成了一个视觉焦点来吸引注意力。照在茶几上的光斑可以聚集人气并为社交提供活力。

情感与氛围照明：向上照明壁灯发出柔和、温暖的光，照在天花上产生舒适围合的空间。聚光灯将直射光照在墙上的物品和室内家具上来提高区域的亮度创造出“生活气息”。

重点照明：可调角度聚光筒灯将光照在壁炉、艺术品和家具上来创造视觉焦点和层次感。

建筑细部照明：将客厅四周的竖直表面照亮可以扩大空间感，同时向上的直射光可以增加空间体量并得到均匀的环境光。照在茶几上和壁炉上的光斑可以将人的注意力控制在合适的视域高度。

功能照明：内嵌筒灯将光照射到中间区域用于阅读以及在社交时展示所有参与者的面部表情。

共同特征
Common Features

1．可调角度内嵌卤素筒灯可以平衡茶几表面与会客区的亮度。

2．使用卤素灯或荧光灯光源的壁灯，向上照射产生空间体量及柔和、欢迎的氛围。这种灯具可以提供低照度水平的环境光，而且又不会产生直接眩光。

3．小尺寸可调角度内嵌筒灯照射在壁炉上，产生视觉焦点并发挥导引性作用。

4．内嵌卤素筒灯将光照在空间中不同的家具上和次要功能区域。

第二十八章　商业空间的灯具布置

Lighting Layouts for Light Commercial Spaces

大家普遍认为商业空间是将视觉功能作为最优先考虑的那一类空间，其实不然，除非排除了情绪氛围这个照明设计所需考虑的因素。在工作空间中，照明舒适性可以增加工作效率。工作环境也常常是多用途的，工作内容涵盖从电脑工作到纸面工作、档案工作、阅读与书写。成功的工作环境是那些可以在一天中得到不同照明感觉从而保持新鲜感的空间。从功能照明出发的照明设计常常只会得到统一向下直射光的照明环境。除了功能照明之外需要考虑的其他因素包括改变空间中的氛围、揭示建筑细部等，这些可以让单调无生命力的环境得到大大改善。请记住，这里介绍的照明布置只是一些常用的策略。成功的照明设计都是充满创意的，这样设计出的空间才是值得思考的，并适用于所有的照明选择。

案例 1 开敞办公空间照明

Lighting Open Office Space

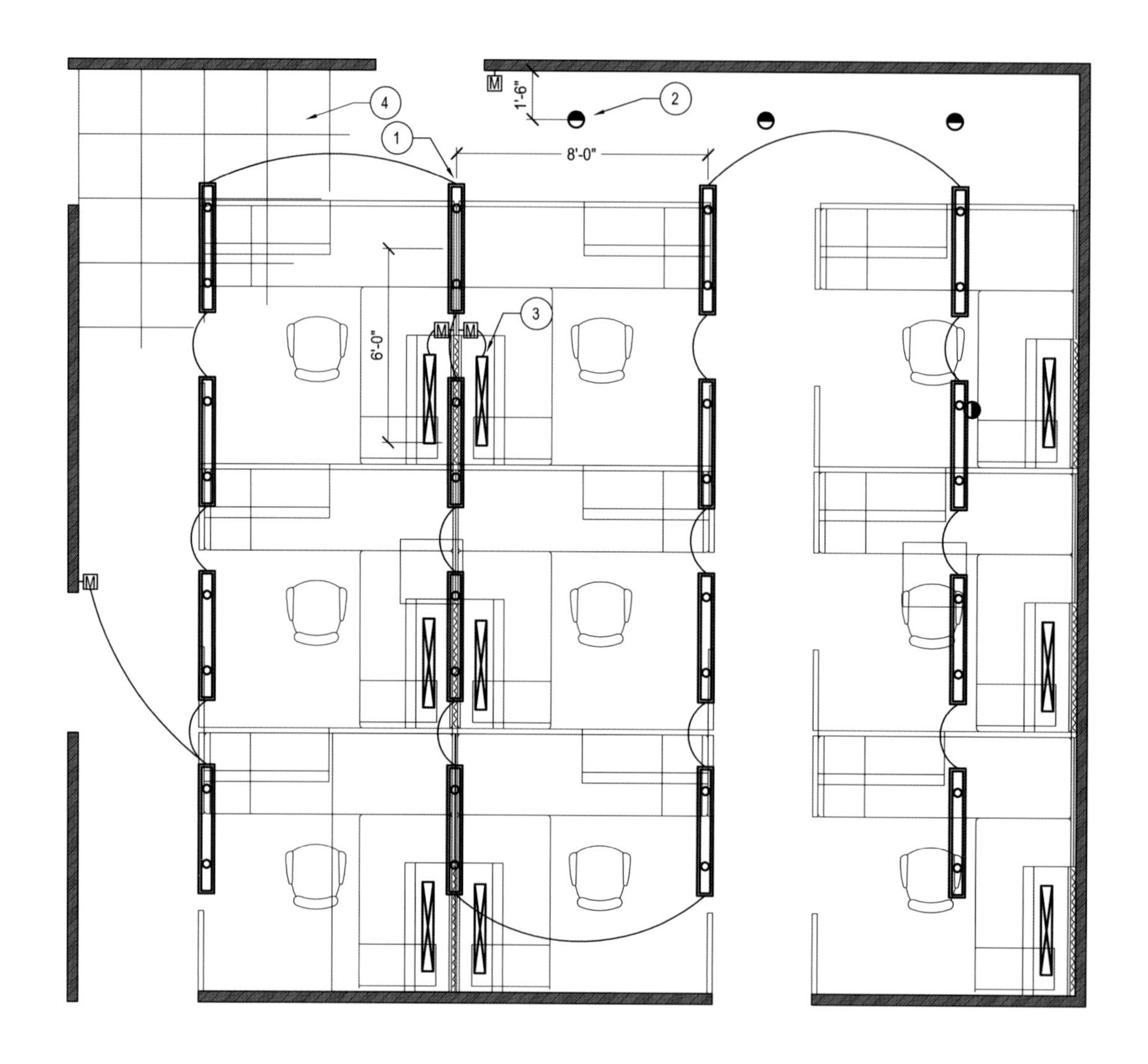

开敞办公空间照明常常由于使用统一下射的功能照明灯具而备受诟病。单一配光的单调性会导致眼睛和精神上的疲劳。而包含多种配光的照明则可以让人更舒适地在空间中长时间工作。将开敞办公室的四周墙壁照亮同样可以让空间更加明亮而有活力。办公室照明系统中也必须要尽量减少使用自发光灯具，这类灯具对电脑屏幕和精细的工作都是有影响的。以电脑工作为主的办公空间也可以通过降低整体照度水平来避免在屏幕上出现二次眩光。而专注于多重任务、文档类和图形类工作的办公空间则适合采用多场景模式的照明效果以及使用更好显色性的光源。而使用自然采光的办公空间也会增加照明设计的复杂程度。

照明层次
Addressing Layers

导引照明：线型荧光灯具阵列所创造出的顶部图案表现出对称的空间特征。沿墙排列的内嵌洗墙灯所创造出的额外竖直亮面可以透过空间吸引人的注意力。

情感与氛围照明：个人工位上的照明，应该采用更直接、显色性良好的局部功能照明，这样直射光就可以穿透顶部安装的间接照明灯具在工作面上产生的散射光。荧光灯应该具备良好的显色性（80+），以此来提供准确的颜色渲染。所选择的光源光色要对工作区的材质和颜色发挥一定的补充作用。

重点照明：洗墙灯将竖直墙面照亮。工位上的直射灯具为工作台提供功能照明。

建筑细部照明：长列布置的线型荧光灯，利用间接照明表现出天花线型分隔的特性以及工位布置的方式。灯具垂直于房间长轴方向布置，从而将长轴截断，避免了像保龄球馆那样的效果。

功能照明：直接–间接型的长条状吊灯创造了漫射与直射的完美融合，保证了长时间工作时的视觉舒适性。每个工位的功能照明除要满足关键工作需求以外，还提供良好的显色性。

共同特征
Common Features

1．线型荧光吊灯可以同时提供向上和向下的光线。这种上下配光的灯具可以避免过于散射而产生的眩光。灯具安装在距离天花 18 ～ 24 英寸的高度上，这样可以使光线均匀地扩散到天花平面上。

2．内嵌荧光洗墙灯安装在距离墙 18 ～ 24 英寸的地方，这样可以创造出明亮的竖直表面，以此来增加空间明亮感并且定义了空间的边界。

3．每个工位都在橱柜下面安装功能照明灯具，所使用的是荧光灯或卤素灯光源，这样就可以创造出一个明亮的办公环境，而如果有显色性更好的光源也是不错的选择。并且这些灯具都需要每个工位独立控制。

4．2 英尺 ×2 英尺或 2 英尺 ×4 英尺的吸音天花板是这类办公空间常用的吊顶材料，这些天花板的尺寸不但限制了可使用的灯具类型，而且如果使用间接照明系统还需要考虑这些天花板的反射率。

案例 2 私人办公室照明

Lighting a Private Office

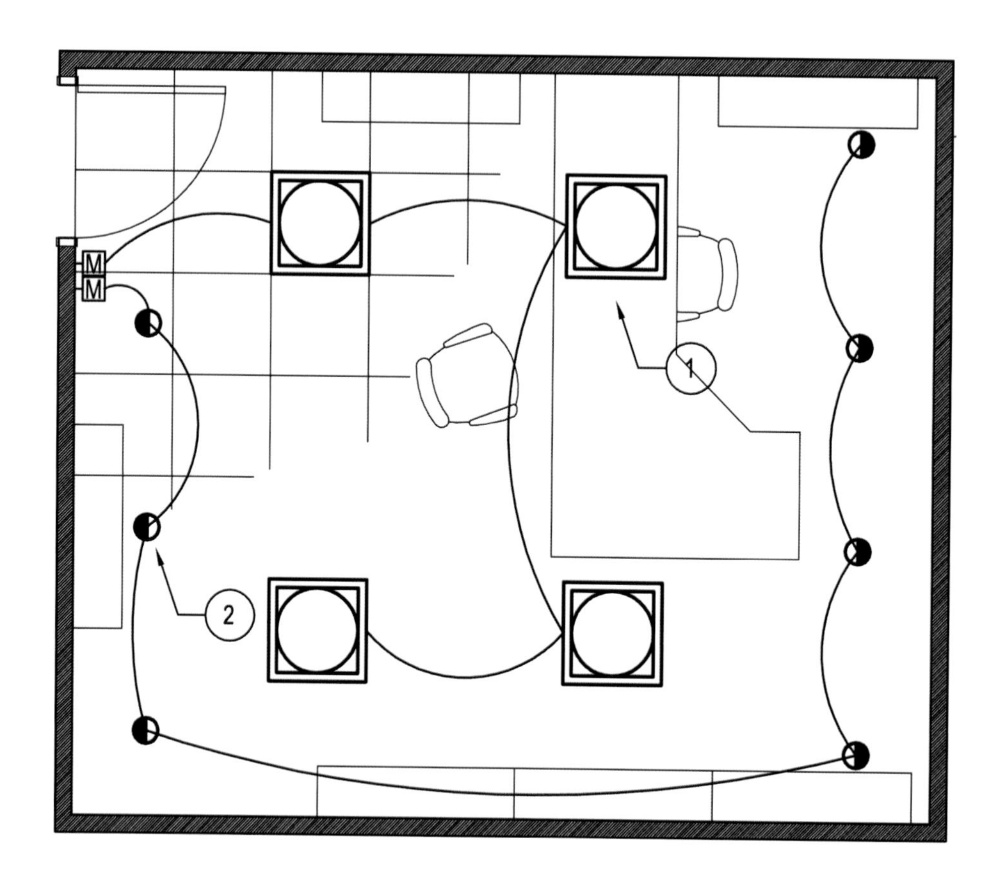

私人办公室是作为商业空间中的一个区域或者一个私密区域来使用的，在担任工作室的同时，还要兼作会议室与思考空间的职能。所以要求灵活的照明系统，可以创造出多种环境氛围。一个资深的照明设计师要在私人办公室花费比其他空间更多的时间来进行设计。不同类型的光斑、明亮的竖直面和对每个照明区域的掌控都会对满足所有功能要求提供帮助。

照明层次

Addressing Layers

导引照明：将后墙照亮可以直接通过空间引起注意。办公桌上和其他家具上的高亮度会增加视觉焦点与层次感。

情感与氛围照明：洗墙灯和散射的荧光面板灯在空间中形成多种形状的光斑。空间中安装的 2 英尺 ×2 英尺面板灯所发出的光同时混合了直射与散射成分。

重点照明：洗墙灯可以用来当作墙上画作的重点照明灯具使用。面板灯的直射光洒在下面的桌面上，创造出房间中的亮度核心。

建筑细部照明：洗墙灯可以通过照亮竖直面的方式来帮助扩展空间。

功能照明：散射和直射光共同落在桌子表面上同时为视觉工作和交流提供舒适的照明。

共同特征
Common Features

1．设计优良的 2 英尺 ×2 英尺平板灯可以提供向下的直射光以及空间的漫射光。内嵌 2 英尺 ×2 英尺的间接照明灯具也可以提供类似的效果。

2．紧凑型荧光灯的洗墙灯沿着空间四周布置用来定义空间并且增加了明亮感。

案例 3 会议室照明

Lighting a Conference Room

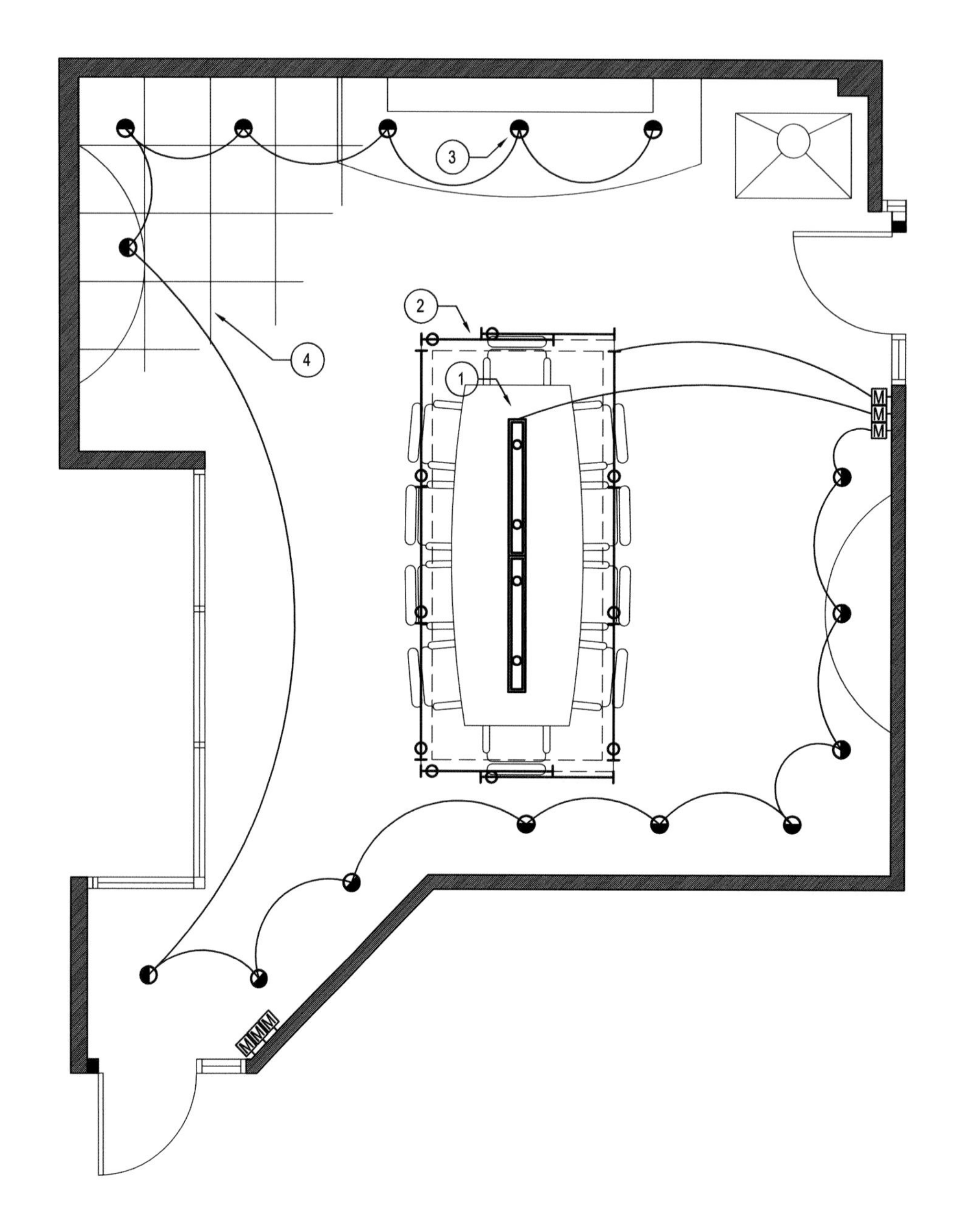

会议室是作为集会区域来使用的，可以召集人们来讨论事情以及增进友谊。这些区域也同样扮演着公司窗口名片的角色，用来向外人展示公司形象。会议室是很多人一起使用的，需要满足的功能包括商务谈判、演示汇报、午餐和视频会议等。所以会议室的照明系统应该是动态的、控制简便、满足不同照明氛围、具备美感并契合企业面貌的展示。

照明层次
Addressing Layers

导引照明：会议桌是空间中的统领元素，其上空悬吊的线型荧光灯作为光亮的物体在吸引人注意力的同时也为会议桌提供功能照明。房间内根据天花形式布置的灯具在会议区域创造出一个明亮的环。

情感与氛围照明：多种光斑，例如柔和的向上反射照明、明亮的荧光灯和被照亮的桌面综合起来营造该区域的严肃性及重要性。周边的照明则可以在必要时渲染出会议的氛围。

重点照明：线型荧光吊灯和被照亮的会议桌表面都是显著的视觉焦点。洗墙灯可以同时将墙上的画作和图表照亮。

建筑细部照明：洗墙灯用来标志空间边界，中间天花造型用来建立空间高度并且契合空间功能。

功能照明：不同配光的灯具共同作用为会议桌上的阅读以及照亮与会者的面部表情提供不同类型的照明。用于视频会议的会议室则需要对与会者的面孔提供额外的照明布置，同时也可以平衡背景亮度。

共同特征
Common Features

1. 装饰性直接 / 间接照明的吊灯将光照在整个会议室中及会议桌上并将与会人的面部表情表现出来。
2. 交错布置的线型荧光灯向上照射顶棚，让光在会议室中反射，从而让整个空间中充满散射光。
3. 使用紧凑型荧光灯光源的洗墙灯可以增加边界的立面照明，让空间更加柔和并增加空间的明亮度。
4. 吸音板的顶棚可能限制了灯具的排布，但必须要考虑这些灯具如何将光通过反射扩散到空间中。

案例 4 接待区域照明

Lighting a Reception Area

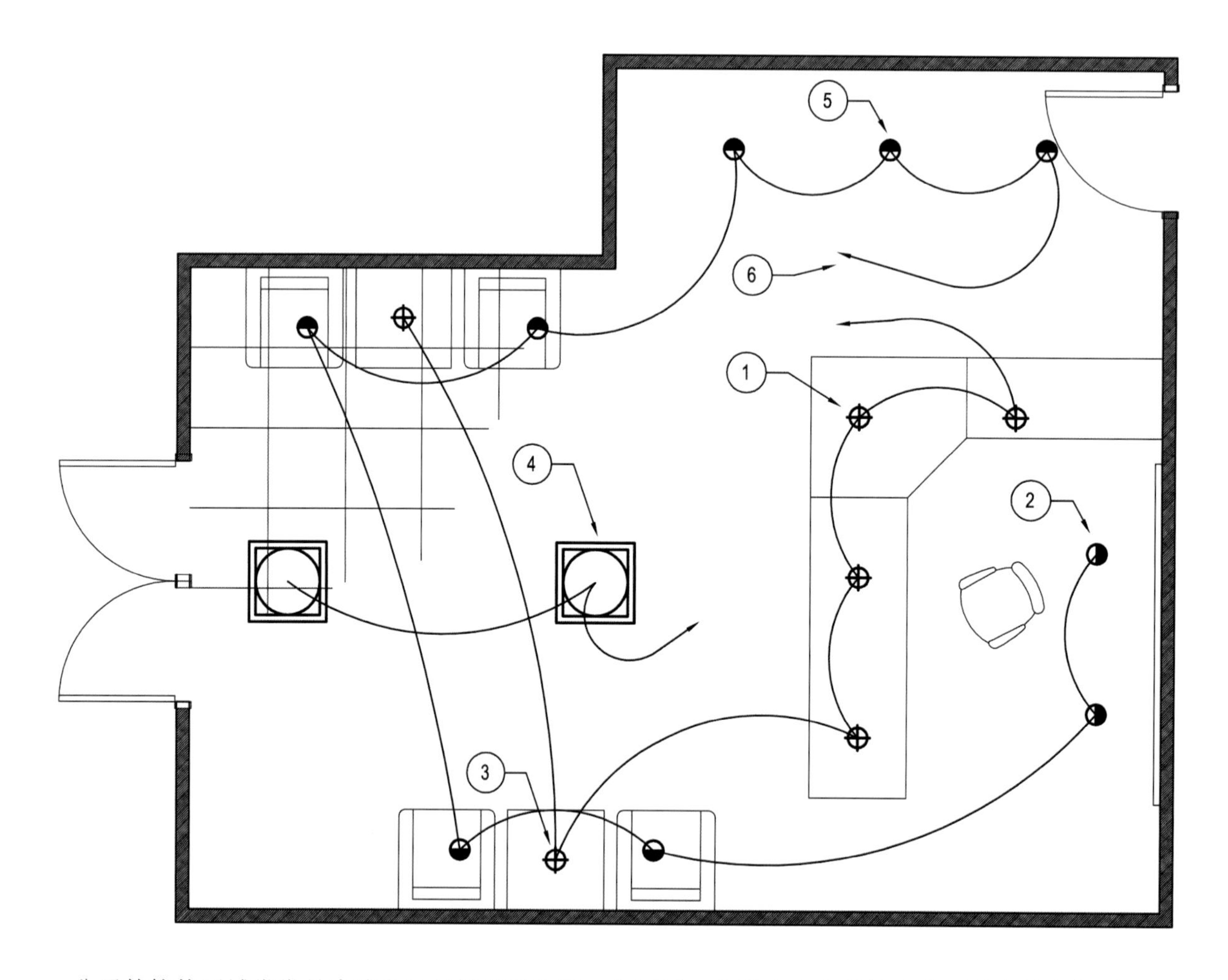

公司的接待区域常常是来访者可以接触到的第一个区域，也用来定义机构和公司的文化和性质。这些区域必须立刻让人感到欢迎与舒适的气氛，还得让人印象深刻而且感兴趣。定义接待区域的不同功能分区有利于在照明上组织它们之间的关系。休息区、展示区和办事区都需要独特的照明特点和它们自己的区域感。灯具光源的选择也要同时考虑显色指数和色温，这样才能与装饰材料和颜色协调。

照明层次

Addressing Layers

导引照明：内嵌面板灯造就了入口空间和地面的明亮感。如果入口是通透的玻璃门或玻璃隔断，被灯光照亮的后墙就可以作为视觉焦点，导引来访者穿过空间。一排装饰性吊灯也可以创造发亮帘子的效果，让来访者站在可以与接待员交流的位置上。洗墙灯和吊灯也可以将视线吸引到休息区附近。

情感与氛围照明：多种类型的光斑让空间更加生动并创造欢迎的氛围。吊灯使空间具备了近人的尺度和一个吸引人的亮点，也让入口处充满了舒服的漫射光。

重点照明：内嵌洗墙灯将光照在竖直表面的画作和图表上。装饰性的吊灯吸引了眼球，并将光照在家具和水平表面上使其变成视觉焦点。

建筑细部照明：明亮的背景墙定义了空间的长度，同时被照亮的竖直表面也拓展了空间。装饰性吊灯在特定区域赋予了近人的尺度感。

功能照明：将背景墙上的标志照亮来宣传企业形象。吊灯则将光照在接待台和等待区中间，定义了区域属性。

共同特征
Common Features

1. 使用白炽灯或节能灯的装饰性吊灯可以增加亮点、减少空间尺度并将光直接照在办事台上。

2. 紧凑型荧光洗墙灯将光照在后墙和其他任何有特点的地方。

3. 白炽灯或荧光灯的装饰吊灯可以引导来访者来到休息区，创造视觉焦点并减小空间尺度。一点儿装饰照明点缀就可以大大增加空间的欢迎气氛。

4. 内嵌荧光平板灯可以创造一定的散射光，使内外光线过渡成为可能。而如果使用内嵌的间接照明灯具就可以提供组合式的漫射光，就又不会让人产生在医院和公司中常用的那种老派平板灯的感觉。

第二十九章　常见的照明节点大样

Common Lighting Details

为了将照明设计变成现实，需要花费大量的时间和精力来改进每个照明灯具安装的节点，很多优秀的照明效果都是源于精准和巧妙。如果没有深入全面的思考，不恰当安装的灯具就会变成眩光的来源并浪费能源。需要了解灯具有多种安装方式，而对于设计来说，熟知典型施工方法是十分重要的。每个项目的实际情况都是不同的，所以就会存在某种照明方式更适合一些项目的情况。中空结构、框架结构以及墙体的厚度都可能影响照明方式的选择。记住每个项目都是独特的，下面提供的灯具安装节点也只是一个参考。确保整个设计团队之间的沟通，为特定的项目设计适合的灯具安装方式。

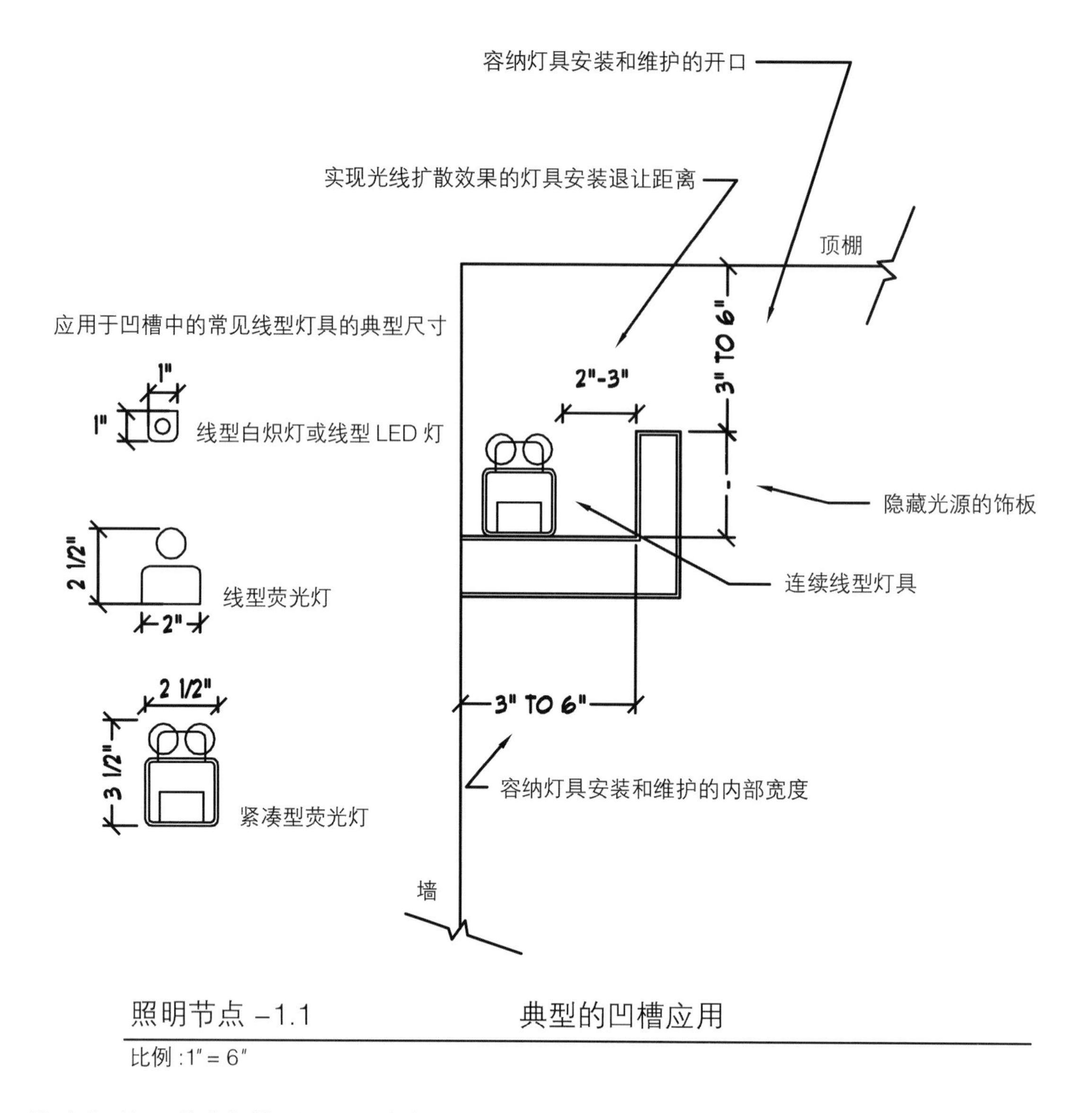

照明节点 –1.1　　典型的凹槽应用

比例 :1″= 6″

墙壁或顶棚一体化灯槽照明是通过将光照射向顶棚平面来展示空间体量的极好方式。这种清晰的光斑可以很好地与空间中几何形体相协调，并得到一个柔和、具有包裹感的光。这种灯槽照明可以使用各种线型光源，包括线型荧光灯、线型白炽灯和线型 LED 光源。

成功的关键 :

Keys to Success:

• 线型灯具之间连接的阴影是一个常见问题，需要我们思考是否有空间来消除这些阴影，或者灯具是否可以交错布置来消除这些阴影区域。

• 灯槽的几何形状应该具有足够大的开口，恰好释放出足够的光，同时又可以让灯具便于维护。

• 有一类灯槽式的灯具，它可以使用反射器和透镜将光更有效率地契合灯槽这种照明方式。

• 灯槽的设计应该避免可以看到光源。

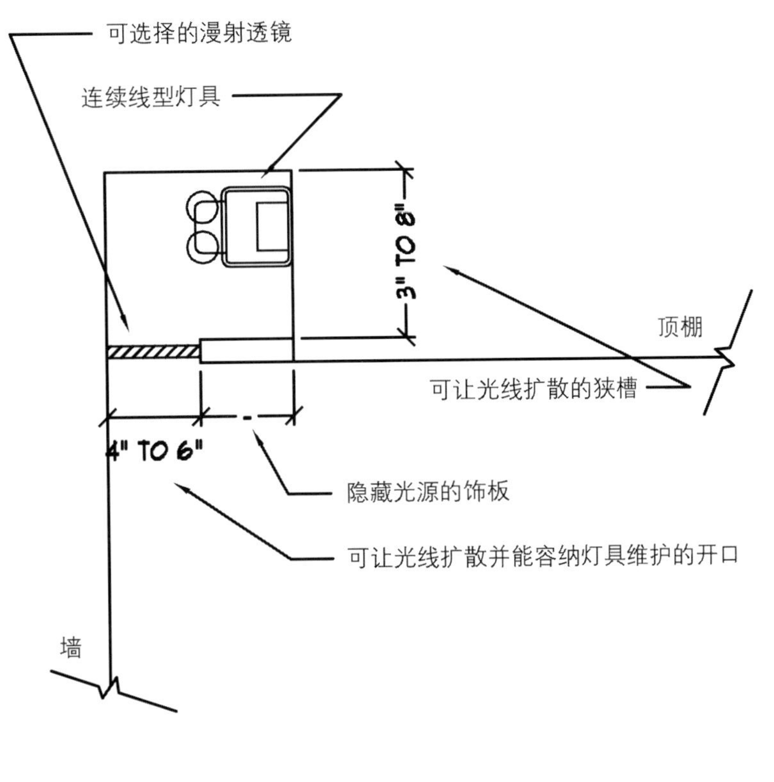

照明节点 –1.2　　墙槽应用

比例 :1″= 6″

顶棚开槽将连续的线型光源隐藏其中，光通过灯槽照射下来，在空间中形成明亮的竖直表面。这些光带和明亮表面可以将空间打破，通过将墙与顶棚截断从而在空间增加轻巧的感觉。

成功的关键 ：

Keys to Success：

- 线型灯具之间连接的阴影是一个常见问题。我们需要思考光是否有空间来消除这些阴影，或者灯具是否需要交错布置来消除这些阴影区域。
- 灯槽的几何形状应该具有足够的大开口，恰好释放出足够的光，同时又可以让灯具便于维护。
- 有一类灯槽式的灯具，它可以配合反射器和透镜将光更有效率地发射出去。
- 灯槽的设计应该避免可以看到光源。
- 要考虑被照亮墙面的材质和工艺，因为墙面的一点凹凸都会在照明下显现出来。注意镜面或光滑的墙面，因为它们会反射出光源的样子。

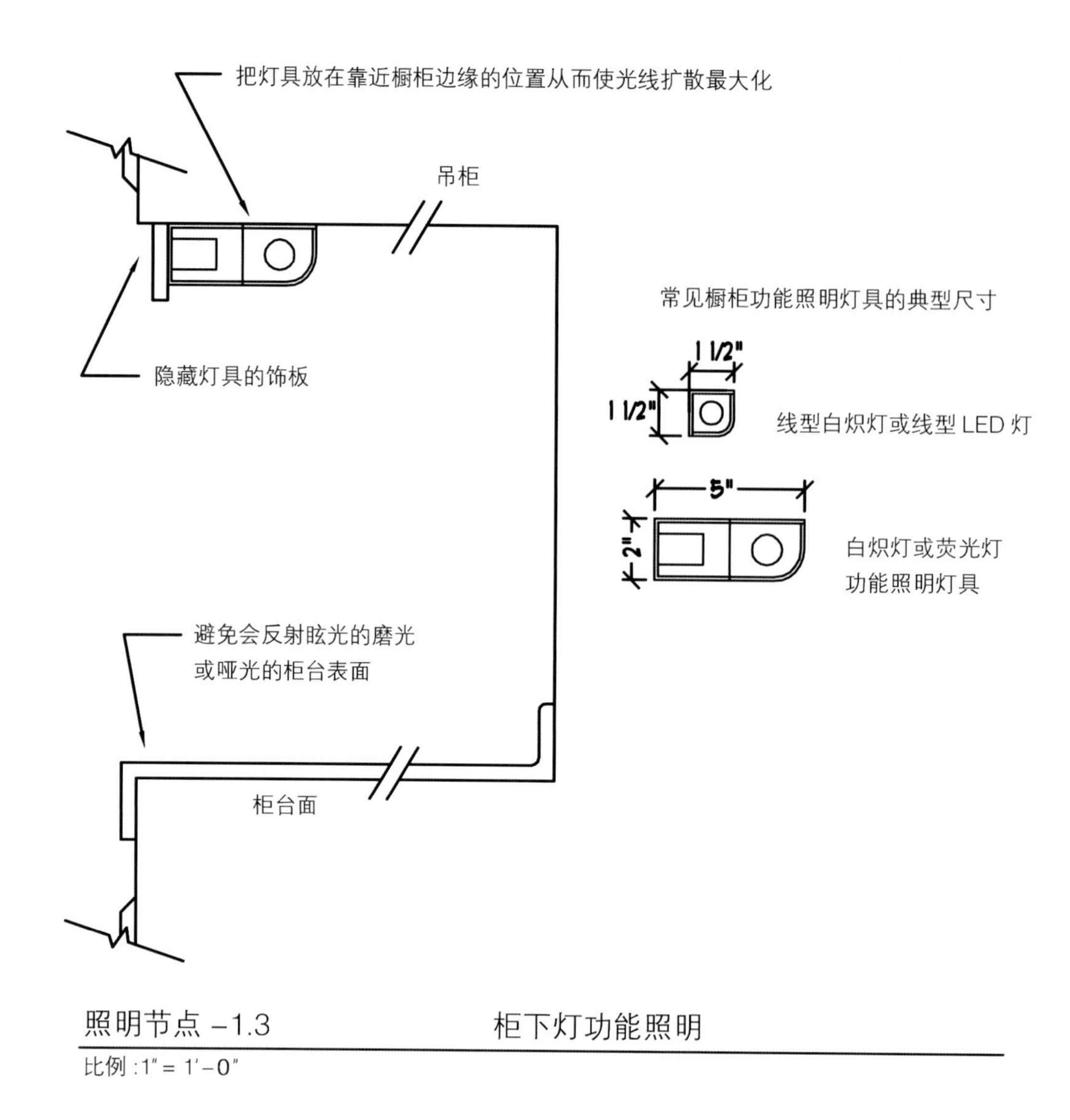

照明节点 –1.3　　柜下灯功能照明

比例 :1" = 1'–0"

柜下灯是完成局部功能照明的好方法，而且可以使用多种类型的光源，需要注意的是显色性和光色永远都要摆在首位。

成功的关键：

Keys to Success：

- 柜下灯应该使用可以隐藏光源的挡板或扩散板的灯具。
- 柜下灯应该就近安装控制开关，或者就近使用墙开关。
- 柜下灯可以使用尺寸为 1 英寸 ×1 英寸的线型白炽灯、小灯珠和线型荧光灯的灯具。
- 如果使用线型荧光灯作为柜下灯的光源，要特别注意其显色性和色温。
- 对于低电压光源通常使用的变压器，要提前设计好安装位置。

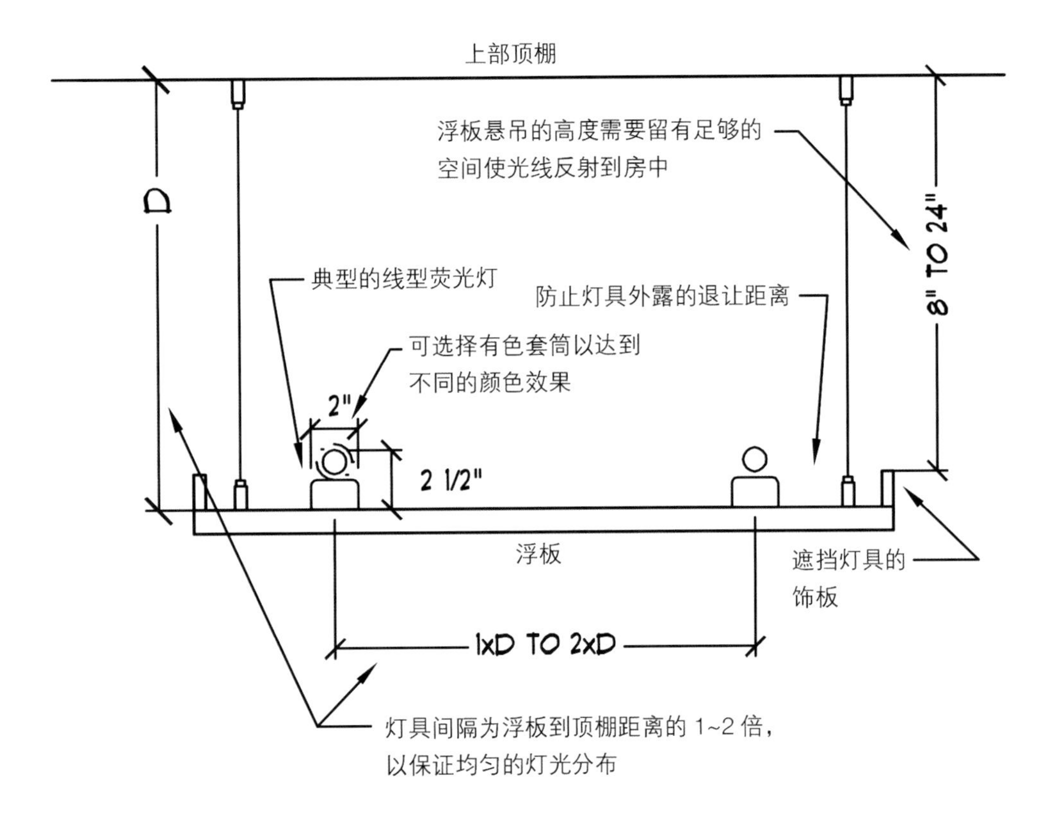

照明节点 –1.4　　　　浮板上射照明

比例 :1″= 1′–0″

浮板式吊灯背后安装灯具的照明方式，这是减小空间尺度并得到向上投射光线的很好方式。这种照明系统结构简单，并且可以使用像线型荧光灯这种常规的光源。配合使用便宜的滤光片，这种方式可以用来彻底改变情绪和空间效果。浮板式照明方法可以用来对休息区、工作区和展示区进行标识。

成功的关键：

Keys to Success：

• 仔细思考浮板的形状和灯具的安装位置，避免光源外露。

• 研究浮板上面的材质，要求具备很好的漫反射性能。要避免使用镜面反射（光滑）的表面，因为它会反射出灯具或光源的样子。

• 浮板悬吊的高度需要考虑留有足够的空间使光线反射到房间中。

• 灯具的布置要确保均匀的光线，而不会出现明显的亮带或亮斑。

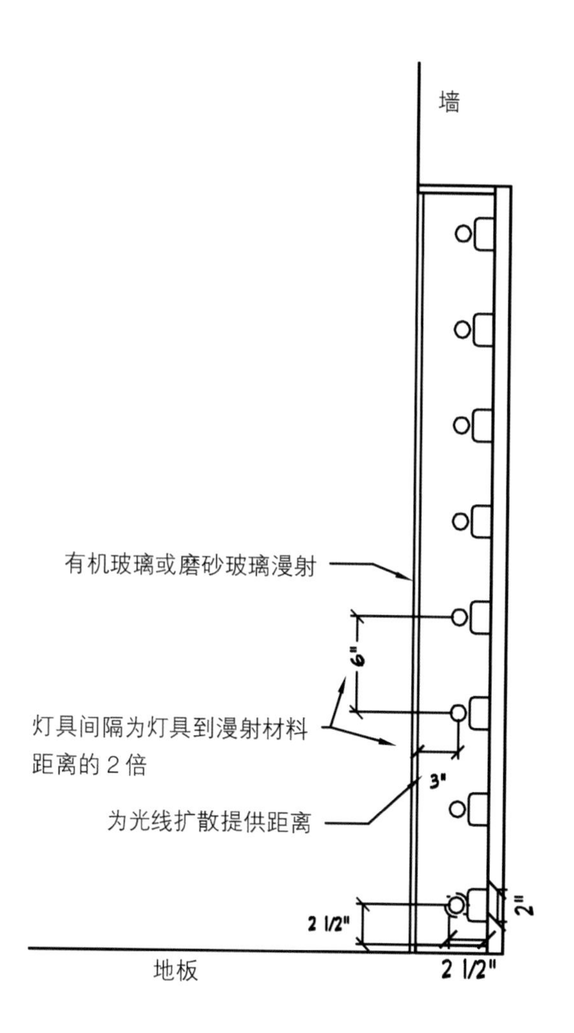

照明节点 –1.5　　　　有机玻璃背光照明

比例 :1" = 1'–0"

背光墙和大型发光面板可以为典型、平淡的空间增加亮点。这种大尺寸的发光面难点在于得到均匀的面光，以此来真正达到自发光的效果。

成功的关键：
Keys to Success：

- 发光面板的背后必须要有足够大的空间，这样才能实现光线的均匀扩散。
- 设计背光照明系统的时候一定要考虑以后的维护与更换。
- 面层材料的扩散性能决定了面板的尺寸和灯具排布。面层材料使用前要做小样实验来确认效果。

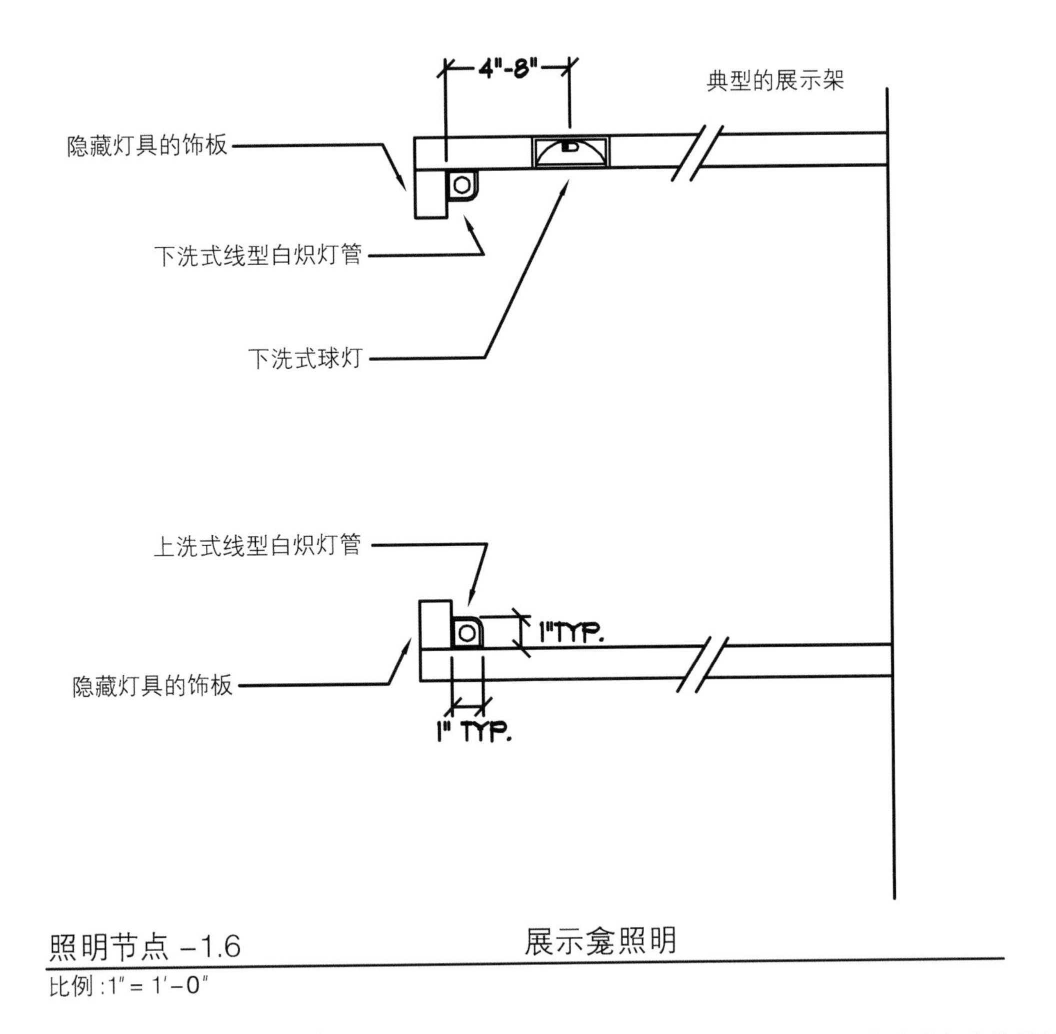

照明节点 –1.6　　展示龛照明

比例 :1″= 1′–0″

展示龛照明可以对所展示的物品有非常聚光的照明效果，以此来吸引注意。这种照明方式常常用于零售展示以及食品和饮品的展示。

成功的关键：

Keys to Success：

- 需要注意灯具所发出的热量对展示物品的影响。
- 光源位置的细微调整都将影响最终效果，而这些都需要在之前仔细研究和模拟。
- 展示照明可以同时在顶部和底部使用简单的光带，配合单独的球灯或者组合式的球灯来实现。
- 对于低电压光源通常使用的变压器，要提前设计好其安装位置。

第三十章 自然采光和人工照明系统节点大样

Daylight and Electric Light Integration Details

一些优秀的照明大样中会同时包含自然采光和人工照明两部分。人类天生就会更加偏爱自然光的颜色、质感和光斑，即使人工光可以模拟出相同的效果也远远不及自然光。整体考虑节点会将两种照明方式融合在一起来创造精彩的照明效果，以此定义空间。这些大样都具有动态的特点，可以随一天中自然光的变化保持期望的效果。

如果人工照明系统中使用了调光器、感应器等配件，就可以探测到自然光强度的变化。根据这些变化可以实现对人工光强准确地控制，使之成为天然光的补充。这样的系统可以避免人工光的浪费。

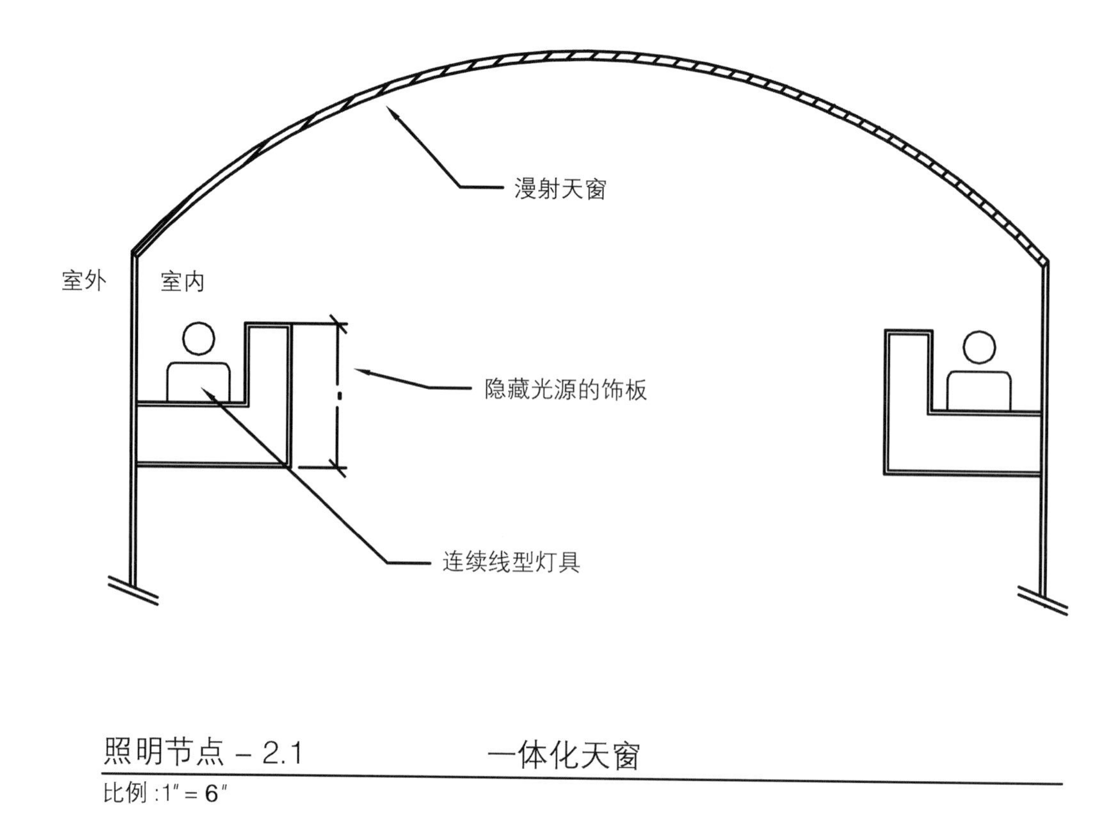

照明节点 – 2.1　　一体化天窗

比例 :1″ = 6″

典型的天窗采光照明系统可以通过额外的向上直射光对其进行补充。人工光源系统可以像挡板或灯槽系统那样复杂，也可以像浮板式吊灯照明系统一样简单。在自然光的条件下，太阳直射光可以透过天窗材料散射下来。当启动人工光系统后，人工光向上洗，照亮整个天窗材料并反射到空间中。

成功的关键：

Keys to Success：

- 小心选择扩散材料，因为它也有可能反射灯具的影像。
- 对灯具的几何形状和位置进行研究，避免光源裸露。
- 要考虑人工光源系统的后期维护与更换问题。
- 考虑开关或调光的选择以及感应器对人工照明系统性能的提升作用。

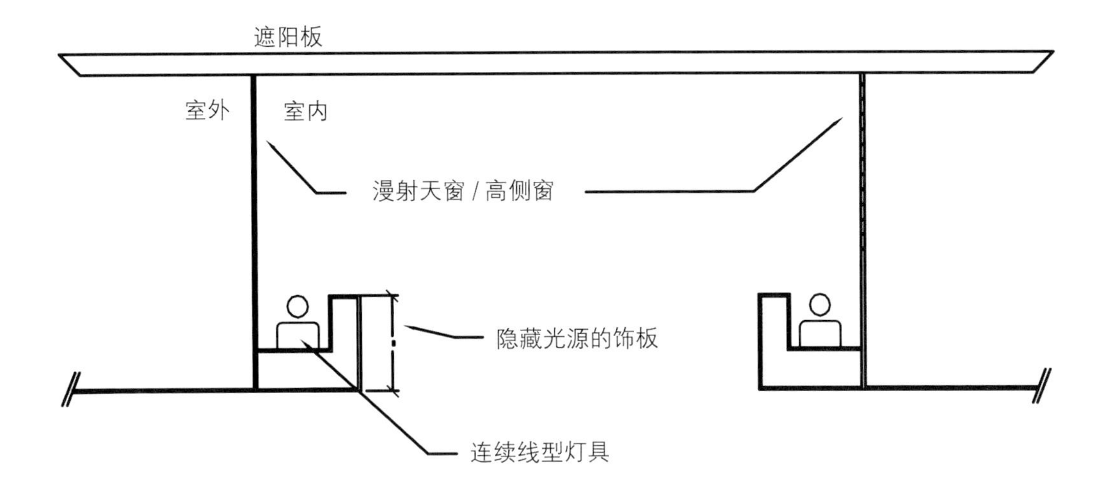

照明节点 – 2.2　　高侧窗光幕一体化采光照明

比例 :1″= 9″

高侧窗光幕采光照明系统也是可以很好地与人工照明相结合的结构。遮光板或灯槽照明系统可以将光投射到顶棚的光幕上，将整个顶棚照亮并反射到空间中。

成功的关键：
Keys to Success：

- 小心选择扩散材料，因为它也有可能反射灯具的影像。
- 对灯具的几何形状和位置进行研究，避免光源裸露。
- 要考虑人工光源系统的后期维护与更换问题。
- 考虑开关或调光的选择以及感应器对人工照明系统性能的提升作用。

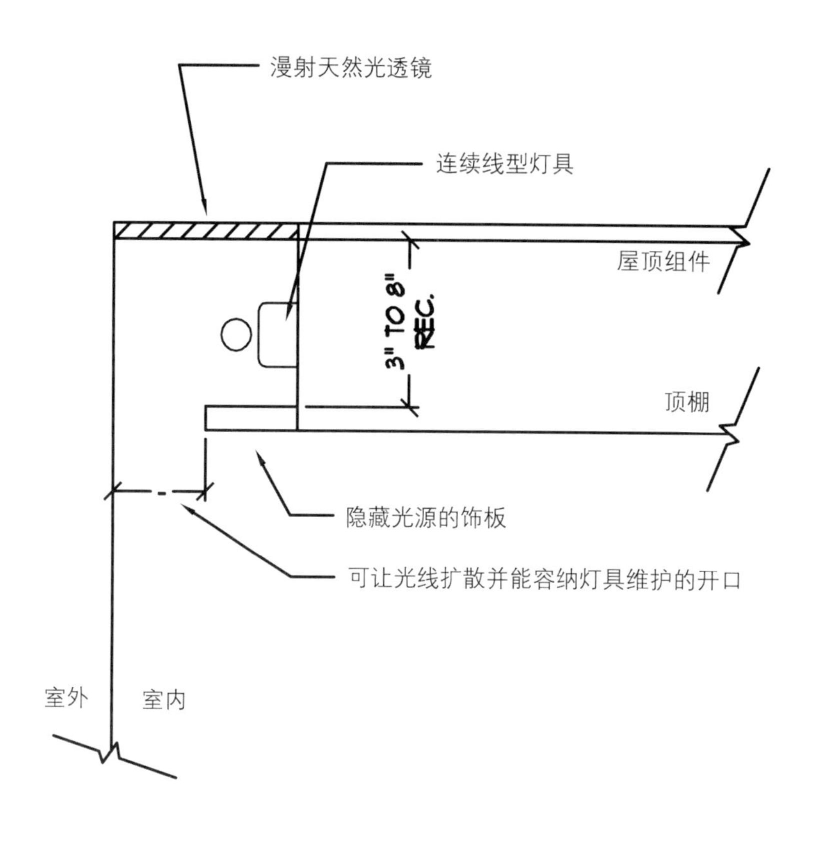

照明节点 – 2.3　　天然光一体化灯槽

比例 :1″= 6″

顶棚开槽对于天然采光和人工照明来说都是非常好的方式。自然光产生干净的光带可以与人工照明无缝互换，产生相同的光斑。这个照明方式的唯一要求就是需要设置遮光板来避免人工光源外露。

成功的关键 ：

Keys to Success：

- 小心选择扩散材料，因为它也有可能反射灯具的影像。
- 对灯具的几何形状和位置进行研究，避免光源裸露。
- 要考虑人工光源系统的后期维护与更换问题。
- 考虑开关或调光的选择以及感应器对人工照明系统性能的提升作用。

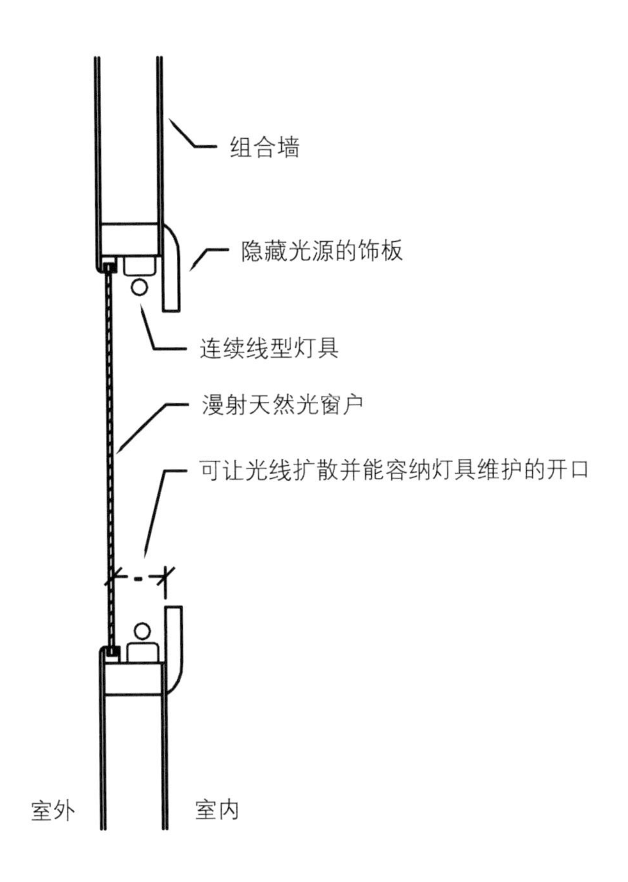

照明节点 – 2.4 一体化侧窗

比例 :1″= 1′–0″

当在窗口需要控制自然光的进入时，就在窗口处覆盖上扩散材料来形成均匀扩散的采光窗口。在自然采光条件下，纯净的散射光进入房间。当人工照明工作的时候，光洗在扩散窗的内表面上，并柔和地反射光线进入房间。

成功的关键：

Keys to Success：

- 小心选择扩散材料，因为它也有可能反射灯具的影像。
- 对灯具的几何形状和位置进行研究，避免光源裸露。
- 要考虑人工光源系统的后期维护与更换问题。
- 考虑开关或调光的选择以及感应器对人工照明系统性能的提升作用。

第四部分

针对设计的最后思考

Final Thoughts on Design

基本的照明设计程序

The Fundamental Lighting Design Process

照明设计关键词

LIGHTING DESIGN IN A NUTSHELL

以下的关键词可以加强你的记忆，并可以作为思考过程与设计过程的备忘录，这些关键词可以保证获得更好的设计与工程成就。

设计创意过程
The Design Development Process

- 头脑风暴和开发设计理念
- 对光的控制方面（第五章）
  - 光强
  - 光色
  - 光的分布
  - 光斑
  - 光的指向
- 照明技术（第九、十、十一、十四章）
- 图表化设计流程
- 用灯光地图实现动线目标（第十七章）
- 用灯光地图实现设计目标（第十七章）
- 确定并标识出照明等级标准（第十九章）

规范化和细化的过程
The Specification and Refinement Process

- 照明理念的细化
- 照明红线布置图（灯具定位）（第二十四章）
- 选择灯具类型（第二十一、二十二章）
  - 下射筒灯
  - 可调角度聚光灯
  - 地埋灯
  - 向上照明壁灯
  - 线型光源
  - 台阶灯

最终施工文件
The Final Construction Documents

- 灯具列表（第二十五章）
- 灯具信息表（第二十五章）
- 照明施工图（第二十六章）

绿色照明与可持续原则

Green Design and Sustainability

目前，可持续原则已经推动了很多照明工程的发展。随着电力和其他材料变得更加昂贵，这个原则只会发展得更加迅速。现在，所有参与建设过程的各方人员都意识到了好设计就意味着是“绿色”设计，并且照明被认为是中间关键一环。照明设计师作为专家被寄予厚望，期望其可以在满足现有标准的前提下达到最佳的经济性。灯具、光源和照明控制都影响着项目的经济性。而环保问题例如光污染和光侵扰，都是我们面临的另外层面的问题，也需要更加专业的知识来处理这些问题。在美国，三分之一的电能消耗在照明上。这是一个巨大的能源消耗，并且这也意味着我们在照明上的一点点进步都会大大减少电能的消耗。你生活的城市可能会将节约能源的要求写入了建筑标准和其他标准，需要遵守这些标准才能获得建设许可。

所有照明设计师都应该对以下组织关于照明节能的建议和要求仔细地研究和考察。

加州能源标准 24（California State Energy Code Title 24）	www.energy.ca.gov/title24
建筑技术协会 90.1（ASHRAE 90.1）	www.ashrae.org
美国绿色建筑委员会 LEED 项目 （USGBC including LEED Program）	www.usgbc.org
节约设计（Savings by Design）	www.savingsbydesign.com
国际暗天空组织（International Dark-Sky Association）	www.darksky.org
能源之星（Energy Star）	www.energystar.gov

但是请记住：一些建议采取的是很简单的方法去减少电能消耗，只是通过严格限制光源类型、负载和控制方式。一些指导原则是基于“功率密度”（每平方英尺的功率数）来对不同类型使用空间进行规定。记住空间中确定灯具安装位置的直觉以及如何运用较少的照明来实现更大效果的理解，这是用较少的照明能量获得有冲击力设计的基础。越多依赖于对比度和视觉焦点而得到的亮度，你就越可以在不用去“削减”或减少照明创意的前提下，使用较少的能量来完成好的照明设计。

将光用在需要它的地方，选择照亮那些对照明目标贡献最大的表面，你就可以通过有意识的照明布置来更好地完成保守的设计。

带着创新思维来设计

Designing with New Eyes

作为设计师要牢记，我们最终要对人们的感受负责，并且因此要让人们与周围所创造的环境产生互动。我们也要从古典设计和自然世界中汲取营养，要用设计师的慧眼来审视这个世界。不要停止对新工具和技术的学习，以便将它们运用到设计中来影响客户的感知或空间的功能。光有巨大的力量，没有完美照明配合的建筑很少被认定为伟大的。很多好的项目都是在建成后才去思考照明的问题，但是每个伟大的建筑都会在启动的时候就将照明作为核心问题加以考虑。并没有所谓“正确”的照明，也正如没有所谓“正确”的设计一样。只有设计与设计过的照明以及经过仔细思考与无脑的设计。如果你了解要设计的空间，就要获得更多的信息，来将光布置在恰当的表面和物体上，使设计变得更好。这本书中所介绍的工具只是一些可以让设计师更好地观察光和布置光的简单方法。“如果你可以构想出创意并可以同别人交流你的想法，那就有八成的把握将它变成伟大的设计”，越多地将技术方案注入这些创意中，就将越可以帮助你来解决那些照明中所遇到的挑战。

设计是一种意识状态，一个真正的设计师可以设计任何事物。可靠的知识储备、创造性的设计步骤都将赋予设计师足够的信心让伟大的创意从你的思维深渊中跃然纸上。那就让这些创意从你的大脑中涌流出来吧。将它们记录下来，画出来。尽力将你的大脑清空，来为新的创意腾出空间。没必要自己审查那些创意，整个外部世界都可以帮你梳理那些构想并筛选出最好的创意。

祝各位设计师在设计中保持好运气，并且永远不要停止从周围环境中汲取营养。

塞奇·罗塞尔

附录

附录 A

照明术语汇编

Glossary of Lighting Terms

A

适应性 | Accommodation 眼睛的动态调节功能，可以在不同距离上聚焦物体。

协调性 | Adaptation 眼睛与大脑相互协调工作，让我们可以在不同照度水平下都可以看清物体。

可调角度灯具 | Adjustable Luminaire 利用适当装置使灯具的主要部件可转动或移动的灯具。

环境光 | Ambient Light 对整个空间照明水平的形容。

开孔 | Aperture 表面上的开孔。通常用来形容天花内嵌灯具的开孔。

B

背光照明 | Backlighting 将光源放在物体或者透明表面背后进行照明的策略，这样可以创造实体物品剪影的效果，也可以利用透明物体创造发光平面的效果。

遮光板 | Baffle 安装在光源上的视觉控制装置，用来控制可以直接看到光源的角度。

镇流器 | Ballast 连接于电源和一支或几支电光源之间，主要用于将灯电流限制到规定值。

C

坎德拉 | Candela，CD 发光强度的国际单位制（SI）单位，符号为cd，cd=lm/sr。

发光强度 | Candlepower 光源发出流明强度的表达方式，用坎德拉表示。

光强分布 | Candlepower Distribution Curve 用曲线或表格表示光源或灯具在空间各方向上的发光强度值。

中心光强 | Center Beam Candlepower，CBCP 通常用来形容光源中心位置的流明强度，这个区域包含了光源所输出的大部分照明能量。

动线规划 | Choreography 在环境设计中，用来驱使个体直接移动或者按照设计路径行走的体验。

色品 | Chromaticity 用CIE标准色度系统所表示的颜色性质。由色品坐标定义的色刺激性质。

利用系数 | Coefficient of Utilization，CU 流明计算法中的一个修正系数，用来描述光从灯具到光照表面的效率。

显色指数 | Color Rendering Index，CRI 光源显色性的度量。以被测光源下物体颜色和参考标准光源下物体颜色的相符程度来表示。

色温 | Color Temperature 当光源的色品与某一温度下黑体的色品相同时，该黑体的绝对温度为此光源的色温度，单位是开尔文（K）。

D

自然光 | Daylight 对于通过大气层到达地球表面太阳光的总称，包括太阳直射光和天空散射光。

漫射光 | Diffuse Light 从光源发出朝着各个方向发射出去的光。

扩散透镜 | Diffuser 一种透镜材料，可以把光

源发出的光扩散到各个方向。

调光开关 | Dimmer 为改变照明装置中光源的光通量而安装在电路中的装置。

直射光 | Directional Light 通过反射器或透镜让光朝着单一方向发射出去。

直埋灯具 | Direct Burial Luminaire 安装在空间地面或地板中的灯具，将光向上投射。

E

发光效能 | Efficacy 灯的光通量除以消耗电功率之商。简称“光源的光效”，单位为 lm/W。

出射度 | Exitance 用来描述从发射表面反射出的所有光线总和。

F

泛光 | Flood Light 通常由投光灯来照射某一情景或目标，使其比周围区域更亮的照明。

荧光灯 | Fluorescent Lamp 由汞蒸气放电产生的紫外辐射激发荧光粉涂层而发光的低压放电灯。

英尺－烛光 | Foot-Candle，FC 用来描述照度的英制单位。1 英尺-烛光是指 1 流明的光均匀分布在 1 平方英尺的面积上，1FC=10.76 lux。

G

眩光 | Glare 由于视野中的亮度分布或亮度范围的不适应，或存在极端的亮度对比，以致引起不舒适或降低了观察细部或目标能力的视觉现象。

掠射 | Grazing 将灯具靠近被照表面，让光以很小的角度照射表面的照明策略。这样可以将光照得更远并可以展示材质肌理。

H

卤素灯 | Halogen Lamp 是填充气体中含有部分卤族元素或卤化物的充气白炽灯。

高强度气体放电灯 | High Intensity Discharge Lamp，HID 借助高压气体放电产生稳定的电弧，其放电管壁的负荷超过 $3W/cm^2$ 的气体放电灯。

I

照度 | Illuminance 表面上一点处的光照度是入射在包含该点的面元上的光通量 $d\Phi$ 除以该面元面积 dA 之商，即 $E=d\Phi/dA$，该量的符号为 E，单位为 lx。

地埋灯 | In-grade Luminaire 见直埋灯。

白炽灯 | Incandescent Lamp 将发光元件（通常为钨丝）通电流加热而发光的灯。

间接照明 | Indirect Light 光通过遮光表面相互作用或反射而得到的照明效果。

内部反射 | Inter-reflection 光在空间中的表面和物体之间互相反射的产物。

L

光源 | Lamp 人工发光器材的统称。

光源寿命 | Lamp Life 光源工作到失效时或根据标准规定认为其已失效的累计点燃时间，单位为 h。

光 | Light 被感知的光，它是人的视觉系统特有的所有知觉或感觉的普遍和基本的属性。

发光二极管 | Light Emitting Diode，LED 是一种具有多种彩色和白色的新型光源。当前主要用于交通信号灯、建筑标志灯、汽车标志灯、建构筑物夜景照明等。根据所用半导体材料的不同，发出光的颜色不同，其效率也不同。

维护系数 | Light Loss Factor，LLF 照明装置在使用一定周期后，在规定表面上的平均照度或平均亮度与该装置在相同条件下新装时在规定表面上所得到的平均照度或平均亮度之比。

灯光地图 | Light Map 作者所采用的一种可视化设计工具，在家具布置图或平面图上将照明意图用不同颜色表示出来。

遮光格栅 | Louver 由半透明或不透明组件构成的遮光体，组件的几何尺寸与布置应使在给定的角度内看不见灯光。

流明 | Lumen 光通量的国际单位制单位。发光强度为 1cd 的各向均匀发光的点光源在单位立体角（球面度）内发出的光通量。其等效定义是频率

为 540×10^{12}Hz，辐射通量为（1/683）W 的单色辐射束的光通量，该单位的符号为 lm。

灯具 | Luminaire 能透光、分配和改变光源光分布的器具，包括除光源外所有用于固定和保护光源所需的全部零部件以及与电源连接所必需的线路附件。

光通量 | Luminous Flux 根据辐射对 CIE 标准光度观察者的作用，从辐射通量 Φe 导出的光度量。该量的符号为 Φ，单位为 lm。

勒克斯 | Lux，Lx 光照度的国际单位制单位。1 lm 的光通量均匀分布在 $1m^2$ 的表面上所产生的照度。该单位的符号为 lx，$lx=lm/m^2$。

O

感应器 | Occupancy Sensor 可以侦测热、声和运动的装置，用来判断空间是否在使用中。

P

PAR 光源 | PAR Lamp 一定形状的光源，利用镀铝的弧形玻璃反射器来发射直射光。通常是卤素灯或金属卤化物灯。

分光式光度法 | Photometry 一种来测量配光曲线的方法。

R

嵌入式灯具 | Recessed Luminaire 完全或部分地嵌入安装表面内的灯具。

反射比 | Reflectance 在入射光线的光谱组成、偏振状态和几何分布指定的条件下，发射的光通量与入射光通量之比。符号为 ρ，单位为 I。

天花反向图 | Reflected Ceiling Plan，RCP 建筑平面图的一种，用来展示天花系统的内容和细节，该图是以我们在空间中看到天花实际样子的镜像来表示的。

再启动时间 | Re-strike Time 气体放电灯稳定工作后断开电源，从再次接通电源开关到灯重新开始正常工作所需的时间。单位是 min。

S

壁灯 | Sconce 墙壁安装的照明装置，通常具有装饰性的特征。

季节性情感障碍 | Seasonal Affective Disorder，SAD 以与特定季节（特别是冬季）有关的抑郁为特征的一种心境障碍。是每年同一时间反复出现抑郁发作为特征的一组疾患。这种抑郁症与白天的长短或环境光亮程度有关。

拱腹 | Soffit 一种建筑的几何特征，通过组合结构引入到空间中。

太阳几何学 | Solar Geometry 在本地天空上太阳有规律的运动，与地球自转、公转和黄赤交角有关。

镜面反射 | Specular 一种可以反射光源样子的材料特性，通常用“闪耀”（shiny）来表示。

射灯 | Spot Light 通常具有直径小于 0.2m 的出光口并形成一般不大于 0.35 rad（20°）发散角的集中光束的投光灯。

台阶灯 | Step Light 内嵌在墙壁低矮处的灯具，用来将台阶照亮。

球面度 | Steradian 球面度（符号：sr）是立体角的国际单位。它可算是三维的弧度。其英文是希腊语立体（stereos）和弧度（radian）的混合。1 球面度所对应的立体角所对应的球面表面积为 r^2。球表面积为 $4\pi r^2$，因此整个球有 4π 个球面度，即 $\Omega=S/r^2$。

T

变压器 | Transformer 一种电磁装置，用来改变输向光源的电压。

半透明的 | Translucent 用来形容材料的特性，可以让光透过，但是会将直射光散射化。

光能传递 | Transmission of Light 光通过多种材料传递出去。

透明 | Transparent 用来形容材料的特性，可以让光完全透过，而只有很少的反射和散射。

凹形反光槽 | Troffer 用来形容灯具，一般都是长方体的形状，可以使用线型荧光灯来提供均质

的光斑。

W

启动时间 | Warm-up Time 光源从通电到稳定的光输出所用时间。常常用来描述高压气体放电灯的特征。

洗墙 | Wash 用来形容将大表面均匀照亮的效果。

瓦特 | Watt 瓦特是国际单位制的功率单位。瓦特的定义是 1 焦耳 / 秒（1J/s），即每秒转换、使用或耗散的（以焦耳为量度的）能量的速率。在电学单位制中，是伏特乘安培乘功率因数（1V•A，简称“1 伏安”）。

附录 B

专业组织和机构
Professional Organizations and Agencies

专业教育组织

美国建筑师协会（American Institute of Architects）

www.aia.org

美国照明学会（American Lighting Association）

www.americanlightingassoc.com

美国视力测定协会（American Optometric Association）

www.aoanet.org

美国供暖、制冷和空调工程师学会（American Society of Heating，Refrigeration and Air-Conditioning Engineers）

www.ashrae.org

美国室内设计师协会（American Society of Interior Designers）

www.asid.org

美国景观设计师协会（American Society of Landscape Architects）

www.asla.org

美国太阳能学会（American Solar Energy Society）

www.ases.org

北美照明工程协会（Illuminating Engineering Society of North America）

www.iesna.org

国际照明设计师协会（International Association of Lighting Designers）

www.iald.org

国际照明委员会（International Commission on Illumination）

www.cie-usnc.org

国际暗天空协会（International Dark-Sky Association）

www.darksky.org

国际室内设计师协会（International Interior Design Association）

www.iida.org

国家设计师资格委员会（美国）（National Council for Interior Design Qualification）

www.ncidq.org

国家照明专业资格委员会（美国）（National Council on Qualifications for the Lighting Professions）

www.ncqlp.org

国家照明署（美国）（National Lighting Bureau）

www.nlb.org

出版物

《建筑照明杂志》（Architectural Lighting Magazine）

www.archlighting.com

《照明设计 + 应用杂志》（Lighting Design + Application Magazine）

www.iesna.org/lda/iesnalda.cfm

《大都会杂志》（Metropolis Magazine）

www.metropolismag.com

《Mondo Arc 杂志》(Mondo Arc Magazine)

www.mondoarc.com

《专业照明设计杂志》(Professional Lighting Design Magazine)

www.via-verlag.com

检索工具

Elumit (Lighting search and specification tool)

www.elumit.com

Design guide.com

www.designguide.com

Lightsearch.com (Lighting product search tool)

www.lightsearch.com

会议

美国国际照明展 (Lightfair International)

www.lightfair.com

职业照明设计大会 (Professional Lighting Design Convention)

www.pld-c.org

Arc Show 照明展 (The Arc Show)

www.thearcshow.com

附录 C

照明形容词

Descriptive Words for Lighting

醒目的（Bold）
光彩照人的（Brilliant）
局限的（Confined）
强对比度的（Contrasty）
细碎的（Crisp）
戏剧性的（Dramatic）
梦幻的（Dreamy）
扩散的（Diffuse）
直射的（Direct）
热情洋溢的（Effervescent）
均匀的（Even）
扩展的（Expansive）
闪闪发光的（Gleaming）
粗糙的（Harsh）
流动的（Liquid）
模糊的（Muddy）
暧昧的（Murky）
光芒四射的（Radiant）
朴素的（Restrained）
锐利的（Sharp）
光滑的（Smooth）
柔和的（Soft）
闪烁的（Sparkling）
蔓延的（Sprawling）
微妙的（Subtle）
戏剧性的（Theatrical）
朴素的（Understated）
生动的（Vivid）

附录 D

照明产品制造商名录

Directory of Contributors and Other Manufacturers

特别感谢以下制造商，感谢他们提供了产品文献、技术资料和图片。没有这些材料，这本书就会变得暗淡很多。

Ardee Lighting
888.442.7333
www.ardeelighting.com

Bartco
714.230.3200
www.bartcolighting.com

Belfer
732.493.2666
www.belfergroup.com

DaSal
604.464.5644
www.dasalindustries.com

Deltalight
954.677.9800
www.deltalight.us

Erco
732.225.8856
www.erco.com

GE Lumination
216.606.6555
www.led.com

Lightolier
508.679.8131
www.lightolier.com

Lutron Electronics
610.282.3800
www.lutron.com

Osram Sylvania
978-777-1900
www.sylvania.com

Tech Lighting
847 410 4400
www.techlighting.com

Wila Lighting
714-259-0990
www.wila.net

以下是部分照明设备商。

光源

GE Lighting
www.gelighting.com

Osram Sylvania
www.sylvania.com

Philips Lighting
www.lighting.philips.com

Ushio
www.ushio.com

Venture Lighting
www.venturelighting.com

灯具

Artemide
www.artemide.us

Bega US
www.bega-us.com

Bruck Lighting Systems
www.brucklighting.com

Color Kinetics
www.colorkinetics.com

Columbia Lighting
www.columbia-ltg.com

Cooper Lighting
www.coooperlighting.com

Flos
www.flos.com

Juno Lighting
www.junolighting.com

Lightolier
www.lightolier.com

Louis Poulsen Lighting
www.louispoulsen.com

Lithonia
www.lithonia.com